高等教育"十三五"部委级规划教材

# 工程训练教程

陈 铮 主 编

范金辉 副主编

东华大学出版社·上海

**图书在版编目(CIP)数据**

工程训练教程 / 陈铮主编. —上海：东华大学出版社，

2019.12

ISBN 978-7-5669-1685-3

Ⅰ.①工… Ⅱ.①陈… Ⅲ.①机械制造工艺—高等

学校—教材 Ⅳ.①TH16

中国版本图书馆CIP数据核字(2019)第265107号

责任编辑：竺海娟

封面设计：魏依东

**工程训练教程**

陈 铮 主 编

范金辉 副主编

出　　版：东华大学出版社（上海市延安西路1882号 邮政编码：200051）

本社网址：dhupress.dhu.edu.cn

天猫旗舰店：http://dhdx.tmall.com

营销中心：021-62193056 62373056 62379558

印　　刷：常熟大宏印刷有限公司

开　　本：787 mm×1092 mm 1/16

印　　张：20.75

字　　数：470千字

版　　次：2019年12月第1版

印　　次：2019年12月第1次印刷

书　　号：978-7-5669-1685-3

定　　价：78.00元

# 内容简介

本书为工程训练教材，分3篇共16章和2个附录。第一篇材料成形介绍了常用工程材料、铸造、锻压、焊接和3D打印。第二篇切削加工介绍了切削加工的基本知识、测量技术、钳工、车削、数控车削、铣削、数控铣削、加工中心及柔性制造、刨削和磨削。第三篇特种加工介绍了电火花加工和激光加工。附录中给出了部分实训实例和工程训练拓展阅读——智能制造。

本书可作为高等院校大学本科和高职高专工程训练用教材，各学校可根据专业特点和教学条件，选择其中的训练内容组织教学。本书还可以作为制造企业员工培训的教材和相关工程技术人员与高校教师的参考书籍。

# 前　言

工程训练是一门实践性技术基础课，是高校理工科专业教学计划中重要的实践教学环节，是提高学生综合素质、培养学生创新实践能力的有效途径。

本书以2014年教育部工程训练教学指导委员会课程建设组关于《高等学校工程训练类课程教学质量标准（整合版本2.0）》的精神为指导，结合工程训练实践教学内容及课程体系改革研究与实践成果编写而成。

本书为工程训练教材，书中涵盖了基本工程训练内容，并按材料加工方法的不同，分为材料成形、切削加工和特种加工3篇共16章，另附有2个附录。第一篇材料成形5章分别介绍了常用工程材料、铸造、锻压、焊接和3D打印。第二篇切削加工9章分别介绍了切削加工的基本知识、测量技术、钳工、车削、数控车削、铣削、数控铣削、加工中心及柔性制造、刨削和磨削。第三篇特种加工2章分别介绍了电火花加工和激光加工。2个附录分别介绍了部分实训实例和工程训练拓展阅读——智能制造，着重让学生通过实训体会到现代工业中不同类型的多样化的加工方法。书中对于专业性较强的基本原理和概念，内容由浅入深，语言通俗易懂。书中所涉及的各项技术标准及专业名词术语，均采用了最新的国家标准或相关部门标准。

本书以拓宽知识面、培养应用型人才为目标，强调"贴近实际、体现应用"，既注重提高学生工程素质、培养学生分析问题与解决问题的实践能力，又充分引导学生获取知识、培养学生的工程素质和创新思维能力。本书最大的特点是图例翔实，有近500张插图，实用性强，将理论知识与实习实训融为一体。

本书由陈铮担任主编，范金辉担任副主编。第1篇第1章、第2篇第6~14章，由陈铮编写，第1篇第2~5章、第3篇第15~16章和附录，由范金辉编写，全书由陈铮统稿。在编写过程中，参考了大量相关文献，在此对参考文献的作者、出版单位以及相关网站表示衷心的感谢。本书在编写过程中，得到了东华大学机械工程学院及工程训练中心老师们的热情帮助和支持，在此一并致谢。

由于编者知识水平与实践经验有限，书中欠妥之处在所难免，敬请读者和同仁提出意见与建议，以便再版时修正。联系邮箱：chenzheng@dhu.edu.cn。

编者

2019年12月

# 目 录

## 第一篇　材料成形

# 第二篇　切削加工

## 第三篇 特种加工

# 第一篇　材料成形

材料是人类社会生产和生活的物质基础，是人类文明发展史的重要标志。任何材料，只有将其加工成一定形状和尺寸后，才具有特定的使用功能。材料成形是将原材料加工成特定形状与尺寸的零件或毛坯的方法。本篇内容包括常用工程材料、铸造、锻压、焊接、3D打印，共5章。

第一章常用工程材料，是工程训练各个工种的基础知识。用于生产制造工程零件、构件和工具的材料统称为工程材料。常用的工程材料包括金属材料、无机非金属材料、有机高分子材料和复合材料四大类，其中金属材料的应用最为广泛。本章主要介绍了金属材料的力学性能和工艺性能，钢铁及有色金属材料的主要牌号和用途，以及钢的热处理的基本知识等。本章内容可使学生了解按照实际需求，根据不同金属材料的性能选择材料，通过热处理可提高钢材的力学性能，满足生产需要，并为学习铸造、锻压、焊接、3D打印及各种切削加工和特种加工等工艺奠定必要的基础。

第二章铸造，是金属液态凝固成形，是将熔融金属液浇入具有和零件形状相适应的铸型空腔中，凝固后获得一定形状和性能的毛坯或零件的成形方法。铸造的方法很多，其中以砂型铸造应用最广泛。本章主要介绍了砂型铸造的生产工艺过程，熔模铸造、消失模铸造、金属型铸造、压力铸造、离心铸造等几种常用特种铸造的工艺特点，浇注系统与补缩系统等铸造工艺设计的基本知识，以及常见铸件缺陷分析等。铸造是比较经济的毛坯或零件成形方法，对于形状复杂的零件和难以加工的材料更能显示出铸造的优越性。在机器制造业中用铸造方法生产的毛坯零件，在数量和吨位上是最多的。

第三章锻压，是金属固态塑性成形，是金属材料在一定的外力作用下，通过相应的塑性变形而使其成形为所需要的形状，并获得一定力学性能的零件或毛坯的成形方法。锻造与冲压是零件塑性成形最主要的两类，锻压是锻造和冲压的总称。锻造包括自由锻、模锻等，而冲压主要有冲裁、拉深等。通过锻造，不仅可以得到机械零件的形状，而且能改善金属内部组织，提高金属的力学性能。一般对受力大、要求高的重要机械零件，大多采用锻造成形方法制造。板料冲压容易得到高质量和高精度的冲压件，生产率高、模具消耗低、废品率低。

第四章焊接，是金属永久连接成形，是通过加热或加压，或两者并用，必要时使用填充材料，使焊件之间达到原子结合的成形方法。本章主要介绍了焊接的分类和电弧焊、气焊、电阻焊、摩擦焊、钎焊等各种焊接方法的工艺过程。重点讲述了焊条电弧焊，同时介绍了焊接接头与坡口形式、焊接机器人的基本知识，以及常见焊接缺陷及分析等。焊接工艺已被广泛应用于桥梁、造船、航空、航天、汽车、电子等领域，特别是智能化焊接机器人技术的发展，依托焊接工艺设备与系统的智能化技术，适应于智能制造的发展大趋势。

第五章3D打印，也称快速成形、快速原型制造、增材制造，是一种基于离散、堆积原理，集成计算机、数控、精密伺服驱动、材料等高新技术而发展起来的成形方法。本章主要介绍了目前常用的3D打印的工艺方法。3D打印是一次成形，直接从计算机数据生成任何形状的零件，不像铸造、锻压那样要求先制作模具，也不像切削那样浪费材料，对小批量、多品种的生产具有非常大的优势。3D打印是材料成形技术领域的重大突破，是基于数字化的新型成形技术，可以自动、直接、快速、精确地将设计思想转化为具有一定功能的原型或直接制造零件、模具、产品，从而有效地缩短了产品的研究开发周期。这是材料成形方法继液态凝固成形（铸造）、固态塑性成形（锻压）、永久连接成形（焊接）之后的颠覆式发展。

学生实习各种材料成形方法后，可根据零件的技术要求和加工材料的特性选择合适的加工成形工艺。

# 第一章　常用工程材料

材料是人类社会生产和生活的物质基础，是人类文明发展史的重要标志。用于生产制造工程零件、构件和工具的材料统称为工程材料。常用的工程材料可以分为金属材料、无机非金属材料、有机高分子材料和复合材料四大类，如图1-1所示。其中金属材料的应用最为广泛，主要是由于它具有制造零部件所需要的力学等使用性能，并且可用较简便的工艺方法加工成形，亦即具有良好的工艺性能。

$$
工程材料
\begin{cases}
金属材料
\begin{cases}
黑色(铁基)金属
\begin{cases}
钢:碳钢、合金钢等\\
铸铁:灰铸铁、球墨铸铁等
\end{cases}\\
有色(非铁)金属:铝、铜、镁、钛等及其合金
\end{cases}\\
无机非金属材料:陶瓷、水泥、玻璃等\\
有机高分子材料:塑料、橡胶、纤维等\\
复合材料:树脂基复合材料、金属基复合材料、陶瓷基复合材料等
\end{cases}
$$

图1-1　工程材料的分类

## 1.1　金属材料的性能

金属材料的性能一般分为使用性能和工艺性能两大类。金属材料的使用性能主要是指材料的力学性能、物理性能和化学性能；金属材料的工艺性能则是指材料的铸造性能、锻压性能、焊接性能及切削加工性能等。金属材料的这些性能不仅是设计工程零件选用材料的重要依据，也是控制、评定产品质量优劣的标准。图1-2为组成驱动电机的部分零件所需金属材料及其性能的实例。

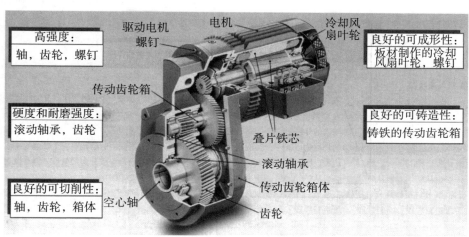

图1-2　组成驱动电机的部分零件所需金属材料及其性能

### 1.1.1 金属材料的力学性能

金属材料在外力作用下所表现出的行为称为力学行为，通常表现为弹性变形、塑性变形及断裂。外力作用下抵抗力学行为的能力称为力学性能，如强度、塑性、硬度和韧性等，它们反映了金属材料受力后力学行为的规律。力学性能一般是设计机械工程结构选择材料的主要依据，它们通常是通过标准试验来测定的。

为了研究金属的受力变形特性，一般都利用单向静拉伸试验测得的载荷 – 变形曲线或应力 – 应变曲线。单向静拉伸试验是最重要和应用最广泛的金属力学性能试验方法之一，如图 1–3 所示。试验时将拉伸试样（图 1–4a）的两端装夹在材料拉伸试验机的两个夹头上，然后缓慢加载，试样逐渐变形并伸长，直至被拉断，如图 1–4b、1–4c 所示。

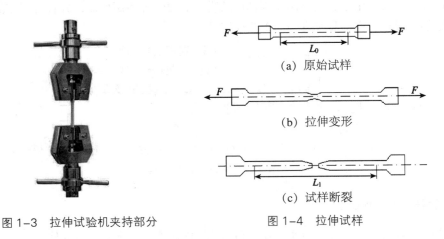

(a) 原始试样

(b) 拉伸变形

(c) 试样断裂

图 1–3　拉伸试验机夹持部分　　　　图 1–4　拉伸试样

应力 – 应变（$R$–$e$）曲线的形状与载荷 – 变形（$F$–$\triangle L$）曲线的形状相似，差别仅是坐标轴单位不同。以下关于拉伸性能的测定，采用应力 – 应变（$R$–$e$）曲线来说明，如图 1–5 所示，为低碳钢试样在单向静拉伸时的应力 – 应变曲线。

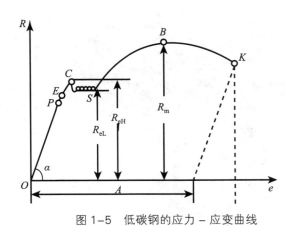

图 1–5　低碳钢的应力 – 应变曲线

应力的定义为

$$R = \frac{F}{S_0}$$

(1-1)

式中：$F$——试样所承受的载荷，N；

　　　$S_0$——试样原始截面积，$mm^2$。

　　　$R$ 的单位为 MPa，即 $10^6 \ N/m^2$。

应变的定义为

$$e = \frac{L_1 - L_0}{L_0}$$

(1-2)

式中：$L_1$——试样变形后的长度，mm；

　　　$L_0$——试样的原始长度，mm。

由图 1-5 可知，低碳钢试样在拉伸过程中，可以分为弹性变形、塑性变形和断裂三个阶段。

$OE$ 段为弹性变形阶段，$OE$ 段外力较小，载荷与伸长量呈线性关系。即去掉外力后，变形立即恢复，这种变形称为弹性变形。

$P$ 点应力为材料的比例极限。比例极限是能保持应力与应变呈正比关系的最大应力，用 $\sigma_P$ 表示。对那些在服役时需要严格保持线性关系的构件，如测力弹簧等，比例极限是重要的设计参数和选材的性能指标。

$E$ 点应力为材料的弹性极限。弹性极限是材料产生完全弹性变形时所能承受的最大应力值，用 $\sigma_E$ 表示。$E$ 点以上为弹塑性变形阶段，当载荷超过 $F_E$ 后，试样将进一步伸长，但此时若去除载荷，弹性变形消失，而另一部分变形被保留，即试样不能恢复到原来的尺寸，这种不能恢复的变形称为塑性变形。弹性极限是工作中不允许有微量塑性变形的零件设计与选材的重要依据。

$\sigma_P$、$\sigma_E$ 很接近，在工程实际应用时，两者常取同一数值。

当载荷达到 $F_S$ 时，拉伸曲线出现了水平的或锯齿形的线段，这表明在载荷基本不变的情况下，试样却继续变形，这种现象称为"屈服"，引起试样屈服的载荷称为屈服载荷。

当载荷超过 $F_S$ 后，外力增加不多，试样明显伸长，这表明试样开始产生大量塑性变形，$SB$ 段为大量塑性变形阶段。当载荷继续增加到某一最大值 $F_B$ 时，试样的局部截面积缩小，即产生缩颈现象，如图 1-4b 所示。$BK$ 段称为缩颈阶段，而试样承载能力也逐渐降低，当达到拉伸曲线上 $K$ 点时，试样随即断裂，如图 1-4c 所示。

（1）弹性与刚度

弹性是指金属材料在外力作用下产生弹性变形，去掉外力后，材料恢复原状不产生永久变形的能力。弹性是金属的一种重要特性，弹性变形是塑性变形的先行阶段，而且在塑性变形阶段中还伴生着一定的弹性变形。金属弹性变形的实质是金属晶格在外力作用下产生的弹性畸变。

材料受力时抵抗弹性变形的能力称为刚度，它表示材料产生弹性变形的难易程度。材料刚度的大小通常用弹性模量等来评价。

弹性模量是指材料在弹性状态下应力与应变的比值，用 $E$ 表示，单位为 MPa。在应力 – 应变曲线上，弹性模量就是试样在弹性变形阶段线段的斜率，即引起单位弹性变形时所需的应力，如图 1–5 中的 $OE$ 段。

$$E = \tan \alpha = \frac{R}{e} \tag{1-3}$$

它表示材料抵抗弹性变形的能力，用以表示材料的刚度。弹性模量 $E$ 值越大，材料的刚度越大，材料抵抗弹性变形的能力就越强。

大多数机械零件都是在弹性状态下工作的，一般不允许有过大的弹性变形，更不允许有微小的塑性变形。因此，在设计机械零件时，要求刚度大的零件，应选用具有高弹性模量的材料，如钢铁材料。提高零件刚度的方法，除了增加零件横截面或改变横截面形状外，从材料性能上来考虑，就必须增加其弹性模量 $E$。弹性模量 $E$ 值的大小主要取决于金属材料本身的性质，热处理、微合金化及塑性变形等对其影响很小。

（2）强度

强度是指金属材料在外力作用下抵抗塑性变形和断裂的能力。它是衡量零件本身承载能力的重要指标。强度是机械零部件首先应满足的基本要求。工程上常用的强度指标有屈服强度和抗拉强度，这两个强度指标可通过静拉伸试验来测定。屈服强度和抗拉强度是零件设计和选材的重要依据。

① 屈服强度

在图 1–5 中，当应力超过 $C$ 点进入 $CS$ 段后，材料达到屈服后继续拉伸，载荷常有上下波动现象。其中，试样发生屈服而力首次下降前的最大应力称为上屈服强度，用 $R_{eH}$ 表示；在屈服期间，不计初始瞬时效应时的最小应力称为下屈服强度，用 $R_{eL}$ 表示，单位为 MPa。屈服强度是材料开始产生明显塑性变形时的最低应力值，它反映了材料抵抗永久变形的能力。

有些金属材料，如高碳钢、铸铁等，在拉伸试验中没有明显的屈服现象，国家标准则规定，试样拉伸时产生 0.2% 残余延伸率所对应的应力规定为残余延伸强度，记为 $R_{r0.2}$，即所谓的条件屈服强度。

机械零部件或构件在使用过程中一般不允许发生塑性变形，否则会引起零件精度降低或影响与其他零件的相对配合而造成失效。所以屈服强度是零件设计时的主要依据，也是评定材料强度的重要指标之一。

② 抗拉强度

图 1–5 中的 $SB$ 段为均匀塑性变形阶段。在这个阶段，应力随应变增加而增加，产生变形强化（也称加工硬化）。当变形超过 $B$ 点后，试样开始发生局部塑性变形，即出现缩颈，此时随着应变的增加，应力明显下降，并迅速在 $K$ 点断裂。$B$ 点对应的载荷是试样断裂前所承受的最大应力，称为抗拉强度，用 $R_m$ 表示，单位为 MPa。抗拉强度是材料的极限承载能力，反映材料抵抗断裂破坏的能力，是零件设计时的重要依据，同时也是评定材料强度的重要力学性能指标之一。

在工程上，把屈服强度与抗拉强度之比称为屈强比。此比值越大，越能发挥材料的潜力，减小结构的自重。但为了使用安全，此比值也不宜过大，一般取 0.65 ～ 0.75。

（3）塑性

塑性是指金属材料在外力作用下产生永久变形而不断裂的能力。工程上常用塑性指标有断后伸长率和断面收缩率。

断后伸长率是指试样拉断后的伸长量与原来长度之比的百分率，用符号 $A$ 表示；断面收缩率是指试样拉断后，断面缩小的横截面积与原来横截面积之比的百分率，用符号 $Z$ 表示。它们在标准试样的拉伸试验中可以同时测出。

$$A = \frac{L_1 - L_0}{L_0} \times 100\% \qquad （1\text{-}4）$$

$$Z = \frac{S_0 - S_1}{S_0} \times 100\% \qquad （1\text{-}5）$$

式中：$L_1$——试样拉断后的长度，mm；

　　　$L_0$——试样原始长度，mm；

　　　$S_1$——试样拉断处的横截面积，$mm^2$；

　　　$S_0$——试样原始截面积，$mm^2$。

断后伸长率和断面收缩率是工程材料的重要性能指标。材料的断后伸长率和断面收缩率越大，材料的塑性越好；反之，塑性越差。良好的塑性是金属材料进行压力加工的必要条件，也是保证机械零件工作安全、不发生突然脆断的必要条件。零件在工作过程中，难免偶然过载，或局部产生应力集中，而塑性材料具有一定的塑性变形能力，可以局部塑性变形松弛或缓冲集中应力，避免突然断裂，提高了零件的安全可靠性。一般断后伸长率达到 5% 或断面收缩率达到 10% 即能满足大多数零件的使用要求。因此，大多数机械零件除要求具有较高的强度外，还必须具有一定的塑性。

目前，金属材料室温拉伸实验方法采用的最新标准为 GB/T 228.1—2010。但是由于之前原有各有关手册和有关企业所使用的金属力学性能数据均是按照国家标准 GB/T 228—1987《金属拉伸试验方法》的规定测定和标注的，因此为方便读者阅读相关文献，本书列出了新、旧标准关于金属材料强度与塑性有关指标的名词术语及符号对照表，见表 1-1。

表 1-1　新、旧标准金属材料强度与塑性有关指标的名词术语及符号对照

| GB/T 228.1—2010 | | GB/T 228—1987 | |
|---|---|---|---|
| 名词术语 | 符号 | 名词术语 | 符号 |
| 屈服强度 | — | 屈服点 | $\sigma_s$ |
| 上屈服强度 | $R_{eH}$ | 上屈服点 | $\sigma_{sU}$ |
| 下屈服强度 | $R_{eL}$ | 下屈服点 | $\sigma_{sL}$ |
| 规定残余伸长强度 | $R_r$，如 $R_{r0.2}$ | 规定残余伸长应力 | $\sigma_r$，如 $\sigma_{0.2}$ |
| 抗拉强度 | $R_m$ | 抗拉强度 | $\sigma_b$ |
| 断后伸长率 | $A$ | 断后伸长率 | $\delta$ |
| 断面收缩率 | $Z$ | 断面收缩率 | $\Psi$ |

（4）硬度

硬度是指金属材料表面抵抗硬物压入的能力，或者说可指金属表面对局部塑性变形的抗力。硬度越高，表示材料抵抗局部塑性变形的抗力越大。在一般情况下，硬度越高，耐磨性越好。工程上还可以用硬度高的材料来加工硬度低的材料。根据测量方法不同，常用的硬度指标有布氏硬度、洛氏硬度和维氏硬度等。

① 布氏硬度

布氏硬度的测定原理如图 1-6 所示。用一定直径 $D$（mm）的硬质合金球，在一定载荷 $F$（N）的作用下压入试样表面，按规定保持一定时间后卸除载荷，测出压痕平均直径 $d$（mm），所施加的载荷与压痕球形表面积的比值即为布氏硬度，单位为 N/mm$^2$。布氏硬度值可通过测量压痕平均直径 $d$ 查表得到。布氏硬度用符号 HBW 表示，适用于布氏硬度值在 650 以下的材料。在实际应用中，布氏硬度只写明硬度的数值而不标出单位，也不用于计算。

布氏硬度表示方法是硬度数值位于符号前面，符号后面的数值依次是球体直径、载荷大小和载荷保持时间。例如，600HBW1/30/20 表示直径为 1 mm 的球在 30 kgf（294 N）载荷作用下保持 20 s 测得的布氏硬度值为 600。一般来说，布氏硬度值越小，材料越软，其压痕直径越大；反之，布氏硬度值越大，材料越硬，压痕直径越小。

布氏硬度测量的优点是具有较高的测量精度，压痕面积大，能在较大范围内反映材料的平均硬度，测得的硬度值比较准确，数据重复性强。缺点是测量费时、压痕大，不适用于太薄件、太硬件、成品件或 HBW 值大于 650 的材料。常用于测定退火钢、正火钢、调质钢、铸铁及有色金属的硬度。

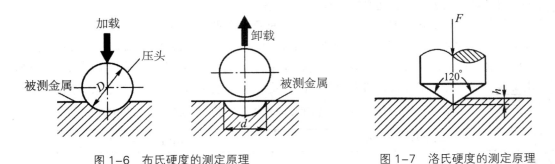

图 1-6　布氏硬度的测定原理　　　　图 1-7　洛氏硬度的测定原理

② 洛氏硬度

洛氏硬度的测定原理如图 1-7 所示。洛氏硬度的测定是用一个顶角为 120° 的金刚石圆锥体或直径为 1.588 mm 的淬硬钢球，在一定载荷下压入被测材料表面，由压痕深度求出材料的硬度。洛氏硬度用符号 HR 表示，根据压头类型和主载荷不同，分为 15 种标尺，用于测定不同硬度的材料。常用的标尺为 A、B、C，如表 1-2 所示，其中 HRC 是机械制造业中应用最多的硬度试验方法。压痕愈浅，硬度愈高。洛氏硬度可从硬度计上直接读出，由于其压痕小，可用于成品的检验。国家标准规定洛氏硬度的硬度值标在硬度符号前，如 55 ~ 60HRC。数值越大，硬度越高。

表 1-2　三种洛氏硬度的符号、试验条件和应用举例

| 类别 | 压头 | 载荷 /N（kgf） | 应用举例 |
|------|------|------|------|
| HRA | 顶角 120° 的金刚石圆锥 | 588（60） | 用于硬度极高的材料（如硬质合金等） |
| HRB | 直径 1.588 mm 的淬硬钢球 | 980（100） | 用于硬度较低的材料<br>（如退火钢、铸铁、有色金属等） |
| HRC | 顶角 120° 的金刚石圆锥 | 1 470（150） | 用于硬度很高的材料（如淬火钢、调质钢等） |

洛氏硬度的优点是操作迅速简便，压痕小，对工件表面损伤小，适用于成品件、表面热处理工件及硬质合金等的检验；缺点是由于压痕小，易受金属表面或内部组织不均匀的影响，测量结果分散度大，不同标尺的洛氏硬度值不能直接相互比较。

③ 维氏硬度

维氏硬度的测定原理如图 1-8 所示。维氏硬度测定原理与布氏硬度基本相同，但使用的压头是锥面夹角为 136° 的金刚石正四棱锥体。测量出试样表面压痕对角线长度的平均值 $d$，计算出压痕的面积 $S$，$F/S$ 即为维氏硬度值，记作 HV。HV 的数值越大，硬度越高。

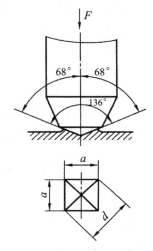

图 1-8　维氏硬度的测定原理

维氏硬度保留了布氏硬度和洛氏硬度的优点，既可测量由极软到极硬材料的硬度，又能互相比较；既可测量大块材料、表面硬化层的硬度，又可测量金相组织中不同相的硬度。由于维氏硬度用的载荷小、压痕浅，特别适合测量软、硬金属及陶瓷等，还可测量显微组织的硬度。

其中的显微维氏硬度在材料科学与工程研究中得到了广泛的应用，成为金属学、金相学最常用的试验方法之一。显微维氏硬度测量具有试验力极小、压痕极小，几乎对试样无损伤的特点，可用于工艺检验，测定小件、薄件、硬化层、镀层的硬度，可以检测工艺处理效果，研究加工硬化、摩擦等材料表面性质的变化等。还可用于金相及金属物理学研究，用来测量材料的单晶体及金相组织。此外，通过对压痕形状的观察，可以研究金属各组成相的塑性和脆性。

（5）冲击韧性

前面所述均是在静载荷作用下的力学性能指标，但许多机械零件在服役过程中还经常受到各种冲击动载荷的作用，如蒸汽锤的锤杆、柴油机的连杆和曲轴等，在工作时都受到冲击载荷的作用。承受冲击载荷的工件不仅要求具有高的硬度和强度，还必须具有抵抗冲击载荷的能力。金属材料在冲击载荷作用下抵抗断裂的能力称为冲击韧性。冲击韧性的测定在冲击试验机上进行。

材料的韧性是指材料在塑性变形和断裂的全过程中吸收能量的能力，它是材料塑性和强度的综合表现。材料的韧性与脆性是两个意义上完全相反的概念，根据材料的断裂形式可分为韧性断裂和脆性断裂。一般将冲击韧性值低的材料称为脆性材料，冲击韧性值高的材料称为韧性材料。脆性材料在断裂前无明显的塑性变形，断口较平整，呈结晶状或瓷状，有光泽；韧性材料在断裂前有明显的塑性变形，断口呈纤维状，无光泽。

冲击试验是将规定几何形状的缺口试样（U 型缺口或 V 型缺口）置于试验机两支座之间，缺口背向打击面放置，用摆锤一次打击试样，测定试样的吸收能量。试验时将冲击试样放在试验机两固定支座 1 处，使质量为 $m$ 的摆锤自高度 $h_1$ 自由落下，冲断试样后摆锤升高到 $h_2$ 高度（见图 1-9）。摆锤在冲断试样过程中所消耗的能量即为试样在一次冲击力作用下折断时所吸收的能量，称为冲击吸收能量，用符号 $K$ 表示，即：

$$k=mg(h_1-h_2) \tag{1-6}$$

根据两种试样缺口形状不同，冲击吸收能量分别用 $KU$ 或 $KV$ 表示，单位为焦耳（J）。用下标数字 2 或 8 表示摆锤刀刃半径，例如 $KV_2$ 表示用刀刃半径为 2 mm 的摆锤冲击 V 型缺口试样的冲击功。冲击吸收能量不需计算，可由冲击试验机的刻度盘上直接读出。

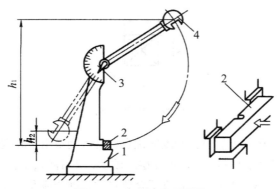

图 1-9　冲击试验原理图
1- 固定支座；2- 带缺口的试样；3- 指针；4- 摆锤

冲击吸收能量越大，则材料的韧性越好。在冲击载荷下工作的零件，要求材料具有一定的冲击韧性。

冲击吸收能量的大小与试验温度有关。有些材料在室温（20 ℃）左右试验时不显示脆性，而在较低温度下可能发生脆性断裂。在某一温度处，冲击吸收能量会急剧下降，金属材料由韧性断裂转变为脆性断裂，这一温度区域称为韧脆转变温度。材料的韧脆转变温度越低，材料的低温抗冲击性能越好。

冲击吸收能量的高低还与试样形状、尺寸、表面粗糙度、内部组织和缺陷有关。因此，冲击吸收能量一般作为选材的参考，不能直接用于强度计算。

### 1.1.2  金属材料的工艺性能

零件的选材不仅要考虑金属材料的力学性能，还要考虑金属材料的工艺性能。金属材料的工艺性能是指金属材料的铸造性能、锻压性能、焊接性能及切削性能等，如图 1-10 所示。

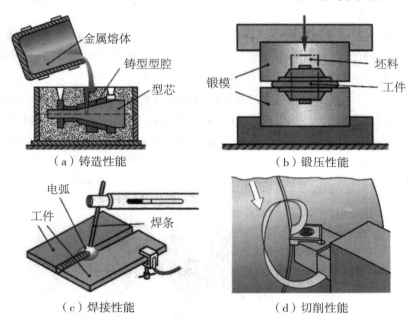

（a）铸造性能　　　　　　　　　（b）锻压性能

（c）焊接性能　　　　　　　　　（d）切削性能

图 1-10  金属材料的工艺性能

（1）铸造性能

一般来讲，所有的金属材料都可以通过铸造方法成形。如果一种金属材料熔化后有良好的流动性，容易充满铸型，冷却凝固后，材料内部不易形成缩孔等铸造缺陷，称这种材料铸造性能好。各种铸铁、铸造铝硅合金等具有良好的铸造性能。

（2）锻压性能

锻压性能是金属材料在外力的作用下通过塑性变形成形为工件的能力。热成形方法有热轧和锻造等，冷成形方法有冷轧和冲压等。最常用的具有良好锻压性能的材料为低碳钢和变形铝合金，铸铁不可锻压。

（3）焊接性能

焊接性能指金属材料在规定的施焊条件下，焊接成设计要求所规定的构件并满足预定服役要求的能力。焊接性能好的金属，焊接接头不易产生裂纹、气孔和夹渣等缺陷，而且具有较高的力学性能。具有良好焊接性能的材料有低碳钢和低合金钢。

（4）切削性能

切削性能是指金属材料被刀具切削加工而成为合格工件的难易程度，例如车削、铣削、磨削等。切削性能的评价标准是切削面的表面质量、切削条件和切削刀具的耐用度。金属材料大部分都具有良好的切削性能，尤其是碳钢、低合金钢、铸铁以及铝合金。

## 1.2 常用的金属材料

在机械制造和工程上应用最广泛的是金属材料，主要是钢铁材料和铝、铜、镁、钛等有色金属材料。

### 1.2.1 钢铁材料

钢铁是以铁、碳为主要成分的合金，是应用最广泛的金属材料，包括碳素钢、合金钢和铸铁。钢和铸铁都可以通过冶炼、合金和热处理等方法获得完全不同的材料特性，由于它们的制造成本低廉，使它们成为应用最多的金属材料。

图 1-11 为组成钻床的部分零件及其所用钢铁材料。手动进给传动齿轮箱的齿轮必须把动力传递到向下运行的钻床主轴，所以齿轮应由强度高、韧性好的材料制成，例如调质钢。麻花钻必须由高硬度材料制成，使它能够挤压进入被钻的工件并顺利地排出切屑，例如经过淬火处理的工具钢。钻床的底座和工作台，由于其体型笨重，又要求有减小、吸收机床振动的性能要求，故铸铁是最适宜的材料。

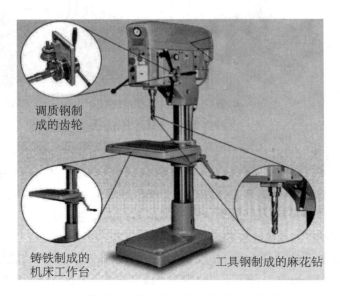

调质钢制成的齿轮

铸铁制成的机床工作台

工具钢制成的麻花钻

图 1-11　组成钻床的部分零件及其所用钢铁材料

（1）碳钢

碳钢又称为碳素钢，是含碳质量分数小于 2.11% 的铁碳合金，并含有少量 Si、Mn、S、P 等元素。碳钢具有较好的力学性能和工艺性能，且价格较为低廉，因而应用很广。对碳钢性能影响最大的是钢中碳的质量分数（$w_c$）。

① 碳钢的分类。碳钢的常用分类方法有以下三种：

（a）按碳钢中碳的质量分数不同可分为低碳钢（$w_c \leqslant 0.25\%$）、中碳钢（0.25%

$< w_c \leq 0.60\%$）和高碳钢（$w_c > 0.60\%$）。

（b）按碳钢的质量分类，主要以钢中有害元素 S、P 等的质量分数不同来划分，可分为普通碳素钢（$w_s \leq 0.050\%$，$w_p \leq 0.045\%$）、优质碳素钢（$w_s \leq 0.035\%$、$w_p \leq 0.035\%$）和高级优质碳素钢（$w_s \leq 0.025\%$，$w_p \leq 0.030\%$）。

（c）按钢的用途不同可分为碳素结构钢（用于制造轴、齿轮等机器零件和桥梁、船舶等工程构件，一般属于中、低碳钢）和碳素工具钢（用于制造刃具、模具、量具等各种工具，一般属于高碳钢）。

②碳钢的牌号及用途。碳钢的牌号及用途如表 1–3 所示。

表 1–3　碳钢的牌号及用途

| 类别 | 常用牌号 | 牌号说明 | 用途举例 |
|---|---|---|---|
| 普通碳素结构钢 | Q235、Q275 | 牌号用"Q"（屈服强度的"屈"汉语拼音字首）和屈服强度的数值等组成，如 Q235 表示 $R_{eH} \geqslant 235$ MPa 的碳素结构钢 | 强度低的用于制造承受载荷不大的金属结构件，如铆钉、垫圈等；强度高的用于制造钢板、钢筋、螺母等；强度更高的用于制造承受中等载荷的普通零件，如键、销、传动轴等 |
| 优质碳素结构钢 | 20、45、65 | 牌号用两位数表示，数字为钢的平均含碳的质量分数的万分之几。含 S、P 量合乎优质钢的要求，如 45 表示平均含碳的质量分数为 0.45% 的优质碳素结构钢 | 低碳的常用来制造受力不大、韧性要求较高的零件，如螺栓、螺钉、螺母等；中碳的主要用来制造齿轮、连杆、轴类等零件，其中以 45 钢在生产中的应用最为广泛；高碳的主要用来制作弹性元件和易磨损零件，如弹簧、弹簧垫圈等 |
| 碳素工具钢 | T8、T10A、T12 | 牌号为"T"（碳的汉语拼音字首）和数字表示，数字表示钢中平均含碳的质量分数的千分之几；若牌号末尾加"A"，则表示高级优质碳素工具钢。T8 表示平均含碳的质量分数为 0.8% 的优质碳素工具钢；T10A 表示平均含碳的质量分数为 1.0% 的高级优质碳素工具钢 | 主要用于制造低速切削刀具、量具、模具及其他工具。T7 ~ T9 常用于制造振动、冲击较大的零件，如冲头、錾子等；T10 ~ T11 常用于制造冲击较小、要求硬度高、耐磨的工具，如刨刀、车刀、钻头、丝锥、手工锯条等；T12 用于制造不受冲击、高硬度、高耐磨的工具，如锉刀、丝锥、量具等 |
| 铸造碳钢 | ZG230–450、ZG310–570 | 牌号用"ZG"（"铸钢"两字汉语拼音字首）和两组数字表示，第一组数字表示屈服强度的最低值（MPa），第二组数字表示抗拉强度的最低值（MPa）。如 ZG310–570，表示屈服强度的最低值为 310 MPa、抗拉强度的最低值为 570 MPa 的铸钢 | 常用来铸造形状复杂而需要一定强度、塑性和韧性的零件 |

（2）合金钢

在碳钢中有意识地加入一种或几种合金元素，以改善和提高其性能，这种钢称为合金钢。合金钢具有优良的力学性能，多用于制造重要的机械零件、工具、模具和工程构件，以及特殊性能的工件，但其价格较高。

① 合金钢的分类。按合金元素质量分数的不同，合金钢可分为低合金钢：合金元素总质量分数＜5%；中合金钢：合金元素总质量分数为 5%~10%；高合金钢：合金元素总质量分数＞10%。

按用途不同，合金钢可分为：

（a）合金结构钢，用于制造机械零件和工程构件，包括低合金高强度结构钢、渗碳钢、调质钢、弹簧钢、滚动轴承钢等。

（b）合金工具钢，用于制造各种刃具、模具、量具等，包括低合金刃具钢、高合金刃具钢、热作模具钢、冷作模具钢等。

（c）特殊性能钢，用于制造耐蚀、耐热、耐磨等某些特殊性能的工件，如不锈钢、耐热钢、耐磨钢等。

② 合金钢的牌号及用途。合金钢的牌号及用途如表 1-4 所示。

表 1-4　合金钢的牌号及用途

| 类别 | 常用牌号 | 牌号说明 | 用途举例 |
|---|---|---|---|
| 合金结构钢 | 低合金高强度结构钢（Q355）、渗碳钢（20CrMnTi）、调质钢（40Cr）、弹簧钢（60Si2Mn）、滚动轴承钢（GCr15） | 不同合金结构钢的牌号表示方法有所不同，主要是以下三种情况：<br>（1）低合金高强结构钢的牌号表示方法与碳素结构钢相同，即以字母"Q"开始，后面以三位数字表示其屈服强度的数值，如 Q355 表示 $R_{eH} \geqslant 355$ MPa。<br>（2）渗碳钢、调质钢、弹簧钢牌号表示为："二位数字"+"元素符号及数字"。前面的"二位数字"表示钢中平均含碳量的万分之几；元素符号表示所加入的主要合金元素，其后面的数字为该合金元素平均含量的百分之几，当合金元素的平均质量小于 1.5% 时，此数字省略，只标合金元素符号。如合金弹簧钢 60Si2Mn，表示 $w_c$ 为 0.60%，$w_{Si}$ 为 2%，$w_{Mn} < 1.5\%$。若为高级优质钢，则在钢号后面加"A"。<br>（3）滚动轴承钢的牌号表示方法是在牌号前面加"G"（"滚"字汉语拼音字首），钢中碳的质量分数不标出，合金元素铬后面的数字表示铬平均含量为千分之几。如 GCr15 中铬的平均含量为 1.5 % | （1）低合金高强度结构钢主要应用于制造承载较大、力学性能要求较高的机械零件和工程构件，特别在桥梁、船舶、高压容器、车辆、石油化工设备、农业机械中广泛应用。<br>（2）渗碳钢主要应用于汽车、拖拉机等受冲击载荷较大且有较高耐磨性的零件，如重要的齿轮、传动轴、螺栓等。<br>（3）调质钢主要应用于制造承受较大变动载荷，要求具有良好综合力学性能的零件，如各类传动轴、连杆、螺栓及齿轮等。<br>（4）弹簧钢主要应用于制造各种弹性元件，如铁路机车、汽车、拖拉机上的板弹簧、螺旋弹簧及其他承受高应力作用的重要弹簧。<br>（5）滚动轴承钢主要应用于制造各种滚动轴承内外套圈及滚珠 |

（续表）

| 类别 | 常用牌号 | 牌号说明 | 用途举例 |
|---|---|---|---|
| 合金工具钢 | 低合金刃具钢（9SiCr）、高速钢（W18Cr4V）、热作模具钢（5CrMnMo）、冷作模具钢（Cr12MoV） | 一般是"一位数字"+"元素符号及数字"。前面的"一位数字"表示钢中的平均含碳的质量分数的千分之几。当平均含碳的质量分数大于等于1.0%时，不标注平均含碳的质量分数。"元素符号及数字"的含义与合金结构钢相同。9SiCr，$w_c$=0.9%，$w_{Si}$、$w_{Cr}$ < 1.5%，（Si 和 Cr 的含碳的质量分数都小于1.5%）；Cr12MoV 表示 $w_c \geq$ 1.0%、$w_{Cr}$=12.0%、Mo 和 V 的含碳的质量分数小于1.5%的冷作模具钢。高速钢的含碳的质量分数小于1.0%也不标出 | 主要用于制造形状复杂、尺寸较大的模具、高速切削的刀具和量具等 |
| 特殊性能钢 | 主要是不锈钢，其中有铁素体不锈钢（1Cr17）、马氏体不锈钢（3Cr13）和奥氏体不锈钢（如 0Cr18Ni9）；另外还有耐磨钢（ZGMn13） | 不锈钢的牌号表示方法一般与合金工具钢相同，当0.03% < $w_c \leq$ 0.08%时，在钢号前以"0"表示；当 $w_c \leq$ 0.03%时，在钢号前面以"00"表示。如 0Cr18Ni9，表示 0.03 < $w_c \leq$ 0.08%，$w_{Cr}$ 为 18%，$w_{Ni}$ 为 9% 的不锈钢；耐磨钢 ZGMn13，"ZG"表示"铸钢"汉语拼音字首，表示 $w_{Mn}$ 为 13% | 不锈钢主要用于制造医疗、食品、化工、化肥等工业设备零件；耐磨钢用于制造破碎机齿板、坦克和拖拉机履带板等 |

（3）铸铁

铸铁是含碳的质量分数大于 2.11%，并含有比钢较多的硅、锰、硫、磷等的铁碳合金。按碳的存在形式不同，铸铁可分为灰口铸铁、白口铸铁和麻口铸铁。

① 灰口铸铁。铸铁中的碳全部或大部分以游离石墨形式存在，断口呈暗灰色。与钢相比，铸铁的抗拉强度、塑性和韧性较差，但具有良好的铸造性、减摩性、减振性、切削加工性和对缺口的低敏感性，而且价格低廉，因而应用广泛。

② 白口铸铁。铸铁中的碳全部以化合物形式存在，断口呈银白色，性能硬而脆，工程中很少应用。

③ 麻口铸铁。组织介于白口铸铁和灰口铸铁之间，具有较大的脆性，工业上也很少使用。

灰口铸铁的组织相当于由钢的基体和石墨组成，石墨的力学性能很低（强度 $R_m$ = 20 MPa，硬度 3~5 HBW，塑性几乎为 0），对铸铁的性能影响很大。按石墨形态不同，灰口铸铁又分为灰铸铁、可锻铸铁、球墨铸铁等，它们的牌号、性能及用途见表1-5。

表 1-5　灰口铸铁的牌号、性能及用途

| 类别 | 常用牌号 | 牌号说明 | 用途举例 |
|---|---|---|---|
| 灰铸铁 | HT200、HT250、HT300 | HT 为"灰铁"的汉语拼音字首，其后的数字表示最低抗拉强度（MPa），如 HT200 表示 $R_m \geqslant 200$ MPa 的灰铸铁 | 石墨呈片状，对基体的割裂破坏作用较大，但对抗压性能影响不大。生产工艺简单，价格低廉，工业中应用最为广泛。主要用于制造结构复杂的零件，如机床床身、机座、导轨、箱体等 |
| 可锻铸铁 | KTH350-10、KTH370-12、KTZ550-04、TZ650-02 | KT 为"可铁"的汉语拼音字首，H 表示"黑心"可锻铸铁，Z 表示"珠光体"可锻铸铁。其后第一组数字表示最低抗拉强度（MPa），后一组数字表示断后伸长率（%），如 KTH350-10 表示 $R_m \geqslant 350$ MPa，$A$=10% 的黑心可锻铸铁 | 石墨呈团絮状，对基体的割裂作用比片状石墨要小，因而力学性能比灰铸铁好，有一定的强度和塑性，但不能锻造。主要用于制造形状复杂、工作时承受冲击、振动、扭转等载荷的薄壁零件，如汽车、拖拉机车桥壳、转向器壳、管子接头和扳手等 |
| 球墨铸铁 | QT400-15、QT600-3、QT700-2、QT900-2 | QT 为"球铁"的汉语拼音字首。其后第一组数字表示最低抗拉强度（MPa），后一组数字表示断后伸长率（%），如 QT400-15 表示 $R_m \geqslant 400$ Mpa，$A$=15% 的球墨铸铁 | 石墨呈球状，对基体的割裂破坏作用最小，故强度和塑性都较好，主要用于制造一些受力复杂、承受载荷较大的零件，如曲轴、连杆、凸轮轴、齿轮等 |

## 1.2.2　有色金属

通常把钢铁材料之外的金属材料，如 Cu、Al、Mg、Ti、Zn 等非铁金属及其合金称为有色金属。有色金属的产量远低于钢铁材料，但是其作用却是钢铁材料无法代替的。

（1）铜及铜合金

纯铜又称紫铜，密度为 8.90 g/cm³，熔点为 1 083 ℃。纯铜具有良好的导电、导热性能（仅次于银），有较高的塑性和耐腐蚀性。但强度、硬度低，不能通过热处理强化，故工业上常通过添加合金元素来改善其性能。纯铜广泛用于制造电线、电缆、电刷、铜管、铜棒，以及作为配制铜合金的原料。

铜合金按化学成分可分为黄铜、青铜和白铜三类。

黄铜系指以 Cu-Zn 为主的铜合金。按其化学成分的不同，分为普通黄铜和特殊黄铜两类。黄铜主要用于制造弹簧、垫圈、螺钉、衬套及各种小五金。普通黄铜的牌号以"H"＋数字表示。"H"为"黄"字汉语拼音字首，数字表示铜的百分含量，如 H80 即 80% 铜和 20% 锌的普通黄铜。

特殊黄铜又称为复杂黄铜，是在铜锌合金中再加入其他合金元素，除主加元素锌外，常加入的其他合金元素有铅、铝、锰、锡、铁、镍、硅等，又分别称为铅黄铜、铝黄铜、锰黄铜等。特殊黄铜的牌号用"H"＋主加元素的化学符号＋铜的质量分数＋主加元素含量表示，如 HPb59-1 表示含 59% 铜，1% 铅，其余为锌。特殊黄铜的强度、耐腐蚀性比普通黄铜好，铸造性能也有所改善，主要用于制造船舶及化工零件，如冷凝管、齿轮、螺旋桨、轴承、衬套及阀体等。

白铜系指以 Cu-Ni 为主的铜合金，它可分为简单白铜和特殊白铜两类。简单白铜为 Cu-Ni 合金，代号用"B + Ni 的平均质量分数"表示，典型代号有 B5、B19 等。它具有较高的耐蚀性和抗疲劳性能，工业上主要用于耐蚀结构和电工仪表。

除了以 Zn 或 Ni 为主加元素的铜合金外，其余铜合金统称为青铜。青铜的牌号以"Q"（"青"字汉语拼音字首）为首，其后标注主要的合金元素及其含量。青铜分为普通青铜（锡青铜）与特殊青铜（如铝青铜、铅青铜、铍青铜、硅青铜等无锡青铜）两类。锡青铜以 Sn 为主加元素，工业用锡青铜的锡含量为 3% ~ 14%，另外还含有少量的 Zn、Pb、P、Ni 等元素。锡青铜具有良好的减摩性、抗磁性及低温韧性，但其耐酸腐蚀能力较差。

（2）铝及铝合金

纯铝呈银白色，密度为 2.70 g/cm³，熔点为 660 ℃。纯铝的导电、导热性仅次于银和铜，塑性好，但强度不高，不宜用来制作承力结构件。主要用来制造电线、电缆，强度要求不高的器皿、用具（如 1060，旧牌号为 L2）及配制各种铝合金等。

铝合金按其加工方法可分为变形铝合金和铸造铝合金。

变形铝合金通常经不同的变形加工方式生产成各种半成品，如板、棒、管、线、型材及锻件等。根据合金特性，可分为防锈铝合金、硬铝合金、超硬铝合金、锻铝合金四类。

防锈铝合金主要是 Al-Mg 和 Al-Mn 合金，其特点是抗蚀性好，易于加工成形和焊接（如 5A05，旧牌号为 LF5）。但其强度较低，不能通过热处理强化。硬铝合金主要有 Al-Cu-Mg 和 Al-Cu-Mn 合金，其特点是具有极强的时效硬化能力，强度高，抗蚀性和焊接性能较差（如 2A11，旧牌号为 LY11）。超硬铝合金主要是 Al-Cu-Mg-Zn 合金，是在硬铝的基础上再加锌而成，强度高于硬铝，故称为超硬铝合金（如 7A04，旧牌号为 LC4）。锻铝合金主要是 Al-Mg-Si-Cu 和 Al-Cu-Mg-Ni-Fe 合金，其特点是具有良好的锻造性能和较高的力学性能（如 2A70，旧牌号为 LD7）。

铸造铝合金的优点是密度小，比强度（强度/密度）较高，且具有良好的抗蚀性和铸造性能。铸造铝合金按成分不同可分为 Al-Si 系合金、Al-Cu 系合金、Al-Mg 系合金、Al-Zn 系合金。铸造铝合金的牌号用 ZL 表示"铸铝"，其后标注合金元素及其质量分数。一般用于制造形状复杂及有一定力学性能要求的零件，如仪表壳体、内燃机气缸、活塞、泵体等。

（3）镁及镁合金

纯镁为银白色，密度为 1.74 g/cm³，其熔点为 650℃。镁是地壳中第三丰富的金属元素，仅次于铝和铁。纯镁的强度和室温塑性较低，耐腐蚀性很差，在空气中极易被氧化。纯镁不能用于制造零件，主要用作合金原料和脱氧剂。

目前，工业中应用的镁合金主要集中于 Mg-Al-Zn、Mg-Zn-Zr、Mg-Mn 和 Mg-RE-Zr 等几个合金系。根据生产工艺、合金的成分和性能特点，镁合金分为变形镁合金和铸造镁合金两大类。镁合金的优异性能使其在汽车、航空、家电、计算机、通信等领域具有良好的应用前景。在很多情况下，镁合金已经或正在取代工程塑料和其他金属材料。

变形镁合金主要分为：Mg–Mn 系变形镁合金（如 M2M，旧牌号为 MB1），具有良好的耐腐蚀性和焊接性能，用于制造外形复杂、要求耐腐蚀的零件；Mg–Al–Zn 系变形镁合金（如 AZ61M，旧牌号为 MB5），焊接性能良好，可制造形状复杂的锻件和模锻件；Mg–Zn–Zr 系变形镁合金（如 ZK61M，旧牌号为 MB15），切削加工性能良好，但焊接性能差，主要用于生产挤压制品和锻件。近年来，国内外发展了一些新型变形镁合金，其中引起普遍关注的是 Mg–Li 系列合金，该类合金因 Li 的加入，密度较原有镁合金降低 15% ~ 30%，同时弹性模量增高，使镁合金的比强度和比模量（弹性模量 / 密度）进一步提高。Mg–Li 合金还具有良好的工艺性能，可进行冷加工和焊接，多元合金可进行热处理强化，因此在航空和航天领域具有良好的应用前景。

铸造镁合金可分为高强度铸造镁合金（如 ZK51A，旧牌号为 ZMgZn5Zr，旧代号为 ZM1）和耐热铸造镁合金（如 EZ33A，旧牌号为 ZMgRE3Zn2Zr，旧代号为 ZM4）两大类。其发展趋势表现为稀土铸造镁合金、铸造高纯耐蚀镁合金、快速凝固镁合金及铸造镁基复合材料等几个方面。

（4）钛及钛合金

纯钛的密度为 4.50 g/cm$^3$，熔点为 1 668 ℃。纯钛的比强度高，塑性、低温韧性和耐腐蚀性好，具有良好的加工工艺性能。纯钛的性能受杂质影响很大，少量杂质即可显著提高其强度。

钛合金具有两大优异的特性：比强度高和抗蚀性好。这也是航空航天工业、化学工业、医药工程和休闲行业优先选用钛合金的原因。在较高的温度下，钛合金的比强度特别优异。然而，钛的最高使用温度受其氧化特性的限制，因此传统的高温钛合金只能在略高于 500 ℃ 的温度下使用。钛合金的常用牌号有 TA4、TB2、TC1 等。

## 1.3 钢的热处理

钢的热处理是指将钢在固态下施以不同的加热、保温和冷却，以改变其金相组织，从而获得所需性能的一种工艺。热处理工艺过程如图 1–12 所示。热处理既可用于消除上一工艺过程所产生的缺陷，也可以为下一工艺过程创造条件，更重要的是可以充分发挥钢材的潜力，提高工件的使用性能，提高产品质量，延长工件的使用寿命。因此热处理是一种强化钢材的重要工艺。

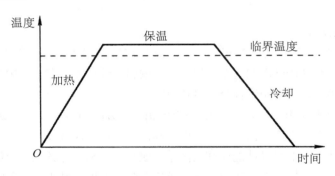

图 1–12 钢的热处理工艺过程

热处理工艺大体可分为普通热处理和表面热处理两大类。根据加热介质、加热温度和冷却方法的不同，每一大类又可区分为若干不同的热处理工艺。同一种钢采用不同的热处理工艺，可获得不同的组织，从而具有不同的性能。

### 1.3.1 普通热处理

钢的普通热处理通常有退火、正火、淬火和回火四种基本工艺。

（1）退火

退火是将工件加热到适当温度，根据材料和工件尺寸采用不同的保温时间，然后进行缓慢冷却，目的是：（a）使金属内部组织达到或接近平衡状态，降低硬度，改善切削加工性；（b）消除残余应力，稳定尺寸，减小变形与裂纹倾向；（c）细化晶粒，调整组织，消除组织缺陷。从而获得良好的工艺性能和使用性能，或者为进一步淬火作组织准备。

钢的退火工艺种类很多，根据加热温度可分为两大类：一类是在相变临界温度以上的退火，包括完全退火、球化退火等；另一类是在相变临界温度以下的退火，如去应力退火等。按照冷却方式，退火可分为等温退火和连续冷却退火。

① 完全退火。完全退火（图 1–13 工艺Ⅰ）一般简称为退火，它是将钢件加热到相应的临界温度以上 20~30℃，保温足够长时间，使组织完全奥氏体化后缓慢冷却，以获得近于平衡组织的热处理工艺。这种退火主要用于亚共析成分的各种碳钢和合金钢的铸、锻件及热轧型材，有时也用于焊接结构。一般常作为一些不重要工件的最终热处理，或作为某些重要工件的预备热处理。

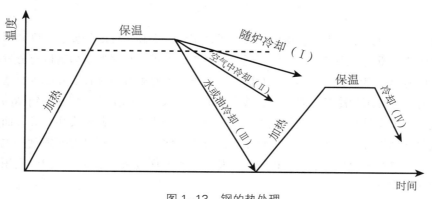

图 1–13 钢的热处理

② 球化退火。球化退火主要用于过共析成分的碳钢及合金工具钢（如制造刃具、量具、模具所用的钢种）。它是将工件加热到相应的临界温度以上 30~50℃，保温一段时间后，使钢中的碳化物变为球状，然后缓慢冷却。其主要目的在于降低硬度，改善切削加工性，并为以后淬火作好准备。

③ 去应力退火。去应力退火主要用来消除毛坯以及经过切削加工的零件（如铸件、锻件、焊接件、热轧件和冷拉件等）中的残余应力，稳定工件尺寸及形状，减小零件在后续机械加工和使用过程中的变形和开裂倾向。如果这些应力不予消除，将会引起零件在一定时间以后，或在随后的切削加工过程中产生变形或裂纹。

（2）正火

正火是将工件加热到相应的临界温度以上 30~50 ℃，保温一段时间后，从炉中取出在空气中或吹风冷却的热处理工艺（图 1–13 工艺 Ⅱ）。正火的效果与退火相似，只是得到的组织更细，常用于改善材料的切削性能，有时也用于一些要求不高的零件的最终热处理。正火的目的主要是提高低碳钢的力学性能，改善切削加工性，细化晶粒，消除组织缺陷，为后续热处理做好组织准备等。

（3）淬火

淬火是指将钢件加热到相应的临界温度以上某一温度，保温一定的时间，然后以适当的速度冷却，获得马氏体（或贝氏体）组织的热处理工艺（图 1–13 工艺 Ⅲ）。图 1–14 为需淬火热处理的工件。

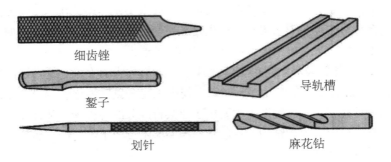

图 1–14　需淬火热处理的工件

淬火的主要目的是使钢件获得所需的马氏体组织，提高工件的硬度、强度和耐磨性，是钢件强硬化的重要处理工艺，应用广泛。经过淬火处理后材料的潜力得以充分发挥，材料的力学性能得到很大的提高，因此对提高产品质量和使用寿命有着十分重要的意义。

淬火时，最常用的冷却介质是水、盐水和油。盐水淬火的工件，容易得到高的硬度和光洁的表面，不容易产生淬不硬的软点，但易使工件严重变形，甚至发生开裂。而用油作淬火介质只适用于合金钢或小尺寸碳钢工件的淬火。淬火工艺中保证冷却速度是关键，过慢则淬不硬，过快又容易开裂。正确选择冷却介质和操作方法很重要，一般碳钢用水，合金钢用油作冷却剂。

（4）回火

回火是指钢件经淬硬后，再加热到临界温度以下的某一温度，保温一定时间，然后冷却到室温的热处理工艺（图 1–13 工艺 Ⅳ）。

淬火后强度、硬度提高较大，但组织较脆，故淬火后应进行回火处理，如图 1–15 所示。

钢件回火后的性能主要取决于回火的加热温度，而不是冷却速度。按加热温度不同，回火可分为以下三种，如表 1–6 所示。淬火＋高温回火又称为调质处理。

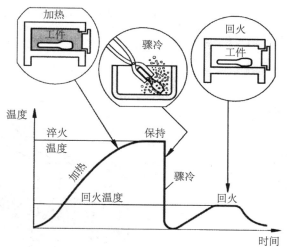

图1-15　淬火、回火的热处理过程

表1-6　回火的分类

| 回火名称 | 加热温度/℃ | 回火后硬度 | 回火目的 | 应用举例 |
|---|---|---|---|---|
| 低温回火 | 150~250 | ≥55HRC | 降低淬火钢的内应力和脆性，而保持淬火钢的高硬度和高耐磨性 | 滚动轴承、模具、量具、渗碳零件 |
| 中温回火 | 350~500 | 35~50HRC | 提高钢的强度和弹性 | 各种弹簧、弹性零件 |
| 高温回火 | 500~650 | 20~35HRC | 获得强度、塑性和韧性都较好的综合力学性能 | 齿轮、轴、连轩 |

### 1.3.2　表面热处理

许多机器零件，如齿轮、凸轮、曲轴等是在弯曲、扭转载荷下工作的，同时受到强烈的摩擦、磨损和冲击。这时应力沿工件断面的分布是不均匀的，越靠近表面应力越大，越靠近心部应力越小。这种工件要求表面具有高的强度、硬度、耐磨性、疲劳强度，而心部应具有足够的塑性和韧性。要同时满足这些要求，仅仅依靠选材是比较困难的，采用普通热处理也无法实现。表面热处理是使零件满足这一要求的最有效的加工方法。

表面热处理是指为了改变工件表面的组织和性能，仅对工件表层进行的热处理工艺。常用的表面热处理方法主要有两大类：一类是只改变表面组织而不改变表面化学成分的表面淬火；另一类是同时改变表面化学成分和组织的表面化学热处理。

（1）表面淬火

表面淬火是将工件表面快速加热、冷却，把表层淬成马氏体，心部组织不变的热处理工艺。表面淬火的主要目的是使零件表面获得高硬度和高耐磨性，而心部仍保持足够的塑性和韧性。表面淬火主要适用于中碳钢和中碳低合金钢，如45、40Cr等。表面淬火前应先进行正火和调质处理，表面淬火后应进行低温回火。这样处理后，工件表层硬而耐磨，心部仍保持较好的韧性，适用于齿轮、曲轴等重要的零件。

常用的表面淬火方法有高频感应加热表面淬火（如图1-16所示）和火焰加热表面淬

火（如图 1-17 所示）。高频感应加热表面淬火适用于大批量生产，目前应用较广。火焰加热表面淬火方法简单，但质量较差。

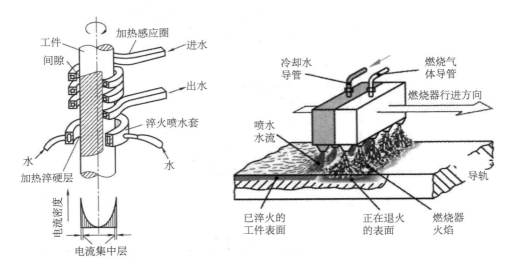

图 1-16　高频感应加热表面淬火　　　图 1-17　导轨工件的火焰加热表面淬火

（2）化学热处理

钢的化学热处理是将钢件置于一定温度的化学活性介质中，用以改变钢的表层化学成分的热处理工艺。可以通过向钢的表层渗入一种或几种元素，从而使钢零件表面具有某些特殊的力学性能或物理、化学性能。

化学热处理的种类很多，根据渗入元素的不同，化学热处理有渗碳、渗氮、碳氮共渗等。不论哪一种方法，都是通过以下三个基本过程来完成的：①介质在一定的温度下发生化学分解，产生能被零件表面吸收的活性原子；②活性原子首先吸附在零件的表面，然后被零件表面吸收；③活性原子在一定的温度下，由表面向中心扩散渗入，形成一定厚度的渗层。

① 渗碳。渗碳是向零件表面渗入碳原子的过程。它是将工件置于含碳的介质中加热和保温，使活性碳原子渗入钢的表面，以达到提高钢的表面含碳量的热处理工艺。渗碳方法有气体渗碳、液体渗碳和固体渗碳，应用最广泛的是气体渗碳。

如图 1-18 所示，气体渗碳是工件在密封的加热炉中被加热至 900~930 ℃，向炉内通入渗碳气体（如煤气、天然气等）或滴入易高温裂解形成渗碳气氛的液体（如煤油、甲醇、丙酮等），以供给活性碳原子并在工件表面吸附、扩散、形成渗碳层，整个渗碳过程需数小时。渗碳常用于低碳钢和低碳合金钢零件，如 20、20Cr、20CrMnTi 等钢件。渗碳后获得 0.5~2.0 mm 的高碳含量表层，再经淬火和低温回火，使表面具有高硬度、高耐磨性，而心部具有良好的塑性和韧性，使零件既耐磨又抗冲击。渗碳主要用于在摩擦冲击条件下工作的零件，如汽车齿轮、活塞销等。渗碳、淬火的工作流程如图 1-19 所示。

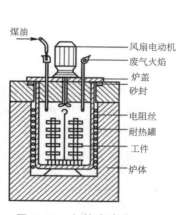

图 1-18 气体渗碳法

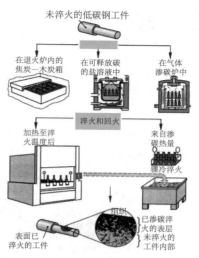

图 1-19 渗碳、淬火工作流程

② 渗氮。渗氮是向工件表面层渗入氮原子，形成富氮的表面硬化层的过程。渗氮的目的是提高工件表面硬度、耐磨性、耐蚀性和疲劳强度等性能。常用的渗氮方法有气体氮化和离子氮化。

气体渗氮法应用较广泛，其利用渗氮介质（如氨气）在 500～600 ℃加热分解，活性氮原子被工件表面吸附并通过扩散在其内部形成氮化层。氮化后钢件的表面硬度高达 950～1200HV，相当于 65～72HRC。这种高硬度和高耐磨性可保持到 560～600 ℃而不降低，故氮化件具有很好的热稳定性。适于渗氮的钢很多，如结构钢、工具钢、不锈钢等。常选用含 Cr、Mo、Al 等元素的合金结构钢（如 38CrMoAl）。

与渗碳相比，渗氮后的表面硬化层薄（0.1~0.6 mm）。由于氮化层体积胀大，在表层形成较大的残余压应力，不需淬火就具有比渗碳层更高的硬度、耐磨性、抗疲劳性和一定的耐蚀性、耐热性，而且由于加热温度比渗碳温度要低，因而零件变形小。但渗氮处理的时间长，成本高。渗氮常用于在交变载荷下工作的各种结构件，如各种高速传动精密齿轮、高精度机床主轴及阀门类零件。

【复习题】

（1）简述所学金属材料的力学性能的物理意义和表示符号。

（2）简述金属材料的工艺性能。

（3）简述碳钢的牌号及用途。

（4）简述合金钢的牌号及用途。

（5）铸铁与钢相比，其性能有何不同？为什么一般机器的机座、机床的床身等常用灰铸铁制造？

（6）什么是热处理？常用的热处理工艺有哪些？它们的主要作用分别是什么？

（7）表面淬火通常适合哪些钢，应用于何种场合？渗碳通常适合哪些钢，应用于何种场合？

# 第二章 铸 造

铸造是指将熔融金属液浇入具有和零件形状相适应的铸型空腔中，凝固后获得一定形状和性能的毛坯或零件的成形方法。用铸造的方法得到的毛坯或零件称为铸件，如图 2-1 所示。

图 2-1 各种铸件

铸造的方法很多，其中以砂型铸造应用最广泛，其生产的铸件占总量的 80% 以上。砂型铸造主要工艺过程包括：金属熔炼、造型、浇注凝固和落砂清理等。把除砂型铸造以外的各种铸造方法统称为特种铸造，主要有熔模铸造、消失模铸造、金属型铸造、压力铸造、离心铸造以及无模铸造等。铸造用的主要材料是铸铁，铸铁件占铸件总量的 70% 以上；另外，还有铸钢和铸造有色合金（铜、铝、镁、锌等）。

铸造成形方法具有以下特点：

（1）可制成形状复杂，特别是具有复杂内腔的毛坯，如箱体、气缸体等。

（2）适应范围广，如工业上常用的金属材料（碳钢、合金钢、铸铁、铜合金、铝合金等）件都可铸造成形。铸件的大小几乎不限，从几克到数百吨；铸件的壁厚可由不到 1 mm 至超过 1 m；铸造的批量不限，从单件小批到大量生产。

（3）铸造不仅可直接利用成本低廉的废机件和切屑，而且设备费用较低。同时，铸件毛坯上要求的机械加工余量小，节省金属，减少机械加工量，从而降低制造成本。

## 2.1 砂型铸造

砂型铸造是指铸型以型砂为材料进行制备，其典型工艺过程包括模样和芯盒的制作、型砂和芯砂配制、造型和制芯、合箱、熔炼金属、浇注、落砂、清理及铸件检验。图 2-2 为套筒铸件的铸造生产工艺过程。

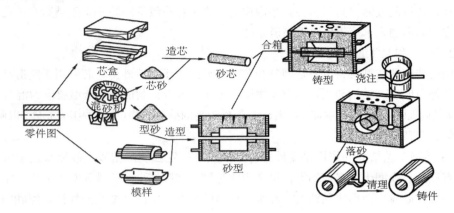

图 2-2　套筒铸件的铸造生产工艺过程

## 2.1.1　铸型

铸型一般由上型、下型、型芯等几部分组成。图 2-3 为常用两箱造型的铸型示意图。

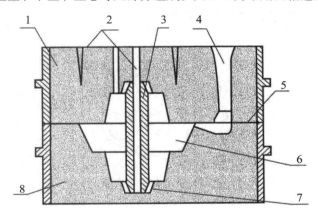

图 2-3　铸型的组成

1- 上型；2- 通气孔；3- 型芯；4- 浇注系统；5- 分型面；6- 型腔；7- 芯头芯座；8- 下型

## 2.1.2　造型材料

（1）型砂的性能要求

为保证铸件的质量，必须严格控制型砂的性能。型砂应具备的基本性能如下：

① 透气性。型砂能让气体透过的性能称为透气性。高温金属液浇入铸型后会产生大量的气体，这些气体必须通过铸型排出去，否则铸件会产生气孔。如果型砂透气性太高，则型砂太 疏松，铸件容易粘砂。透气性可用专门的透气性仪测定，其数值一般为 30 ～ 80。

② 强度。型砂抵抗外力破坏的能力称为强度。砂型必须具备足够高的强度才能在造型、搬运、合箱过程中不引起塌陷，浇注时也不会破坏铸型表面。

③ 耐火性。型砂在高温液体金属作用下不熔融、不烧结的性能称为耐火性。如果型

砂的耐火性差，则铸件易产生粘砂。型砂中 $SiO_2$ 含量越多，型砂颗粒越大，耐火性越好。

④ 退让性。铸件在冷却凝固时，型砂可被压缩的能力称为退让性。如果型砂的退让性不足，则铸件的收缩受阻，铸件产生内应力、变形和裂纹等缺陷。型砂越紧实，退让性越差。在型砂中加入木屑等可以提高退让性。

（2）型（芯）砂的组成

砂型铸造用的造型材料主要是型砂和芯砂，型砂用于制造砂型，芯砂用于制造砂芯。通常型砂是由原砂、黏结剂和其他附加物按一定比例混合，制成符合造型要求的混合料。

① 原砂。原砂是型砂的主体，常用 $SiO_2$ 含量较高的硅砂或海（河）砂作为原砂，以圆形、粒度均匀、含杂质少为最佳。

② 黏结剂。黏结剂的作用是使砂粒黏结成具有一定强度的型砂。砂型铸造中常用的黏结剂有黏土、膨润土、水玻璃等，最常用的是黏土和膨润土。原砂和黏土加入一定量的水混合后，在砂粒表面形成黏结膜，经紧实后型砂具有一定的强度和透气性。型砂的结构如图 2-4 所示。

③ 附加物和水。为了改善型砂的性能而加入的其他物质称为附加物。例如加入煤粉能提高型砂的耐火性，从而防止铸件表面粘砂；加入木屑可改善型砂的退让性和透气性，防止铸件产生裂纹和气孔。水能使原砂和黏土混成一体，并保持一定的强度和透气性。但水分含量要合适，过多或过少都对铸件不利。

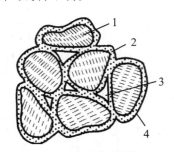

图 2-4　型砂的结构

1- 砂粒；2- 黏土；3- 空隙；4- 附加物

### 2.1.3　造型和制芯

（1）模样和芯盒

模样和芯盒是制造砂型和型芯的模具。对有内腔的铸件，铸造时内腔由砂芯形成，因此还需要芯盒。制作模样和芯盒常用的材料有木料、金属和塑料。在单件、小批量生产时广泛采用木质模样和芯盒，在大批量生产时多采用金属或塑料模样、芯盒。金属模样与芯盒的使用寿命长达 10 ~ 30 万次，塑料的最多几万次，而木质的仅 1 000 次左右。

模样的形状和铸件外形相同，只是尺寸比铸件增大了一个合金的收缩量，用来形成砂型型腔。芯盒用来制芯，它的内腔与铸件内腔相似，所制出型芯的外形与铸件内腔相同。图 2-5 为零件与模样的关系示意图。

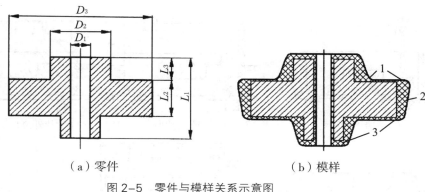

（a）零件　　　　　　　　　　（b）模样

图 2-5　零件与模样关系示意图

1- 铸造圆角；2- 起模斜度；3- 加工余量

（2）造型

在砂型铸造中，主要的工作是用型砂和模样制造铸型。按紧实型砂的方法，造型分为手工造型和机器造型两类。

① 手工造型。手工造型是全部用手工或手动工具完成紧砂、起模、修型的工序。手工造型操作灵活、适应性广、工艺装备简单、成本低，但其铸件质量差、生产率低、劳动强度大、技术水平要求高，主要用于单件小批生产，特别是重型和形状复杂的铸件。手工造型常用的工具如图 2-6 所示。

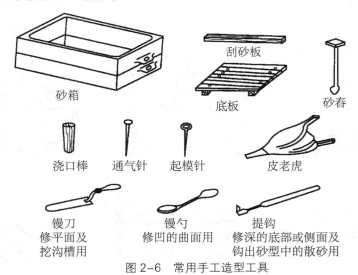

图 2-6　常用手工造型工具

手工造型方法很多，按照砂箱特征可分为两箱造型、三箱造型和地坑造型；按照铸型特点可分为整模造型、分模造型、挖砂造型、活块造型、假箱造型和刮板造型等。

（a）整模造型。整模造型的特点是模样为整体结构，最大截面在模样一端且是平面，造型操作简单，所得型腔形状和尺寸精度较好，适用于外形轮廓的顶端截面最大、形状简单的铸件，如盘、盖类铸件。齿轮坯整模造型过程如图 2-7 所示。

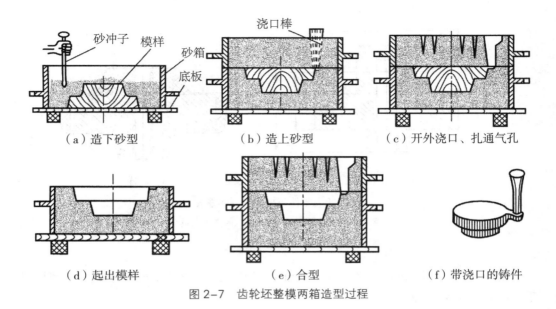

（a）造下砂型　　　　　　（b）造上砂型　　　　　（c）开外浇口、扎通气孔

（d）起出模样　　　　　　（e）合型　　　　　　（f）带浇口的铸件

图 2-7　齿轮坯整模两箱造型过程

（b）分模造型。分模造型中模样分为两半，分模面是模样的最大截面，型腔被放置在两个砂箱内，注意不要产生因合箱误差而形成的错箱。这种造型方法简单，应用较广，适用于形状较复杂且有良好对称面的铸件，如套筒、管子和阀体等。套筒的分模两箱造型过程如图 2-8 所示。

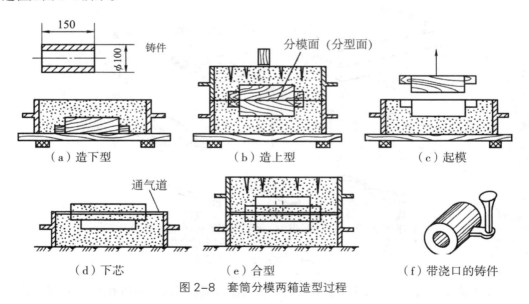

（a）造下型　　　　　　（b）造上型　　　　　　（c）起模

（d）下芯　　　　　　　（e）合型　　　　　　（f）带浇口的铸件

图 2-8　套筒分模两箱造型过程

（c）挖砂造型。当铸件的最大截面不在端部，模样又不便分开时（如模样太薄），仍做成整体模。分型面不是平面，造型时将妨碍起模的型砂挖掉，才能取出模样的造型方法称为挖砂造型。这种造型方法操作复杂，生产率低，只适合于单件小批量生产。图 2-9 为手轮的挖砂造型过程。

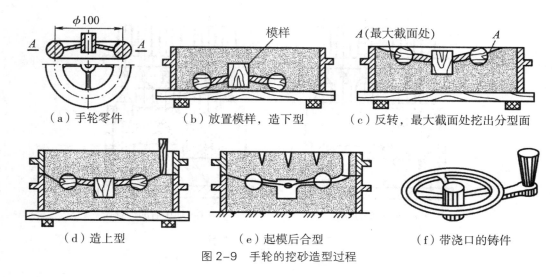

（a）手轮零件　　　　（b）放置模样，造下型　　　（c）反转，最大截面处挖出分型面

（d）造上型　　　　　（e）起模后合型　　　　　（f）带浇口的铸件

图2-9　手轮的挖砂造型过程

②机器造型。手工造型虽然投资少，灵活性和适应性强，但生产效率低，铸件质量差，因此适合单件小批量生产时采用。而成批大量生产时，就要采用机器造型。

用机械全部完成或至少完成紧砂操作的造型工序叫作机器造型。机器造型实质上是用机械方法取代手工进行造型过程中的填砂、紧实和起模。填砂过程常在造型机上用加砂斗完成，要求型砂松散，填砂均匀。紧实就是使砂型达到一定的强度和刚度。型砂被紧实的程度通常用单位体积内型砂的质量表示，称作紧实度。机器造型可以降低劳动强度，提高生产效率，保证铸件质量，适用于批量铸件的生产。

机器造型的主要方法有震压造型、抛砂造型、射砂造型、静压造型、多触头高压造型、垂直分型无箱射压造型、真空密封造型等。图2-10和图2-11分别为震压造型、多触头高压造型过程示意图。

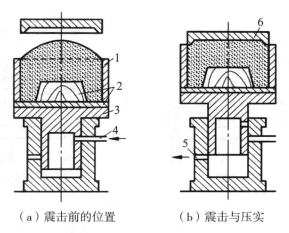

（a）震击前的位置　　　（b）震击与压实

图2-10　震压造型

1- 砂箱；2- 模板；3- 汽缸；4- 进气口；5- 排气口；6- 压板

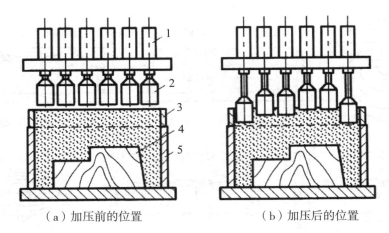

（a）加压前的位置　　　　　　　　（b）加压后的位置

图 2-11　多触头高压造型

1- 液压缸；2- 触头；3- 辅助框；4- 模样；5- 砂箱

　　机器造型方法的选择应根据多方面的因素综合考虑，铸件要求精度高、表面粗糙度值低时，选择砂型紧实度高的造型方法；铸钢、铸铁件与非铁合金铸件相比对砂型要求高，也应选用砂型紧实度高的造型方法；铸件批量大、产量大时，应选用生产率高或专用的造型设备；铸件形状相似、尺寸和质量相差不大时，应选用同一造型机和统一的砂箱。

　　机器起模比手工起模平稳，降低了工人的劳动强度。机器起模有顶箱起模和翻转起模两种。

　　顶箱起模如图 2-12 所示，起模时利用液压或气压，用顶杆顶住砂箱四角，使之垂直上升，而固定在工作台上的模板不动，砂箱与模板逐渐分离，实现起模。

　　翻转起模如图 2-13 所示，起模时用翻台将砂型和模板一起翻转 180°，然后用接箱台将砂型接住，而固定在翻台上的模板不动，接着下降接箱台使砂箱下移，完成起模。

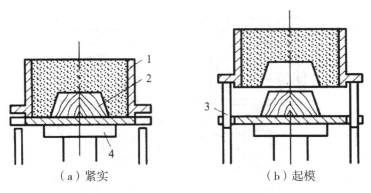

（a）紧实　　　　　　　　　　　　（b）起模

图 2-12　顶箱起模

1- 砂箱；2- 模板；3- 顶杆；4- 造型机工作台

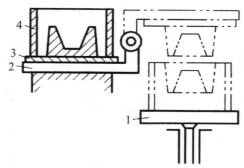

图 2-13　翻转起模

1- 接箱台；2- 翻台；3- 模板；4- 砂箱

（3）制芯

为获得铸件的内腔或局部外形，用芯砂或其他材料制成的安放在型腔内部的组元称型芯。绝大部分型芯是用芯砂制成的，又称砂芯。由于砂芯的表面被高温金属液所包围，受到的冲刷及烘烤程度比砂型高，因此砂芯必须具有比砂型更高的强度、透气性、耐火性和退让性等，这主要依靠配制合格的芯砂及采用正确的制芯工艺来保证。

制芯工艺中应采取下列措施以保证砂芯能满足上述各项性能要求：

① 放芯骨。砂芯中应放入芯骨以提高强度，小砂芯的芯骨可用铁丝制作，中、大型砂芯要用铸铁芯骨。为了吊运砂芯方便，往往在芯骨上做出吊环。

② 开通气道。砂芯中必须做出通气道，以提高砂芯的透气性。砂芯通气道一定要与砂型出气孔接通。大砂芯内部常放入焦炭块以便于排气。

③ 刷涂料。大部分砂芯表面要刷一层涂料，以提高耐高温性能，防止铸件粘砂。铸铁件多用石墨粉涂料，铸钢件多用石英粉涂料。

④ 烘干。砂芯烘干后强度和透气性都有所提高。

## 2.2　特种铸造

所谓特种铸造，是指砂型铸造方法之外的其他铸造方法。目前特种铸造方法已发展到几十种，常用的有熔模铸造、消失模铸造、金属型铸造、陶瓷型铸造、压力铸造、低压铸造、离心铸造、连续铸造、半固态铸造、无模铸造等。

特种铸造一般能至少实现以下一种性能：①提高铸件的尺寸精度和表面质量；②提高铸件的物理及力学性能；③提高金属的利用率（工艺出品率）；④减少原砂消耗量；⑤适宜高熔点、低流动性、易氧化合金铸造；⑥改善劳动条件，便于实现机械化和自动化。

### 2.2.1　熔模铸造

熔模铸造是先用易熔材料（例如蜡料等）制成可熔性模样，在模样上包覆若干层特制的耐火涂料（加撒砂），经过干燥与化学硬化形成一个整体模组，再从模组中熔失熔模而获得中空的型壳；然后将型壳放入焙烧炉中经高温焙烧；最后浇注熔融金属而得到铸件的方法。由于通常所用的易熔模料是蜡基材料，故又称"失蜡铸造"。因为用此方法获得的铸件与普通铸造的相比，具有较高的尺寸精度和较小的表面粗糙度值，可实现产品少切削或无切削，则又称"熔模精密铸造"或简称为"精密铸造"。熔模铸造工艺过程如图 2-14 所示。

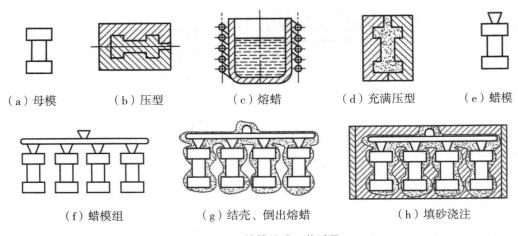

（a）母模　　　（b）压型　　　（c）熔蜡　　　（d）充满压型　　　（e）蜡模

（f）蜡模组　　　　　（g）结壳、倒出熔蜡　　　　　（h）填砂浇注

图 2-14　熔模铸造工艺过程

熔模铸造铸件尺寸精确，可使铸件达到少切削，甚至无余量的要求。可铸造形状复杂的铸件。但熔模铸造生产工序复杂，周期长，原材料价格贵，铸件成本高。熔模铸造最适合生产 25 kg 以下的高熔点、难以切削的合金铸件大批量生产。

### 2.2.2　消失模铸造

消失模铸造又称汽化模铸造或实型铸造。其基本原理是采用泡沫塑料模样代替普通模样造型，造好铸型后不取出模样，直接浇入金属液。在高温金属液的作用下，泡沫塑料模样受热汽化、燃烧而消失，金属液取代原来泡沫塑料模样占据的空间位置，冷却凝固后即获得所需的铸件。消失模铸造浇注的工艺过程如图 2-15 所示。

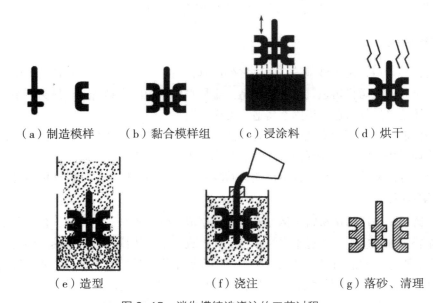

（a）制造模样　　　（b）黏合模样组　　　（c）浸涂料　　　（d）烘干

（e）造型　　　　　　　（f）浇注　　　　　　　（g）落砂、清理

图 2-15　消失模铸造浇注的工艺过程

消失模铸造可分为两种：一种是用板材加工成形的汽化模铸造，另一种是用模具发泡成形的消失模铸造。板材加工成形的汽化模铸造法的主要特点是模样不采用模具成形，而是采用市售的泡沫板材使用数控加工机床分块制作，然后黏合成形。通常采用树脂砂或者水玻璃砂造型，也可采用干砂负压造型。此方法主要适用于中、大型铸件的单件、小批量生产，比如汽车的覆盖件模具、机床床身的生产等。模具发泡成形的消失模铸造法的主要特点是模样在模具中成形，并且采用负压干砂造型。此方法主要适用于中、小型铸件的大批量生产，如汽车和拖拉机铸件、管接头以及耐磨件的生产。

消失模铸造的特点为：铸件尺寸精度高，表面粗糙度低。由于不用取模、分型，无拔模斜度，不需要型芯，并避免了由于型芯组合、合型而造成的尺寸误差，因而铸件尺寸精度高。工序简单、生产效率高。由于采用干砂造型，无型芯，因此造型和落砂清理工艺都十分简单。设计自由度大，投资少、成本低。消失模铸造生产工序少，砂处理设备简单，旧砂的回收率高达 95% 以上。

### 2.2.3　金属型铸造

在重力作用下将熔融金属浇入金属铸型获得铸件的方法称为金属型铸造。金属型铸造是用钢或铸铁等耐热金属制成铸型，用于浇注低熔点合金铸件的铸造方法。与砂型铸造相比，金属型铸造可重复多次使用，故又称永久型铸造。图 2-16 为常用的金属型结构和类型。

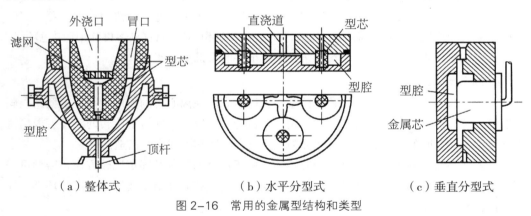

图 2-16　常用的金属型结构和类型

金属型冷速快，有激冷效果，使铸件晶粒细化，力学性能提高。金属型铸造的快速冷却提高了生产率，减少了对铸件进行的补缩，故浇冒口尺寸减小，金属液利用率提高，易于实现机械化和自动化。金属型尺寸准确，表面光洁，使铸件尺寸精度和表面质量提高，一般金属型重复使用成千上万次后仍能保持铸件尺寸的稳定性。不用砂或用少量的芯砂，可节省造型材料 80%～100%。目前，金属型铸造主要用于铝合金、铜合金和锌合金等有色金属铸件的大批量生产，如活塞、气缸盖、缸体等；有时也用于生产形状简单的中、小型铸铁件和铸钢件，如电熨斗底板等。

### 2.2.4　压力铸造

压力铸造（简称压铸）是将熔融金属在高压作用下，以高速充填压铸型（压铸模具）型腔，并在压力下成形和凝固的铸造方法。高压和高速是压铸的两大特点，也是其区别于其他铸造方法的基本特征。压铸压力通常为 20 ～ 200 MPa，充填速度为 0.5 ～ 70.0 m/s，充填时间很短，一般为 0.01 ～ 0.20 s。为了承受高压、高速金属液的冲击，压铸型需用耐热合金钢制造。压力铸造是在压铸机上进行的，冷压室压铸机的工作过程如图 2–17 所示。

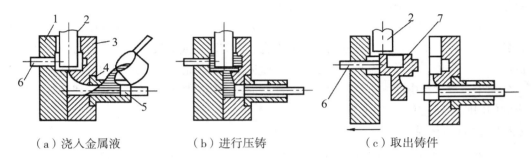

（a）浇入金属液　　　　　　（b）进行压铸　　　　　　（c）取出铸件

图 2–17　冷压室压铸机的工作过程

1– 动型；2– 型芯；3– 定型；4– 压室；5– 压射冲头；6– 顶杆；7– 铸件

由于压铸是高压、高速成形，生产率高，且又在压力下结晶凝固，故铸件具有组织致密、力学性能好、尺寸精度高等特点。压铸是所有铸造方法中生产速度最快的一种，容易实现机械化和自动化操作，生产周期短。压铸件可 100% 循环使用，回收重熔再利用，绿色环保。压力铸造主要用于有色金属、形状复杂、薄壁小件的大批量生产。

### 2.2.5　离心铸造

离心铸造是将金属液浇入旋转的铸型中，使金属液在离心力的作用下填充铸型而凝固成形的一种铸造方法。离心铸造必须采用离心铸造机，以提供使铸型旋转的条件。根据铸型旋转轴线在空间的位置，离心铸造分为立式离心铸造和卧式离心铸造两种。

立式离心铸造的铸型是绕垂直轴旋转的，由于铸型的安装及固定比较方便，铸型可采用金属型，也可采用砂型、熔模型壳等非金属型。立式离心铸造主要用于生产圆环类、异型铸件，如图 2–18a 所示。

卧式离心铸造的铸型是绕水平轴或与水平线交角很小的轴旋转的，如图 2–18b 所示。卧式离心铸造铸型可采用金属型，也可采用砂型、石膏型、石墨型、陶瓷型等非金属型，主要用于生产套筒类或管类铸件。

离心铸造的铸件致密度高，气孔、夹渣等缺陷少，故力学性能较好。生产中空铸件时可不用型芯，故在生产长管形铸件时可大幅度地改善金属充型能力，降低铸件壁厚对其长度或直径的比值，简化套筒和管类铸件的生产过程。生产中几乎没有浇注系统和冒口系统的金属消耗，提高工艺出品率。可借离心力提高金属的充型能力，故可生产薄壁铸件。离心铸造的缺点是内表面较粗糙，不适合铸造比重偏析大的合金（如铅青铜等）和轻合金（如镁合金等）。几乎所有铸造合金件都可采用离心铸造生产，铸件最小内径可为 8 mm，最大直径达 3 m，最大长度为 8 m，铸件质量可为几克至十几吨。离心铸造主要用于大批量生产套、管类铸件。

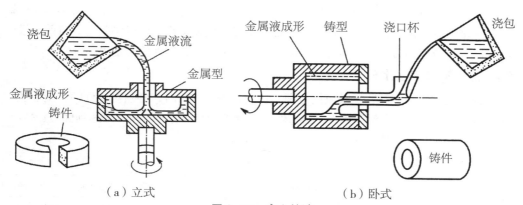

（a）立式  （b）卧式

图 2-18 离心铸造

### 2.2.6 无模铸造

无模铸造是利用 CAD 技术做出三维模型，然后由模型驱动数控机床对砂型进行高速切削，再将加工好的砂型组装成铸型，浇注出高质量铸件。其基本原理为：首先根据铸型三维 CAD 模型进行分模，并结合加工参数进行砂型切削路径规划；然后对规划好的路径模拟仿真，确保不会发生刀具干涉和砂型破坏；再将砂坯置于加工平台上加工，产生的废砂被喷嘴吹出的气体排除；最后将加工的砂型单元嵌合组装成铸型并进行浇注，得到合格金属件。无模铸造技术路线如图 2-19 所示。

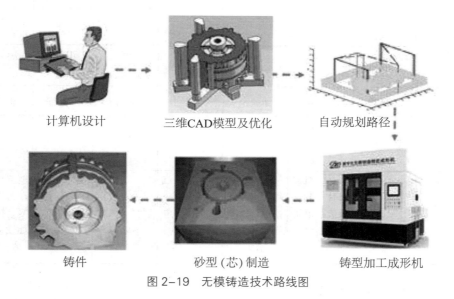

计算机设计  三维CAD模型及优化  自动规划路径

铸件  砂型(芯)制造  铸型加工成形机

图 2-19 无模铸造技术路线图

无模铸造不需要木模（金属模）等模具多工序翻制砂型，不需要拔模斜度和工艺补正量，减少了零部件设计中的加工余量，节约了木材和金属消耗，降低了铸件能耗，实现了铸型设计、加工、组装过程数字化及工艺模拟和铸型数字化制造的无缝连接，实现了铸件生产的数字化、精密化、柔性化、自动化、绿色化。

　　无模铸造是一种智能化绿色制造技术，由于不制作模具，属于典型的节能节材工艺。虽然设备一次性投资费用较高，然而对于一些大型复杂铸件，传统铸造工艺模具制作周期长、耗材多，从长远看，使用无模铸造成形技术能够明显提高企业经济效益。目前无模铸造技术已成功应用到齿轮箱、曲轴箱、缸体缸盖等复杂金属零件的研发中。

## 2.2.7　常用铸造方法比较

　　各种铸造方法都有其特点及应用范围，在选择铸造方法时，必须对铸件的合金性质、结构、质量要求、生产批量和条件、铸造经济性等进行全面分析比较，以达到优质、高产、低成本的目的。几种铸造方法的比较如表 2-1 所示。

表 2-1　常用铸造方法的比较

| 铸造方法 | 砂型铸造 | 熔模铸造 | 消失模铸造 | 金属型铸造 | 压力铸造 | 离心铸造 | 无模铸造 |
|---|---|---|---|---|---|---|---|
| 适用材料 | 各种合金 | 各种合金 | 各种合金 | 以有色合金为主 | 以有色合金为主 | 各种合金 | 各种合金 |
| 适用铸件大小及质量范围 | 不限制 | 数克到数百千克 | 数十克到数吨 | 数十克到数百千克 | 数十克到数十千克 | 数克到数十吨 | 数克到数十吨 |
| 尺寸公差等级 | CT11~CT13 | CT4~CT7 | CT6~CT9 | CT6~CT9 | CT4~CT8 | — | 可达 CT8 |
| 适用铸件最小壁厚 /mm | 灰铸铁 3，铸钢 5，有色合金 3 | 0.5 | 铝合金 2~3，铸铁 4~5，铸钢 5~6 | 铝合金 2~3，铸铁 2.5，铸钢 5 | 铝合金 0.5 | 3 | 2~3 |
| 表面粗糙度 /μm | 粗糙 | 6.3~1.6 | 12.5~6.3 | 12.5~1.6 | — | — | 可达 12.5 |
| 金属利用率 /% | 70 | 90 | 80~90 | 70 | 95 | 70~90 | 70 以上 |
| 铸件内部质量 | 结晶粗 | 结晶粗 | 结晶粗 | 结晶细 | 结晶细 | 结晶细 | 质量好 |
| 生产率(适当机械化、自动化) | 随机械化程度的提高而提高 | 中等 | 中等 | 中等 | 高 | 高 | 数字化 |
| 应用举例 | 各类铸件 | 刀具、机械叶片、测量仪表、电机设备等 | 压缩机缸体、汽车件模具、轿车铝缸体、缸盖等 | 发动机、汽车、飞机、拖拉机、电器零件等 | 汽车、电器仪表、照相器材、国防工业零件等 | 各种套、环、筒、辊叶轮等 | 航空航天、动力机械等复杂铸件，如发动机缸体、缸盖 |

## 2.3　浇注系统与补缩系统

## 2.3.1　浇注系统

　　浇注系统是为了将金属液顺利引入型腔，在铸型中开设的一系列通道。合理选择浇注系统各部分的形状、尺寸和位置，对于获得合格铸件和减少金属消耗具有非常重要的意义。合理的浇注系统能够保证金属液充型连续且平稳，阻止熔渣等杂质进入型腔，并对铸件凝固顺序起调节作用。如果浇注系统设置不合理，则会使铸件产生冲砂、砂眼、渣眼、浇不足、气孔和缩孔等缺陷。

（1）浇注系统的组成

典型的浇注系统一般由浇口杯（外浇口）、直浇道、横浇道和内浇道等部分组成，如图 2-20 所示，各部分的名称及作用见表 2-2。

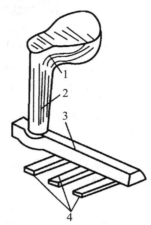

图 2-20　典型的浇注系统

1- 浇口杯；2- 直浇道；3- 横浇道；4- 内浇道

表 2-2　浇注系统的组成及作用

| 名称 | 作用与说明 |
|---|---|
| 浇口杯 | 又称外浇口或浇口盆，作用是接受从浇包浇入的金属液，减缓金属液对铸型的冲刷，使之平稳流入直浇道，并分离熔渣。小铸件的外浇口为漏斗形，较大铸件的外浇口为盆形并带有挡渣结构 |
| 直浇道 | 是浇注系统中的垂直通道，截面多为圆形，并带有一定锥度，作用是将金属液从外浇口引入横浇道，并以其高度对型腔中的金属液产生一定静压力，有利于金属液充满型腔 |
| 横浇道 | 是浇注系统中的水平通道，截面多为梯形，作用是挡渣和减缓金属液流速，并将金属液平稳地从直浇道引入和分配给内浇道 |
| 内浇道 | 是引导金属液进入型腔的通道，截面多为扁梯形、三角形和半圆形等，作用是控制金属液流入型腔的方向和速度，调节铸件各部份的冷却速度 |

（2）浇注系统的类型

根据内浇道与铸件相对位置的不同，浇注系统主要有顶注式、底注式、中注式和阶梯式等形式，如图 2-21 所示，其特点及应用见表 2-3。

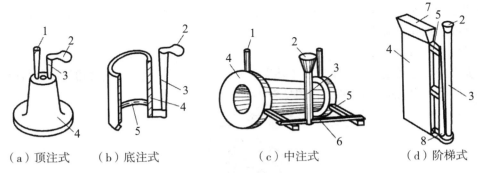

图 2-21  常见浇注系统的类型

1- 出气口；2- 浇口杯；3- 直浇道；4- 铸件；5- 内浇道；6- 横浇道；7- 冒口；8- 分配直浇道

表 2-3  常见浇注系统类型的特点及应用

| 名称 | 特点及应用 |
|---|---|
| 顶注式 | 内浇道开设在型腔顶部，金属液自上而下流入型腔，有利于填充型腔和设置冒口补缩，但容易直接冲刷型腔壁，引起金属液飞溅，产生冲砂、砂眼和气孔等缺陷，适于高度较小、形状简单的中、小型铸件生产 |
| 底注式 | 内浇道开设在型腔底部，金属液自下而上流入型腔，有利于排出气体，平稳充型，不会造成铸型损坏，但补缩效果差，薄壁型腔充型困难，易产生浇不足的缺陷，适于高度和壁厚较大、形状较复杂的大、中型铸件，以及易氧化的合金铸件生产 |
| 中注式 | 内浇道开设在型腔中部，金属液从中间流入型腔，兼有顶注式与底注式的优点，有利于内浇道的开设，适于中型铸件生产 |
| 阶梯式 | 内浇道开设在型腔的不同高度，金属液自下而上逐层依次流入型腔，兼有以上各种类型的优点，有利于减轻铸型的局部过热，但操作比较复杂，适于高度较大、形状复杂的大型铸件的生产 |

### 2.3.2  补缩系统

补缩系统是指冒口和补贴等对铸件液态收缩提供补缩液和补缩通道单元的统称。该系统设计与计算合理与否直接关系到铸件是否健全致密，即铸件质量是否满足设计要求，因而补缩系统设计是铸造工艺设计极为重要的环节，其中以冒口最为重要。

（1）冒口的作用

冒口是指在铸型内储存供补缩铸件用熔融金属的空腔，也指该空腔中充填的金属。浇注铸型的液态金属，由于凝固时的体积收缩，往往会在铸件的厚实部位中心产生集中性的缩孔，或在铸件不易散热的其他部位产生分散性的缩松，严重降低了铸件的力学性能。因此，在铸件上需设置一定数量的冒口，补充金属液在凝固收缩时的需要，以消除缩孔和缩松。冒口的设置应符合顺序凝固原则，具体应满足以下几点：

① 冒口的凝固时间应大于或等于铸件的凝固时间。

② 在凝固期间，冒口应有足够的金属液补缩铸件的收缩。

③ 冒口中的液态金属必须有足够的补缩压力和通道，以使金属液能顺利地流到需补

缩的部位。

④ 在保证铸件质量的前提下，使冒口所消耗的金属液最少。

冒口的主要作用是补缩铸件，防止缩孔和缩松。此外，还有如下一些作用：

① 排气作用。在浇注过程中，型腔中的气体可以通过冒口逸出。

② 聚集浮渣的作用。避免造成铸件夹渣、砂眼等缺陷。

③ 明冒口可作为浇满铸型的标记。

④ 合型时，可以通过冒口检查定位情况。

（2）冒口的种类

按冒口在铸件上的位置，分为顶冒口和侧冒口；按冒口顶部是否被型砂所覆盖分为明冒口和暗冒口；按冒口的作用分为普通冒口和特种冒口。如图 2-22 所示。

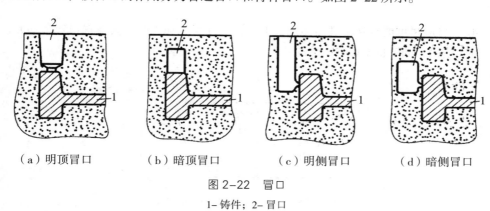

（a）明顶冒口　　　　（b）暗顶冒口　　　　（c）明侧冒口　　　　（d）暗侧冒口

图 2-22　冒口

1- 铸件；2- 冒口

（3）冒口位置的选择

冒口位置首先应根据产生缩孔的位置来决定，冒口在铸件上的位置正确与否，对获得完整铸件有着重要意义。具体可根据以下原则来选择：

① 冒口应放在铸件最后凝固的地方，即铸件上一些比较厚大、局部加厚和热量难以散失的地方，如图 2-23 所示。

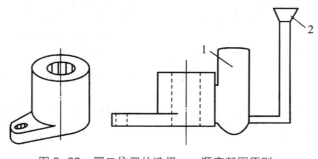

图 2-23　冒口位置的选择——顺序凝固原则

1- 冒口；2- 浇口

② 冒口应尽量放在铸件最高、最厚的地方，利用金属液的重力补缩；同时，熔渣等也容易浮到冒口中，便于排出型腔内的气体，如图 2-24 所示。

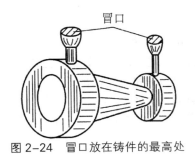

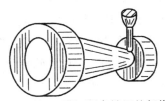

图 2-24　冒口放在铸件的最高处　　　　图 2-25　冒口不应放置的部位

③冒口不应放在铸件容易被拉裂或应力集中的部位。因为这些地方设置冒口会使冷却速度更慢、热应力更大，当铸件冷却收缩时，这些地方就更容易产生裂纹，如图 2-25 所示。

④冒口应尽可能放在铸件需要加工的部位。在铸件加工时，去掉冒口残余部分，可节省加工费用，同时也不影响铸件的外观，如图 2-26 所示。

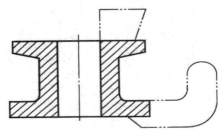

图 2-26　冒口放在需要加工的部位

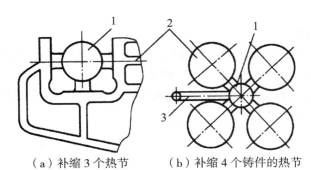

（a）补缩 3 个热节　　　（b）补缩 4 个铸件的热节

图 2-27　一个冒口补缩多个热节

1- 冒口；2- 铸件；3- 浇道

⑤在冒口有效补缩范围内，应尽可能使一个冒口补缩多个热节或铸件，以节约金属，同时提高冒口的补缩效率，如图 2-27 所示。

## 2.4　铸件缺陷及分析

由于铸造生产工序繁多，生产过程影响因素多，因而易形成各种铸件缺陷。常见的铸件缺陷及产生原因见表 2-4。

表 2-4　铸件的常见缺陷及产生原因

| 类别 | 缺陷名称和特征 | 产生的主要原因 | 预防措施 |
|---|---|---|---|
| 孔洞类缺陷 | （1）气孔。铸件内部或表面的光滑孔眼，多呈圆形<br> | （1）铸型透气性差，紧实度过高<br>（2）型砂太湿<br>（3）浇注温度偏低<br>（4）型芯、浇包未烘干 | （1）严格控制型砂、芯砂的湿度<br>（2）合理安排排气孔道<br>（3）提高砂型的透气性 |
| | （2）砂眼。铸件内部或表面带有砂粒的孔眼<br> | （1）型砂强度不够或局部掉砂、冲砂<br>（2）型腔、浇注系统内散砂未吹净<br>（3）浇注系统不合理，冲坏砂型、砂芯 | （1）提高型砂、芯砂的强度<br>（2）严格造型和合箱的操作规范，防止散砂落入型腔并且稳妥合箱 |
| | （3）缩孔。铸件厚大部分有不规则的内壁粗糙的孔洞<br> | （1）补缩系统设计不合理，壁较薄<br>（2）合金流动性差<br>（3）浇注温度低，浇注速度慢 | （1）合理设计冒口<br>（2）控制好浇注温度 |
| 表面缺陷 | （4）粘砂。铸件表面粘有砂粒，表面粗糙<br> | （1）浇注温度太高<br>（2）型砂选用不当，耐火性差<br>（3）砂型紧实度太低，型腔表面不致密 | （1）提高型砂的耐火度<br>（2）适当加厚涂料层<br>（3）控制好浇注温度 |
| | （5）夹砂。铸件表面有一层瘤状物或金属片状物，表面粗糙，与铸件间夹有一层型砂<br> | （1）型砂受热膨胀，表层鼓起或开裂<br>（2）型砂湿态强度较低<br>（3）砂型局部过紧，水分过多<br>（4）内浇道过于集中，使局部砂型烘烤严重<br>（5）浇注温度过高，浇注速度太慢 | （1）提高砂型强度<br>（2）控制浇注温度 |

（续表）

| 类别 | 缺陷名称和特征 | 产生的主要原因 | 预防措施 |
|---|---|---|---|
| 形状尺寸不合格 | （6）浇不足。铸件未浇满<br><br>铸件<br>型腔壁 | （1）合金流动性差或浇注温度过低<br>（2）铸件壁太薄<br>（3）浇注速度过慢或断流<br>（4）浇注系统太小，排气不畅 | （1）提高浇注温度和速度<br>（2）保持有足够的金属液 |
| | （7）错型。铸件在分型面处错开 | （1）合型时上、下型错位<br>（2）造型时上、下模有错移<br>（3）上、下砂箱未夹紧<br>（4）定位销或记号不准 | （1）尽可能采用整模在一个砂箱内造型<br>（2）采用能准确定位和定向的砂箱 |
| | （8）偏芯。铸件孔的位置偏移中心线 | （1）下芯时型芯下偏<br>（2）型芯本身弯曲变形<br>（3）芯座与芯头尺寸不配，或之间的间隙过大<br>（4）浇口位置不当，金属液冲歪型芯 | （1）提高型芯强度<br>（2）下芯检查与修型 |
| 裂纹冷隔类缺陷 | （9）冷隔。铸件上有未完全熔合的接缝 | （1）铸件设计不合理，壁较薄<br>（2）合金流动性差<br>（3）浇注温度低，浇注速度慢 | （1）提高浇注温度，浇注不要中断<br>（2）合理开设浇注系统 |
| | （10）裂纹。铸件开裂<br><br>裂纹 | （1）型（芯）砂退让性差<br>（2）铸件薄厚不均，收缩不一致<br>（3）浇注温度太高<br>（4）合金含硫、磷较高 | （1）合理设计铸件结构<br>（2）规范落砂及清理操作 |

【复习题】

（1）铸造成形方法有哪些特点？

（2）砂型铸造包括哪些主要生产工序？

（3）型砂的组成包括哪些？对型砂性能有哪些要求？

（4）手工造型方法主要有哪几种？手工造型与机器造型各具有什么优缺点？

（5）主要有哪些常用的特种铸造方法？

（6）典型的浇注系统有哪几部分？各部分的作用是什么？

（7）简述什么是铸件的补缩系统（冒口）。

（8）试述气孔、缩孔、砂眼三种缺陷的特征。

# 第三章　锻　压

金属材料在一定的外力作用下，通过相应的塑性变形而成形为所需的形状，并获得一定力学性能的零件或毛坯的成形方法称为塑性成形，也称为塑性加工或压力加工。

根据塑性成形工艺性质，通常把塑性成形工艺分为两大类，即体积成形与板料成形。如图 3-1 所示，其中锻造为体积成形工艺，包括自由锻、模锻等。其变形特征是三向应力状态；而冲压为板料成形工艺，主要有冲裁、拉深等，其变形特征是平面应力状态。锻造与冲压是零件塑性成形最主要的两类。锻压是锻造和冲压的总称。

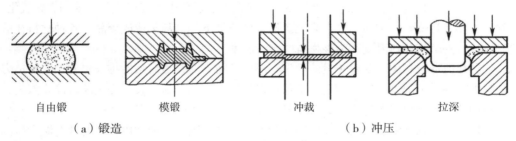

| 自由锻 | 模锻 | 冲裁 | 拉深 |

（a）锻造　　　　　　　　　　　（b）冲压

图 3-1　锻压工艺

锻压是对金属坯料施加外力，使之产生塑性变形，从而改变其尺寸、形状并改善其性能，以制造机器零件、工具或其毛坯的一种成形方法。棒材和锭材主要采用锻造方法成形，一般需要对毛坯进行加热后再成形，故称为热锻；板材和管材主要采用冲压方法成形，一般在常温下成形，故称为冷冲压。它们的制品分别称为锻件和冲压件。用于锻压的材料必须具有良好的塑性，以便在压力加工时易产生塑性变形而不破坏。低碳钢、铜和铝及其合金等可用于锻压，铸铁等脆性材料不能进行锻压加工。

与其他成形方法相比，锻压具有以下特点：

（1）可使金属坯料获得细小的晶粒，消除铸造组织内部的气孔和缩孔等缺陷，并使纤维组织分布合理，提高零件的承载能力。

（2）可使金属坯料的形状和尺寸在其体积基本不变的前提下得到改变，与切削加工相比，材料利用率高，节省加工工时。

（3）除了自由锻之外，模锻和冲压等其他压力加工方法都具有较高的生产率。

（4）工艺灵活，可以加工各种形状、尺寸的零件，应用范围广。

## 3.1　锻造

### 3.1.1　锻造生产过程

锻造是将金属坯料放在锻压设备的砧铁或模具之间，施加外力以获得毛坯或零件的加工方法。在锻造过程中，金属因经历塑性变形而内部组织更加致密，晶粒细化，因而锻件比铸件具有更好的力学性能。锻造生产的过程为：下料—加热—锻造成形—冷却—热处理等。

（1）下料

下料是根据锻件的形状、尺寸和重量从选定的原材料上截取相应的坯料。中小型锻件一般以热轧圆钢或方钢为原材料。锻件坯料的下料方法主要有剪切、锯割、氧气切割等。

（2）加热

① 加热温度

加热的目的是提高坯料的塑性并降低变形抗力，以改善其锻造性能。一般来说，随着温度的升高，金属的强度降低而塑性提高。所以，加热后锻造可以用较小的锻打力，使坯料获得较大的变形量。

根据热源不同，加热分为两大类：火焰加热和电加热。前者的热源主要包括手锻炉、反射炉等，后者的热源包括电阻炉等设备。金属在加热过程中可能产生一些缺陷，如氧化、脱碳、过热和过烧等。加热温度太高也会使锻件质量下降，甚至造成废品。各种材料在锻造时所允许的最高加热温度称为该材料的始锻温度。

坯料在锻造过程中，随着热量的散失，温度不断下降，因而塑性越来越差，变形抗力越来越大。温度下降到一定程度后，不仅难以继续变形，且易锻裂，必须及时停止锻造，或重新加热。各种材料允许终止锻造的温度称为该材料的终锻温度。

从始锻温度到终锻温度的温度区间称为锻造温度范围。几种常用材料的锻造温度范围见表3-1。

表3-1　常用材料的锻造温度范围

| 材料种类 | 始锻温度 /℃ | 终锻温度 /℃ |
|---|---|---|
| 低碳钢 | 1 200 ～ 1 250 | 800 |
| 中碳钢 | 1 150 ～ 1 200 | 800 |
| 合金结构钢 | 1 100 ～ 1 180 | 850 |
| 铝合金 | 450 ～ 500 | 350 ～ 380 |
| 铜合金 | 800 ～ 900 | 650 ～ 700 |

② 加热缺陷

由于金属坯料在加热过程中无法完全与空气隔绝，因此，可能产生氧化、脱碳、过热、过烧和内部裂纹等加热缺陷。

（a）氧化、脱碳。在高温下，金属坯料表层受炉气中氧化性气体（如 $O_2$、$CO_2$、$SO_2$ 及水蒸气等）作用，发生激烈的化学反应，生成氧化皮，造成金属烧损，这种现象称为氧化。在高温下，金属坯料长时间与氧化性炉气接触，因氧化而烧损，造成坯料表层一定深度内碳含量的下降，这种现象称为脱碳。

防止和减少氧化、脱碳的措施是在保证加热质量的前提下，尽量采用快速加热，并避免坯料在高温下停留时间过长。在保证燃料充分燃烧的前提下，尽可能减少送风量，以控制炉气成分。对于重要工件，可以采用在中性或还原性气氛中加热的工艺措施。

（b）过热、过烧。金属坯料加热超过始锻温度或在始锻温度下保温时间过长，内部晶粒会迅速长大变粗，这种现象称为过热。如果坯料的加热温度超过始锻温度过多（如接近熔点），晶粒边界出现严重氧化甚至局部熔化，这种现象称为过烧。防止和减少过热及过烧的措施是严格控制加热温度和在高温下的保温时间，并严格控制炉气成分。

（c）内部裂纹。由于加热速度过快或炉温过高，金属坯料内外温差较大，膨胀不均匀，而产生内应力，严重时会导致金属坯料内部产生裂纹，这种现象称为内部裂纹。导热性较差或尺寸较大的坯料较易产生内部裂纹。防止和减少内部裂纹的措施是严格遵守加热规范。一般让坯料随炉缓慢升温，到900 ℃左右保温，待其内外温度一致后再加热到始锻温度。

（3）锻造成形

坯料在锻造设备上经过锻造成形，才能达到一定的形状和尺寸要求。常用的锻造方法有自由锻、模锻和胎膜锻三种。

（4）锻件的冷却

锻件的冷却也是保证锻件质量的重要环节。冷却的方式有三种：

① 空冷。在无风的空气中，在干燥的地面上冷却。

② 坑冷。在充填有石棉灰、砂子或炉灰等保温材料的坑中或箱中，以较慢的速度冷却。

③ 炉冷。在500 ~ 700 ℃的加热炉或保温炉中，随炉缓慢冷却。

一般来说，碳素结构钢和低合金钢的中小型锻件，锻后均采用冷却速度较快的空冷方法；成分复杂的合金钢锻件和大型碳钢件，要采用坑冷或炉冷。冷却速度过快会造成锻件表层硬化，难以进行切削加工，甚至产生裂纹。

（5）锻后热处理

锻件在切削加工前，一般都要进行一次热处理。热处理的作用是使锻件的内部组织进一步细化和均匀化，消除锻造残余应力，降低锻件硬度，便于进行切削加工等。常用的锻后热处理方法有正火、退火和球化退火等。具体的热处理方法和工艺应根据锻件的化学成分确定。

### 3.1.2　自由锻

自由锻是利用冲击力或压力使金属在上、下两个砧铁之间产生塑性变形，从而得到所需锻件的锻造方法。自由锻时，除与上、下砧铁接触的金属部分受到约束外，金属坯料朝其他各个方向均能自由变形流动，不受外部的限制，故无法精确控制变形的发展。采用自由锻方法生产的锻件称为自由锻件。

自由锻分为手工自由锻和机器自由锻两种。手工自由锻是利用手工工具进行锻造的生产方法，所用设备和工具简单、投资少，但劳动强度大、生产效率低，适用于修理工作和机器锻的辅助工作。机器自由锻用锻锤或者液压机代替手工操作，它的生产效率较高，是目前自由锻的主要方法，也是制造大型锻件的唯一方法。

自由锻具有以下特点：① 应用设备和工具有很大的通用性，且工具简单，但只能锻造形状简单的锻件，劳动强度大，生产率低；② 自由锻可以锻出质量从不到1 kg到几百吨的锻件，自由锻是生产大型锻件的唯一方法，因此自由锻在重型机械制造中具有特别重要的意义；③自由锻依靠操作者控制锻件形状和尺寸，锻件精度低，表面质量差，金属消耗也较多。

（1）自由锻设备

常用的自由锻设备有空气锤、蒸汽空气锤和水压机三种。空气锤是一种以压缩空气为动力，并自身携带动力装置的锻造设备，如图3-2所示。空气锤的吨位（锤头质量）一般为0.05～1.00 t。其特点是吨位不大，结构较简单，操作方便，维护容易，设备投资少，适用于生产小型锻件。空气锤是中、小型锻工车间应用最为广泛的一种自由锻设备。

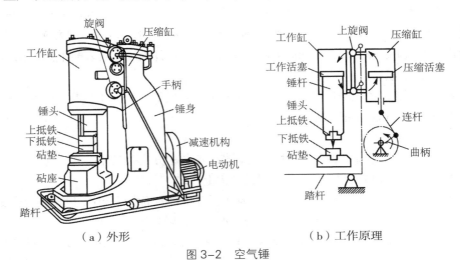

（a）外形　　　　　　　　　　（b）工作原理

图3-2　空气锤

（2）自由锻工具

手工自由锻常用的工具如图3-3所示，机器自由锻常用的工具如图3-4所示。其中的铁砧和手锤属于手工自由锻的工具，也可作为机器自由锻的辅助工具使用。

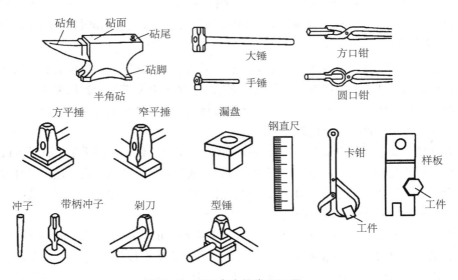

图3-3　手工自由锻常用工具

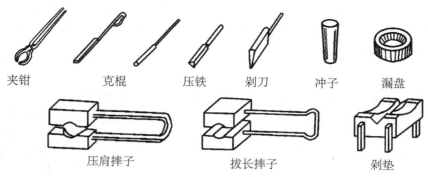

夹钳　　　克棍　　　压铁　　　剁刀　　　冲子　　　漏盘

压肩摔子　　　　　拔长摔子　　　　剁垫

图 3-4　机器自由锻常用工具

（3）自由锻工序

自由锻的锻造成形由一系列变形工序组成。根据自由锻设备和工具的特点，合理选择锻造工序和变形量，以适应自由锻的不同工艺要求。按照变形工序实施阶段和作用的不同，自由锻工序分为基本工序、辅助工序和精整工序三类。

基本工序是实现锻件基本成形的工序，有镦粗、拔长、冲孔、弯曲、扭转、错移和切割等。其中，前三种工序应用最多。辅助工序是在基本工序进行之前，为便于实施基本工序而预先使坯料产生少量变形的工序，有压肩、压痕和倒棱等。精整工序是在基本工序完成之后，对锻件进行整形，使锻件尺寸完全达到技术要求，并提高表面质量的工序，有滚圆、摔圆、平整和校直等。

① 镦粗。镦粗是使坯料高度减小而截面增大的工序。有整体镦粗和局部镦粗二种，如图 3-5 所示。镦粗一般适于锻制齿轮毛坯、带轮坯和圆盘形锻件等。对于圆环、套筒等空心锻件，墩粗通常作为冲孔前的预备工序。镦粗时应注意以下几个方面：

（a）镦粗部分应加热均匀，否则坯料变形不均匀，塑性差的坯料可能锻裂。

（b）镦粗部分高径比，即原高度 $H_0$ 与原直径 $D_0$（或边长）之比应小于 2.5 ~ 3.0，否则坯料会镦弯。如果产生镦弯，应将坯料放平，进行矫正，如图 3-6 所示。

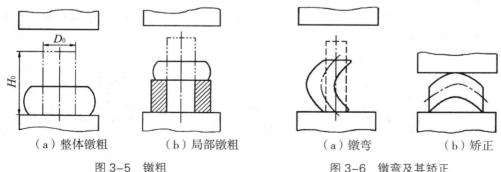

（a）整体镦粗　　（b）局部镦粗　　　　（a）镦弯　　　（b）矫正

图 3-5　镦粗　　　　　　　　　图 3-6　镦弯及其矫正

（c）镦粗时，坯料的端面应平整并与轴线垂直，平放在下砧铁上，否则坯料会镦歪，如图 3-7a 所示。如果产生镦歪应及时纠正，即将坯料斜立，使其轴线与锤杆轴线一致，轻打镦歪的斜角，如图 3-7b 所示。矫正后放直，继续锻打，如图 3-7c 所示。

（d）镦粗时，锤击力要重且正，否则坯料会产生双鼓形。如果不及时纠正，还会产生折叠，如图 3-8 所示。

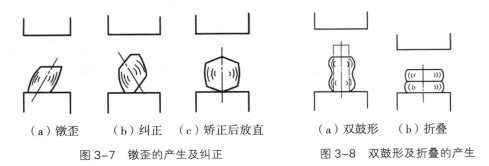

（a）镦歪　（b）纠正　（c）矫正后放直　　（a）双鼓形　（b）折叠

图 3-7　镦歪的产生及纠正　　　　图 3-8　双鼓形及折叠的产生

② 拔长。拔长是使坯料横截面缩小而长度增加的工序，如图 3-9 所示。

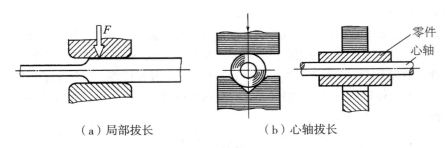

（a）局部拔长　　　　　　　（b）心轴拔长

图 3-9　拔长

拔长是锻造轴杆类锻件的主要工序。拔长还有局部拔长和心轴拔长等类型，前者适于台阶轴或带有台阶的方形、矩形等截面锻件的加工，后者适于空心轴等锻件的加工。拔长与镦粗相结合，常作为改善坯料内部组织、提高锻件力学性能的预备工序。拔长时应注意以下几个方面：

（a）坯料沿下砧铁的宽度方向送进。每次送进量 $L$ 应为下砧铁宽度 $B$ 的 0.3 ~ 0.7。送进量过大，金属主要向坯料宽度方向流动，降低拔长效率。送进量过小，又容易产生折叠，如图 3-10 所示。

（a）送进量合适　　　（b）送进量过大　　　（c）送进量过小

图 3-10　拔长时的送进方向和送进量

（b）每次锤击的压下量 $H$ 应等于或小于送进量 $L$，否则会产生折叠，如图 3-11 所示。

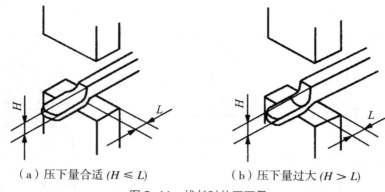

（a）压下量合适 $(H \leqslant L)$        （b）压下量过大 $(H > L)$

图 3-11　拔长时的压下量

（c）将较大截面的坯料拔长成较小直径的圆料时，应先将其锻制成方形截面，再将坯料锻制成八角形，最后滚锻成圆形，如图 3-12 所示。

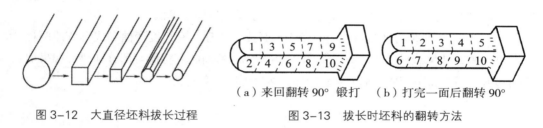

图 3-12　大直径坯料拔长过程

（a）来回翻转 90° 锻打　（b）打完一面后翻转 90°

图 3-13　拔长时坯料的翻转方法

（d）拔长过程应不断翻转坯料，使坯料截面经常保持接近方形。常用的几种翻转方法如图 3-13 所示。第一种方法如图 3-13a 所示，反复来回转动 90° 拔长，常用于手工操作锻造；第二种方法如图 3-13b 所示，沿整个坯料长度方向拔长一遍后再翻转 90° 拔长，多用于锻造大型锻件。为便于翻转后继续拔长，应使坯料宽度与厚度之比不超过 2.5，以避免产生弯曲或折叠。

③冲孔。冲孔是在坯料上锻制出通孔或不通孔的工序。冲孔一般都是冲出圆形通孔。直径小于 25 mm 的孔一般不冲，待切削加工时钻出。小于 450 mm 的孔用实心冲子，大于 450 mm 的孔用空心冲子。冲孔时应注意以下几个方面：

（a）由于冲孔时坯料局部变形量很大，为了提高塑性，防止冲裂，冲孔前应将坯料加热到始锻温度。

（b）冲孔前需先将坯料镦粗，以减小冲孔深度，并使端面平整，防止将孔冲斜。

（c）为了保证孔位正确，应先试冲，即先用冲子轻轻压出孔位的凹痕，如果发现偏差，应及时加以纠正。位置定好后，先在凹痕里放上煤粉（便于冲孔后取出冲子），然后开始冲孔。

（d）一般坯料的通孔采用双面冲孔法冲出，即先从一面将孔冲至坯料厚度的 2/3 ~ 3/4 时，取出冲子，翻转坯料，再从反面将孔冲通，如图 3-14 所示。

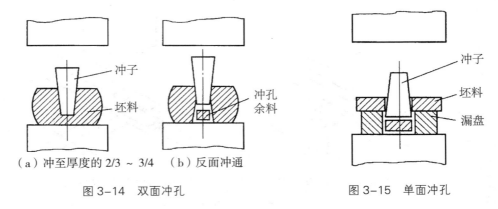

（a）冲至厚度的 2/3 ~ 3/4　　（b）反面冲通

图 3-14　双面冲孔　　　　　　　　　图 3-15　单面冲孔

（e）较薄坯料的通孔采用单面冲孔法进行冲孔。将冲子大头朝下，漏盘孔径不宜过大，并且需要仔细对正位置，如图 3-15 所示。

（f）冲孔时，应保持冲子轴线与砧面垂直，以防止将孔冲斜。

（g）冲孔时，冲子应经常蘸水冷却，以防止受热后硬度降低。

④ 弯曲。弯曲是将坯料弯成一定角度或弧度的工序。有角度弯曲和成形弯曲两种，一般在砧铁的边缘或砧角上进行，如图 3-16 所示。弯曲时，将待弯部分加热，如果加热部分过长，可先将不弯曲的部分蘸水冷却，然后再进行弯曲操作。

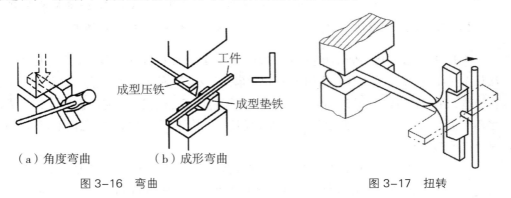

（a）角度弯曲　　　　　（b）成形弯曲

图 3-16　弯曲　　　　　　　　　　　图 3-17　扭转

⑤ 扭转。扭转是将坯料一部分相对于另一部分绕其轴线旋转一定角度的工序，如图 3-17 所示。扭转时，坯料的变形量较大，容易产生裂纹。因此，扭转前应将受扭转部分加热至始锻温度，受扭转部分表面必须光滑，面与面相交处应有圆角过渡，以防止扭裂。

⑥ 错移。错移是将坯料一部分相对于另一部分错位移开，但仍保持轴线平行的工序，如图 3-18 所示。错移时，应先在错移部位压肩，然后再加垫板及支承，错开锻打，最后修整。

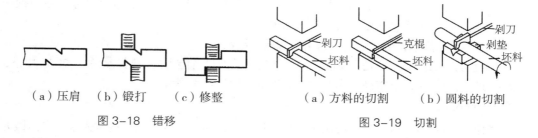

（a）压肩　（b）锻打　（c）修整　　　　　　（a）方料的切割　　　（b）圆料的切割

图 3-18　错移　　　　　　　　　　　　图 3-19　切割

⑦ 切割。切割是分割坯料或切除锻件余料的工序，如图 3-19 所示。切割方料时，用剁刀垂直切入坯料，至快断时取出剁刀，将坯料翻转 180°，再用剁刀或克棍切断。切断圆料时，应在带有凹槽的剁垫中边切割边旋转坯料，直至切断。

### 3.1.3　模锻

模锻是指利用模具使坯料变形而获得锻件的锻造方法。金属材料通过模具锻造变形而得到的工件或毛坯称为模锻件。模锻件尺寸精度高，流线完整，性能好；模锻可加工形状复杂的锻件，操作简单，生产效率高。但锻模成本高，且受模锻设备吨位的限制，一般适合于中、小型锻件的成批和大量生产。

模锻可以在多种设备上进行，按所用设备以及锻造特点不同，模锻可分为锤上模锻、曲柄压力机上模锻、摩擦压力机上模锻、平锻机上模锻等。其中使用蒸汽空气锤设备的锤上模锻是应用最广的一种模锻方法。

图 3-20 为锤上模锻锻模结构，锻模由上锻模（简称为上模）和下锻模（简称为下模）两部分组成，分别安装在锤头和模垫上，工作时上锻模随锤头一起上下运动。上锻模向下扣合时，对模膛中的坯料进行冲击，使之充满整个模膛，从而得到所需锻件。

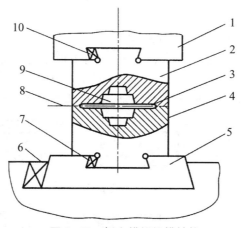

图 3-20　锤上模锻锻模结构

1- 锤头；2- 上模；3- 飞边槽；4- 下模；5- 模垫；6、7、10- 楔铁；8- 分模面；9- 模膛

锤上模锻与自由锻、胎模锻相比，其优点有：

（1）生产效率高，模锻一般用于生产大批量锻件。

（2）表面质量高，加工余量小，余块少甚至没有，尺寸准确，锻件公差比自由锻小2/3 ~ 3/4，可节省大量金属材料和机械加工工时。

（3）操作简单，劳动强度比自由锻和胎模锻都低。

锤上模锻的主要缺点是：模锻件的重量受到模锻设备能力的限制，大多在 70 kg 以下；锻模的制造周期长，成本高；模锻设备的投资费用比自由锻大。

### 3.1.4 胎模锻

胎模锻是在自由锻设备上使用胎模生产模锻件的压力加工方法。通常先采用自由锻方法使坯料预成形，然后放在胎模中终锻成形。胎模锻不需使用贵重的模锻设备，而且胎模一般不固定在锤头和砧座上，锻模结构比较简单。它在没有模锻设备的中小型工厂得到广泛应用。胎模按其结构特点大致可分为扣模、套模及合模三种类型。

（1）扣模

扣模由上、下扣组成，如图 3-21a 所示；或只有下扣，上扣以上砧代替，如图 3-21b 所示。在扣模中锻造时锻件不需翻转，扣形后翻转 90°在锤砧上平整侧面，锻件不产生飞边及毛刺。扣模主要用于具有平直侧面的非回转体锻件成形，如长杆类零件等。

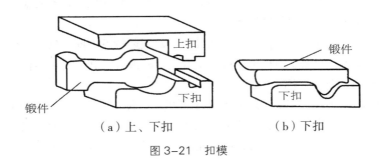

（a）上、下扣　　　　　（b）下扣

图 3-21　扣模

（2）套模

套模又称套筒模，分开式套模和闭式套模两种。

① 开式套模，如图 3-22a 所示。开式套模只有下模，上模以上砧代替。金属在模腔中成形，然后在上端面形成横向小飞边。开式套模主要应用于回转体锻件（如法兰盘、齿轮等）的最终成形或制坯。当用于最终成形时，锻件的端面必须为平面。

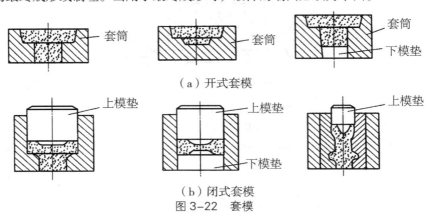

（a）开式套模

（b）闭式套模

图 3-22　套模

② 闭式套模，如图 3-22b 所示。它与开式套模的不同之处是锤头的打击力通过冲头传给金属，使其在封闭的模膛中变形，封闭模膛大小取决于坯料体积。闭式套模属于无飞边锻造，要求下料体积准确。主要应用于端面有凸台或凹坑的回转体锻件的制坯与终锻成形，有时也用于非回转体锻件。

（3）合模

合模由上、下模及导向装置组成，如图 3-23 所示。在上、下模的分模面上环绕模膛开有飞边槽。金属在模膛中成形，多余金属流入飞边槽，锻后需要将飞边切除。合模是一种通用性较广的胎模，适合于各种锻件的终锻成形，特别是非回转体类锻件，如连杆、叉形锻件等。

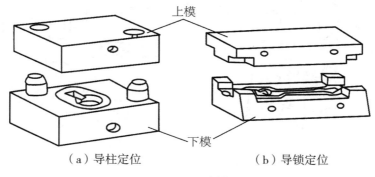

（a）导柱定位　　　　　　　　　（b）导锁定位

图 3-23　合模

胎模锻与自由锻相比，能提高锻件的质量，节省原材料，提高生产率，降低锻件的成本等。胎模锻与其他模锻相比，不需要贵重的专用模锻设备，锻模制作简单。其缺点是：锻件的精度稍差，工人的劳动强度大，生产率偏低，胎模具的使用寿命短等。

## 3.2　冲压

冲压是利用冲模使板料产生分离或成形的加工方法。这种加工方法通常是在室温冷态下进行的，所以又叫冷冲压。只有当板料厚度超过 8 ~ 10 mm 时，才采用热冲压。冲压具有以下特点：①可以冲压出形状复杂的零件，废料较少；②产品具有足够高的精度和较低的表面粗糙度，互换性能好；③能获得质量小、材料消耗少、强度和刚度较高的零件；④冲压操作简单，工艺过程便于实现机械化和自动化，生产率很高，故零件成本低。但冲模制造复杂，只有在大批量生产条件下这种加工方法的优越性才显得更为突出。

冲压所用的原材料，特别是制造中空杯状和钩环状等成品件时，必须具有足够的塑性，冲压常用的金属材料有低碳钢、铜合金、铝合金、镁合金及塑性好的合金钢等。从形状上分，金属材料有板料、条料及带料。

### 3.2.1　冲压设备

冲压生产中常用的设备是冲床和剪床。冲床用来实现冲压工序，获得所需形状和尺寸的成品零件。冲床的最大吨位可达 40 000 kN 以上。冲压生产可以进行很多种工序，其基本工序有分离工序和变形工序两大类。剪床用来把材料剪成一定宽度的条料，以供下一步的冲压工序用。

（1）冲床

冲床是曲柄压力机，是进行冲压加工的基本设备。常用的开式冲床如图 3-24 所示。

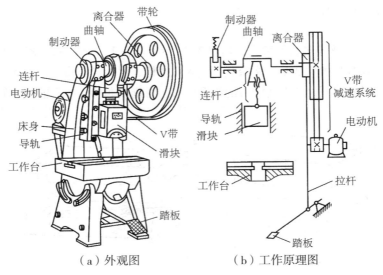

（a）外观图　　　　（b）工作原理图

图 3-24　开式冲床

冲床规格以公称压力表示，也称冲床（压力机）的吨位，为滑块运动至最低位置时所产生的最大压力（kN）。例如，J23-63 型冲床，表示冲床的公称压力为 630 kN。

（2）剪床

剪床是下料用的基本设备。常用的龙门剪床（又称为剪板机）如图 3-25 所示。

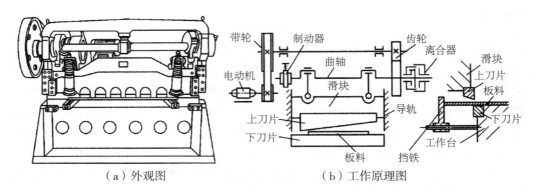

（a）外观图　　　　（b）工作原理图

图 3-25　剪板机

剪板机的规格是以剪切板料的厚度和宽度来表示的。例如，Q11-2×1000 型剪板机，表示能够剪切厚度为 2 mm，宽度为 1 000 mm 的板料。

## 3.2.2　冲压基本工序

冲压的基本工序分为分离工序和成形工序两大类。

（1）分离工序

分离工序是使板料的一部分与另一部分沿一定轮廓线相互分离的冲压工序。主要有剪切、冲裁、切口和修整等。

① 剪切。用剪刀或冲模，将板料沿不封闭的轮廓线进行分离的冲压工序。常用于板料下料。

② 冲裁。将板料沿封闭的轮廓线进行分离的冲压工序，是冲孔和落料的统称，如图3-26所示。冲孔和落料两工序所用的模具结构和坯料的分离过程完全一样，但用途不同。冲孔时，在板料上冲出所需要的孔，被分离的部分为废料，剩下的为成品。落料时，则刚好相反，被分离的部分为成品，剩下的为废料。冲孔和落料用的模具称为冲裁模。为了保证冲裁件断面质量，使板料顺利地进行分离，冲裁模的凸模与凹模之间的间隙很小，一般为板料厚度的 5% ~ 10%，并且有锋利的刃口。

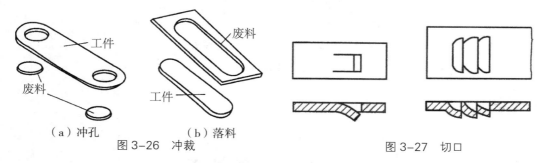

（a）冲孔　　　（b）落料
图 3-26　冲裁

图 3-27　切口

③ 切口。将板料沿不封闭的曲线部分分离，并且使分离部分产生变形的冲压工序，如图3-27所示。切口可视为不完整冲裁。切口具有良好的散热作用，广泛应用于各类机械及仪表外壳的冲压加工。

（2）成形工序

成形工序是使板料的一部分与另一部分产生相对位移而不破裂的冲压工序，主要有拉深、弯曲、翻边和胀形等。

① 拉深。将冲裁后得到的平板坯料制成中空开口零件的冲压成形工序，如图3-28所示。与冲裁模不同，拉深模的凸模、凹模都具有一定的圆角而没有锋利的刃口，凸、凹模之间有一定间隙，单边间隙一般为板料厚度的 1.1 ~ 1.2 倍。

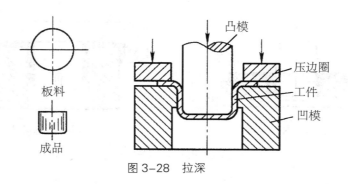

图 3-28　拉深

　　拉深中常见的缺陷有起皱和拉裂等。为防止起皱，可以采用压边圈压住；为防止拉裂，应限制拉深的每次变形程度，如果所要求的拉深变形程度较大，则应进行多次拉深。

　　② 弯曲。利用模具或其他工具，将板料、型材或管材的一部分相对于另一部分弯成具有一定角度或圆弧的冲压工序，如图 3-29 所示。弯曲时，应尽量使弯曲线与坯料纤维方向垂直，并且还要考虑"回弹现象"，即在设计弯曲模时，必须使模具的角度比成品的角度小一个回弹角。一般回弹角取为 $0°$ ~ $10°$。图 3-30 为板料经多次弯曲后，制成带有圆截面的筒状零件的弯曲过程。

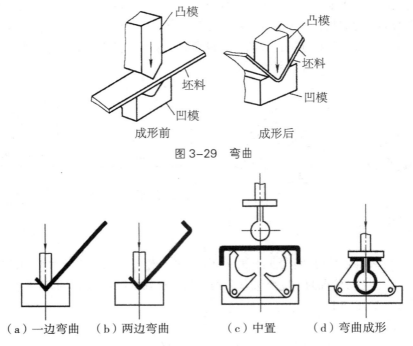

图 3-29　弯曲

（a）一边弯曲　　（b）两边弯曲　　（c）中置　　（d）弯曲成形

图 3-30　筒状零件的弯曲过程

　　③ 翻边。在冲压件的半成品上沿一定的曲线位置翻起竖立直边的冲压工序。分为内孔翻边和外缘翻边，如图 3-31 所示。为防止将板料翻裂，翻孔的变形程度应有限制。例如，低碳钢的翻孔系数 $K$（即翻孔前、后孔径的比值）不能小于 0.72。

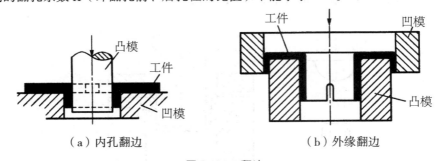

（a）内孔翻边　　　　　　　　　　（b）外缘翻边

图 3-31　翻边

### 3.2.3 冲压模具

冲模是冲压生产中必不可少的模具。冲模结构的合理与否对冲压件质量、冲压生产效率及模具寿命等都具有很大的影响。冲模可分为简单模、连续模和复合模三种。

（1）简单冲模

简单冲模是在冲床的一次行程中只完成一道工序的冲模。图 3-32 为落料用的简单冲模。凹模 2 用压板 7 固定在下模板 4 上，下模板用螺栓固定在冲床的工作台上，凸模 1 用凸模固定板 6 固定在上模板 3 上，上模板则通过模柄 5 与冲床的滑块连接。因此，凸模可随滑块作上下运动。为了使凸模向下运动能对准凹模孔，并在凸凹模之间保持均匀间隙，通常用导柱 12 和套筒 11 的结构。条料在凹模上沿两个导板 9 之间送进，碰到定位销 10 为止。凸模向下冲压时，冲下的零件（或废料）进入凹模孔，而条料则夹住凸模并随凸模一起回程向上运动。条料碰到卸料板 8（固定在凹模上）时被推下，这样，条料继续在导板间送进。重复上述动作，冲下第二个零件。

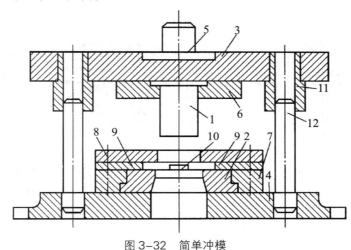

图 3-32 简单冲模

1- 凸模；2- 凹模；3- 上模板；4- 下模板；5- 模柄；6- 凸模固定板；7- 压板；
8- 卸料板；9- 导板；10- 定位销；11- 套筒；12- 导柱

（2）连续冲模

连续冲模是冲床的一次行程中，在模具不同部位上同时完成数道冲压工序的模具，如图 3-33 所示。工作时，定位销 2 对准预先冲出的定位孔，上模向下运动，落料凸模 1 进行落料，冲孔凸模 4 进行冲孔。当上模回程时，卸料板 6 从凸模上推下残料。这时再将坯料 7 向前送进执行第二次冲裁。如此循环进行，每次送进距离由挡料销控制。

（3）复合冲模

复合冲模是冲床的一次行程中在模具同一部位上同时完成数道冲压工序的模具，如图 3-34 所示。复合模的最大特点是模具中有一个凸凹模。凸凹模的外圆是落料凸模刃口，内孔则成为拉深凹模。当滑块带着凸凹模向下运动时，条料首先在凸凹模 1 和落料凹模 4 中落料。落料件被下模中的拉深凸模 2 顶住，滑块继续向下运动时凹模随之向下运动进行拉深。顶出器 5 和卸料器 3 在滑块的回程中将拉深件 9 推出模具。复合模适用于产量大、精度高的冲压件。

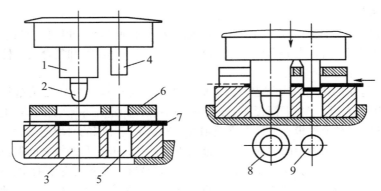

图 3-33 连续冲模

1- 落料凸模；2- 定位销；3- 落料凹模；4- 冲孔凸模；5- 冲孔凹模；6- 卸料板；7- 坯料；8- 成品；9- 废料

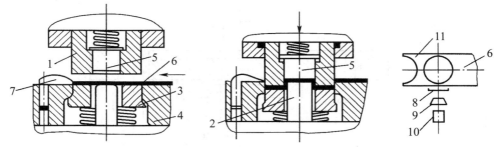

图 3-34 落料及拉深复合模

1- 凸凹模；2- 拉深凸模；3- 压板（卸料器）；4- 落料凹模；5- 顶出器；
6- 条料；7- 挡料销；8- 坯料；9- 拉深件；10- 零件；11- 废料

## 3.3 锻件和冲压件缺陷及分析

### 3.3.1 锻件缺陷及分析

引起锻件缺陷的原因有三大类：原材料质量不良、锻造之前的加热过程不当以及锻造过程中变形温度控制不当以及变形程度控制不当、模具设计不当或锻造方法选择不合理等锻造工艺不当。

有些锻件缺陷在锻件生产的常规检验中很容易发现并得到及时修正，不会对锻件的后续加工和使用带来影响，如表面的微细裂纹、结疤等。有些缺陷则在常规检验中不易发现，可能使锻件在后续加工和使用过程中产生失效。

锻件的缺陷按存在部位主要有三大类：外观质量缺陷、锻件几何形状和尺寸缺陷、锻件的内在缺陷。

外观质量缺陷包括表面微裂纹、折叠、压伤、斑点、表面过烧等。外观质量缺陷主要用目测法观察，对表面微细裂纹等缺陷用目测判定不准时，可用磁粉、着色等无损检测方法。

锻件几何形状和尺寸缺陷主要用各种通用的量具，如游标卡尺、直角尺和卡钳等对锻件尺寸、角度进行逐个测量。

锻件内在缺陷包括宏观组织缺陷、微观组织缺陷、力学性能缺陷及化学成分缺陷，对这些内在缺陷的分析通常都要解剖锻件，制备检验分析测试的样件，用通用和专用检测设备进行测试，也有部分缺陷可以用无损检测方法进行检测分析。

### 3.3.2 冲压件缺陷及分析

冲压生产过程中经常会发生一些冲压缺陷，这些缺陷有轻微的、有严重的，严重缺陷直接导致零件不能使用，造成报废。由于冲压零件是大批量生产的，一旦出现问题将会造成较大的损失，所以必须对冲压产生的各种缺陷了解清楚，分析各种缺陷产生的原因，并提出相应的对策进行预防。

冲压零件缺陷有毛刺、压伤、尺寸不良、平整度不良等。

（1）毛刺。指冲压切口面高出材料部分，是沿冲压方向发生的，也可能是挤压后产生的，毛刺一般控制在 0.1 mm 以内，是冲压正常而普遍的现象。

产生原因分析：①模具刃口磨损，冲压时不能一次性将材料切断，在切断过程中伴有拉延的现象，材料被拉延导致毛刺产生。②凸、凹模间隙过大，冲压时材料还有一定的空间，凸模不能一次性将材料冲断，材料被拉延产生毛刺。③凸、凹模间隙配合不合理，凸模与凹模刃口偏位，在冲压时一边间隙过大产生毛刺，另一边磨损刃口。④材料材质过软，冲压时凸、凹模间隙不能克服材料拉延产生毛刺。⑤产品定位不当被挤压出毛刺。

（2）压伤。指模具内有异物或模具废屑跳出被压在产品上。

产生原因分析：①模具落料孔过大，冲压时冲头与废料之间在真空受力下带出落料孔，跳到模具上，产品再冲压时导致压伤。②产品毛刺废屑掉到模具上。③材料表面残留有杂物。④其他废屑由于某种原因落入模具内。

（3）尺寸不良。因某种原因使冲压出来的零件尺寸不符合要求。

产生原因分析：①模具设计或加工组装不良，此不良往往出现在模具第一次生产使用时。②架模时模具高度调整位置不准，冲压时模具不能到位，导致尺寸不符，或因调节完模具后未锁紧模头，冲压时模具高度变化。③模具定位松动，零件定位时偏位。④作业不良，定位未放好，冲压时使模具间隙增大。

（4）平整度不良。

产生原因分析：①材料材质不均匀，内部存在一定的应力，使冲压整形时难以克服。②架模后模具上模和下模之间的平行度不良，无法达到整平的效果。③材料为卷料时未进行平整，模具冲压时一次难以达到整平的目的。④被冲压的零件结构大，上模作用力不均导致弧形等变形。

【复习题】

（1）锻压成形有什么特点？

（2）锻造坯料加热的目的是什么？

（3）哪些金属材料可以锻造？哪些金属材料不能锻造？

（4）自由锻的基本工序包括哪些？

（5）冲压的基本工序包括哪些？

（6）简述锻件缺陷及其产生原因。

（7）简述冲压件缺陷及其产生原因。

# 第四章 焊 接

焊接是通过加热或加压，或两者并用，必要时使用填充材料，使焊件之间达到原子结合的一种连接成形方法。被结合的两部分可以是同种类金属，也可以是不同种类金属，还可以是一种金属与一种非金属。目前工业中应用最普遍的还是金属之间的结合。

焊接的种类很多，按焊接过程的工艺特点和母材金属所处的状态，可分为熔化焊、压力焊、钎焊三大类。熔化焊是将焊接接头局部加热到熔化状态，随后冷却凝固成一体，不加压力进行焊接的方法。压力焊是通过对焊件施加压力从而进行焊接的方法。钎焊是采用低熔点的填充材料（钎料）熔化后填充焊接接头的间隙，实现焊件连接的焊接方法。常用焊接方法的分类如图 4-1 所示。

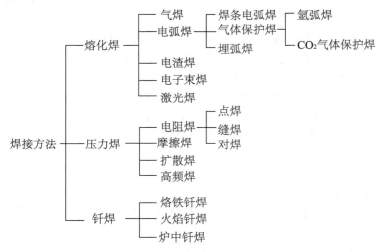

图 4-1 常用焊接方法分类

焊接作为一种永久性连接成形方法，已基本取代铆接工艺。与铆接相比，其具有：①节省材料，减轻结构质量；②简化加工与装配工序，接头密封性好，能承受高压；③易于实现机械化、自动化，提高生产率等一系列优点。焊接工艺已被广泛应用于厂房屋架、桥梁、船舶、航天、汽车、矿山、冶金、电子等领域。焊接成为现代工业中用来制造或修理各种金属结构和机械零部件的主要方法之一。

## 4.1 电弧焊

电弧焊是最常用的熔化焊，种类很多，是应用最为量大面广的焊接方法，主要包括焊条电弧焊、埋弧焊、气体保护焊等。

### 4.1.1　电弧焊的原理

焊接电弧是在焊条端部与焊件之间的空气电离区内产生的一种强烈而持久的放电现象，如图 4-2 所示。焊接时，先将焊条与焊件瞬时接触，发生短路。强大的短路电流流经少数几个接触点，这些接触点的电流密度极大，使其温度急剧升高并熔化，如图 4-2a 所示。当焊条迅速提起时，在焊条与焊件间的电场作用下，高温金属从负极表面发射电子，并撞击空气中的分子和原子，使空气电离成正离子和负离子。电子、负离子流向正极，正离子流向负极，这些带电质点的定向运动形成了焊接电弧，如图 4-2b 所示。焊接电弧在燃烧时，放出强光和大量的热能。焊接就是利用这种热能（中心温度达 5 000~8 000 K）来熔化金属形成焊缝。

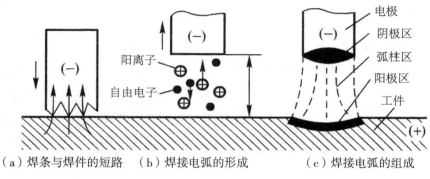

（a）焊条与焊件的短路　　（b）焊接电弧的形成　　　（c）焊接电弧的组成

图 4-2　电弧的点燃

### 4.1.2　焊条电弧焊

焊条电弧焊是指用手工操作焊条进行焊接的电弧焊方法，故也称手工电弧焊。焊条电弧焊是利用电弧热局部熔化焊件和焊条以形成焊缝的一种熔焊方法，是目前生产中应用最多、最普遍的一种金属焊接方法。

焊条电弧焊的焊接过程如图 4-3 所示。焊条电弧焊时，焊接电源、焊接电缆、焊钳、焊条、工件形成一个闭合回路，焊条末端和工件之间燃烧的电弧所产生的高温使药皮、焊芯和工件熔化。熔化的焊芯端部迅速形成细小的金属熔滴，通过弧柱过渡到局部熔化的工件表面形成熔池，药皮熔化过程中产生的气体和熔渣不仅使熔池与电弧周围的空气隔绝，而且和熔化的焊芯、母材金属发生一系列冶金反应，保证所形成焊缝的性能。随着电弧以适当的弧长和速度在工件上不断地前移，熔池液态金属逐步冷却结晶，形成焊缝。

电弧焊具有机动、灵活、适应性强，设备简单耐用，维护费用低等特点。但工人劳动强度大，焊接质量受工人技术水平影响，焊接质量不稳定。电弧焊多用于焊接单件、小批量产品和难以实现自动化加工的焊缝，可焊接各种焊接结构件，并能灵活应用于空间位置不规则焊缝的焊接，适用于碳钢、低合金钢、不锈钢、铜及铜合金等金属材料的焊接。

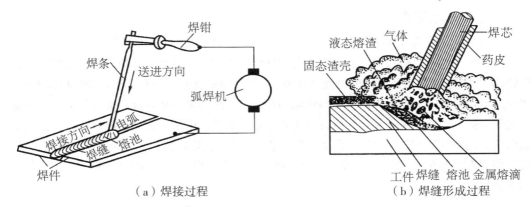

（a）焊接过程 （b）焊缝形成过程

图 4-3　焊条电弧焊的焊接过程

（1）焊条的组成

电弧焊焊条由金属焊芯和药皮两部分组成，如图 4-4 所示。

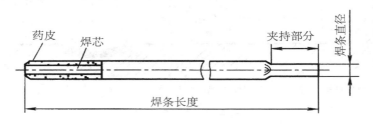

图 4-4　电焊条

① 焊芯。焊芯的作用不仅是作为电极导电，同时也是形成焊缝金属的主要材料，因此焊芯的质量直接影响焊缝的性能，其材料都是特制的优质钢。焊接碳素结构钢的焊芯一般是含碳的质量分数低于 0.08% 的低碳钢，应用最普遍的有 H08 和 H08A。其碳的质量分数及硫、磷有害杂质都有极其严格的限制。常用焊条直径（即焊芯直径）为 2 ~ 5 mm，长度为 250 ~ 450 mm。

② 药皮。药皮是压涂在焊芯表面上的涂料层，焊接时形成熔渣及气体，药皮对焊接质量的好坏同样起着重要的作用。药皮的主要作用是：

（a）保持电弧稳定燃烧，以改善焊接工艺，保证焊接质量。

（b）对焊缝进行保护。药皮在焊接时产生大量的气体和熔渣，隔绝空气的有害影响，对焊缝金属起到保护作用。

（c）脱去焊缝金属的有害杂质（如氧、氢、硫、磷等）。

（d）向焊缝金属渗入有益的合金元素，以改善焊缝质量。

（2）焊条的分类

焊条的种类按焊条用途可分为：结构钢焊条、钼和铬钼耐热钢焊条、不锈钢焊条、堆焊焊条、低温钢焊条、铸铁焊条、镍和镍合金焊条、铜和铜合金焊条、铝和铝合金焊条和特殊用途焊条十大类。其中应用最广的是结构钢焊条。

按焊条药皮熔化后的熔渣特性可分为：酸性焊条和碱性焊条两大类。酸性焊条因其焊条药皮中含有大量的酸性氧化物而得名。如果施工现场只有交流弧焊机，并且焊接的是一般金属结构，通常选用酸性焊条。这种焊条工艺性能好，对水、锈产生气孔的敏感性不大，易于操作。生产中应用最多的是 E4303 型焊条。碱性焊条是其药皮中的成分以碱性氧化物为主的焊条。它的力学性能和抗裂纹性能都较酸性焊条好，但是工艺性能不如酸性焊条，表现在稳弧性差、脱渣较差、焊缝表面成形较差等。使用前要求将碱性焊条在 350 ~ 400 ℃ 温度下烘焙 1 ~ 2 h。常用的碱性焊条是 E5016 和 E5015 型焊条。E5016 型焊条可以使用交流或直流电源，但 E5015 型焊条必须用直流反接（焊钳接正极、焊件接负极）电源进行焊接。当所焊接的是重要结构时，就应该选用碱性焊条。

两种常用碳钢焊条型号及其相应的牌号如表 4-1 所示。

表 4-1 两种常用碳钢焊条

| 型 号 | 牌 号 | 药皮类型 | 焊接位置 | 电流种类 |
|--------|--------|----------|----------|----------|
| E4303 | 结 422 | 钛钙型 | 全位置 | 交流、直流 |
| E5015 | 结 507 | 低氢钠型 | 全位置 | 直流反接 |

（3）焊条电弧焊的焊接设备

电弧焊的焊接设备主要是弧焊机、焊钳，另外还有面罩、清渣锤等辅助设备和工具。

① 弧焊机。弧焊机按电流种类可分为交流弧焊机、直流弧焊机和逆变弧焊机。

（a）交流弧焊机。交流弧焊机又称弧焊变压器，是一种符合焊接要求的降压变压器，如图 4-5 所示。这种焊机具有结构简单、噪声小、价格便宜、使用可靠、维护方便等优点，但其电流波形为正弦波，输出为交流下降外特性，电弧稳定性较差，功率因数低，但很少产生磁偏吹现象，空载损耗小。一般应用焊条电弧焊、埋弧焊和钨极氩弧焊等。

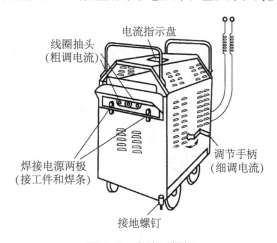

图 4-5 交流弧焊机

（b）直流弧焊机。直流弧焊机的电源输出端有正、负极之分，焊接时电弧两端极性不变。弧焊机正、负两极与焊条、焊件有两种不同的接线法：如图 4-6a 所示，将焊件接到弧焊机正极，焊条接至负极，这种接法称正接，又称正极性；反之，如图 4-6b 所示，将焊件接到负极，焊条接至正极，称为反接，又称反极性。焊接厚板时，一般采用直流正接，这是因为电弧正极的温度和热量比负极高，采用正接能获得较大的熔深；焊接薄板时，为防止烧穿，常采用反接。但在使用碱性焊条时，均采用直流反接。

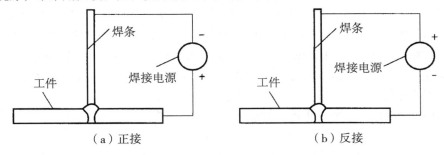

图 4-6　直流弧焊机的正接与反接

（c）逆变弧焊机。变弧焊机通过整流、逆变、滤波等将工频交流电转变为中频低压直流输出，目前在工程中已成为电弧焊设备的主流。根据大功率开关电子元件（逆变器）的不同，逆变弧焊机的整流弧焊电源可分为晶闸管（SCR）逆变电源、晶体管（GTR）逆变电源、场效应管（MOSFET）逆变电源及 IGBT 逆变电源。其中 IGBT 逆变电源因为其大容量、轻量化、高效率、模块化、智能化和高可靠性等优势，正逐渐取代其他逆变电源成为工程应用的主要焊接电源。

逆变弧焊机的优点是高效节能，效率可达 80% ~ 90%；质量轻、体积小，整机质量仅为传统弧焊电源的 1/10 ~ 1/5；具有良好的动特性和弧焊工艺性能；所有焊接参数均可无级调整；具有多种外特性，能适应各种弧焊方法，如焊条电弧焊、气体保护电弧焊、等离子弧焊及埋弧焊，并适合用作焊接机器人的弧焊电源。弧焊逆变器的缺点是设备复杂，维修需要较高技术等。

② 焊条电弧焊工具。常用的焊条电弧焊工具有焊钳、面罩、清渣锤和钢丝刷（图 4-7），以及焊条烘干筒、焊接电缆和各种劳动保护用品等。

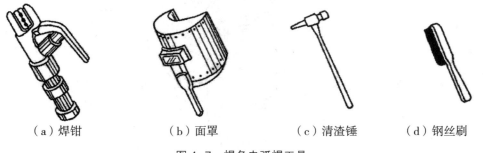

（a）焊钳　　　　　（b）面罩　　　　　（c）清渣锤　　　　　（d）钢丝刷

图 4-7　焊条电弧焊工具

（a）焊钳。如图 4-7a 所示，用于夹持焊条和传导电流的工具，焊钳外部用绝缘材料制成，具有绝缘和耐高温的作用。

（b）面罩。如图 4-7b 所示，用于保护操作者眼睛和面部，免受弧光及金属飞溅伤害的工具，常用的有手持式和头盔式两种。面罩观察窗上装有有色化学玻璃，可过滤紫外线和红外线。在电弧燃烧时，可通过观察窗观察电弧燃烧和熔池情况，以便于进行焊接操作。

（c）清渣锤（尖头锤）。如图4-7c所示，焊接完成后，用来清除焊缝表面渣壳的工具。

（d）钢丝刷。如图4-7d所示，用于清理焊缝的工具。

（e）焊接电缆。在焊机与焊钳之间用一根电缆（称为火线）连接，而在焊机与工件之间用另一根电缆（称为地线）连接。

焊接时，应穿绝缘鞋和干燥的工作服，戴绝缘手套；必须使用防护面罩，眼睛不能直接注视电弧，以防强烈弧光刺伤眼睛。

（4）焊接工艺

① 焊接接头及坡口形式。（a）接头形式。常见的接头形式有对接、搭接、角接、T型接头等，如图4-8所示。

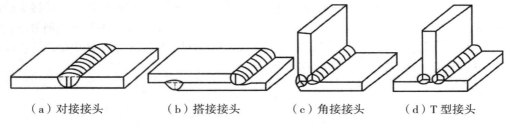

（a）对接接头　　（b）搭接接头　　（c）角接接头　　（d）T型接头

图4-8　常见的接头形式

（b）坡口形式。坡口的作用是在焊接时确保焊件能焊透。当焊件厚度小于6 mm时，只需在接头处留一定的间隙，就能焊透。但在焊接较厚的工件时，就需要在焊接前把焊件接头处加工成适当的坡口，以确保焊透。对接接头是应用最多的一种接头形式，这种接头常见的坡口形式有I型、Y型、V型、双V型、双Y型、U型、双U型等，如图4-9所示。

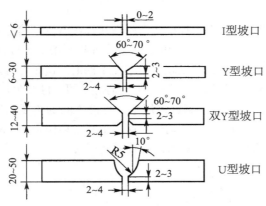

图4-9　对接接头的坡口形式

② 焊接位置。根据焊缝在空间的位置不同，有平焊、立焊、横焊和仰焊四种，如图4-10所示。平焊易操作，生产率高，焊缝质量易保证，所以焊缝布置应尽可能放在平焊位置。立焊、横焊和仰焊时，由于重力作用，被熔化的金属要向下滴落而造成施焊困难，因此应尽量避免。

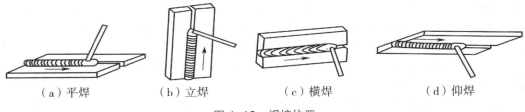

| （a）平焊 | （b）立焊 | （c）横焊 | （d）仰焊 |

图 4-10　焊接位置

（5）焊条电弧焊的基本操作方法

焊条电弧焊是在面罩下观察和进行操作的，由于视野不清，为了保证焊接质量，不仅要求操作者具有较为熟练的操作技术，还应保持注意力集中。

① 引弧。引弧是指使焊条和焊件之间产生稳定的电弧。焊接前，应把工件接头两侧 20 mm 范围内的表面清理干净，消除铁锈、油污、水分，并使焊条芯的端部金属外露，以便进行短路引弧。引弧方法有敲击法和摩擦法两种，如图 4-11 所示。其中摩擦法比较容易掌握，适合于初学者引弧操作。

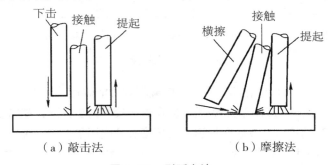

| （a）敲击法 | （b）摩擦法 |

图 4-11　引弧方法

引弧时，应先接通电源，把电焊机调至所需的焊接电流；然后把焊条端部与工件接触短路，并立即提起到一定高度，就能使电弧引燃。如果焊条提起过高，电弧就会立即熄灭。如果焊条与工件接触时间太长，焊条就会粘牢在工件上。这时可将焊条左右摆动，使之与工件脱离，然后重新进行引弧。如果因操作不当断弧后，可在断弧处用敲击法重新引燃电弧。

② 运条。引弧后，首先必须掌握好焊条与焊件之间的角度，如图 4-12a 所示，并使焊条同时完成图 4-12b 中的三个基本动作。这三个基本动作是：（a）焊条向下送进运动；（b）焊条沿焊缝纵向移动；（c）焊条沿焊缝横向移动。

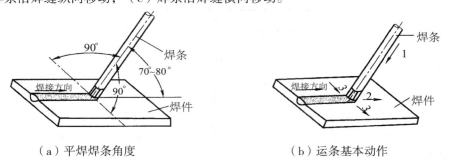

| （a）平焊焊条角度 | （b）运条基本动作 |

图 4-12　平焊焊条角度和运条基本动作

采用哪一种运条方法应根据接头形式和间隙、焊缝的空间位置、焊条、焊接电流等方面来确定。常见的焊条电弧焊运条方法如图 4-13 所示。

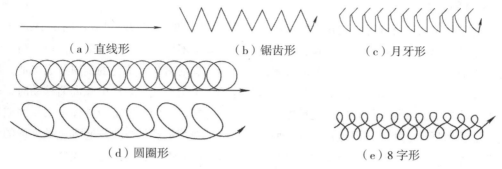

（a）直线形　　　　（b）锯齿形　　　　（c）月牙形

（d）圆圈形　　　　　　　　　（e）8 字形

图 4-13　常见的焊条电弧焊运条方法

③熄弧。焊接收尾时，如果立即拉断电弧，会产生一个低凹的弧坑，使焊道收尾处强度减弱，甚至产生弧坑裂纹，如图 4-14 所示。因此，收尾动作不仅是熄弧，还必须填满弧坑。

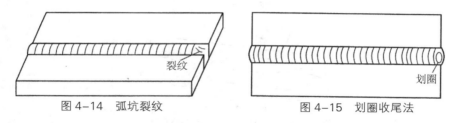

图 4-14　弧坑裂纹　　　　　　　　图 4-15　划圈收尾法

（a）划圈收尾法。当焊接至终点时，焊条在熔池内作圆圈运动，直至填满弧坑再熄弧，如图 4-15 所示。此收尾方法适用于厚板的焊接，若用于薄板焊件则有烧穿危险。

（b）反复断弧（灭弧法）收尾法。当焊接至终点时，焊条在弧坑处反复熄弧引弧数次，直到填满弧坑为止，如图 4-16 所示。此收尾方法适用于薄板的焊接。

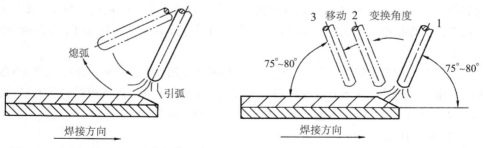

图 4-16　反复断弧（灭弧法）收尾法　　　　图 4-17　回焊收尾法

（c）回焊收尾法。当焊接至终点时，焊条停止但不熄弧，而是适当改变回焊角度，向回焊一小段（约 10 mm）距离，等填满弧坑以后，缓慢拉断电弧，如图 4-17 所示。此收尾方法适用于碱性焊条。

④ 平焊操作姿势。平焊时，一般采用蹲式操作，蹲姿要自然，两脚夹角为 70° ~ 85°，两脚距离为 240 ~ 260 mm。持电焊钳的胳膊半伸开，要悬空无依托地操作。

### 4.1.3 埋弧焊

电弧在焊剂下层进行燃烧并焊接的过程称为埋弧焊。埋弧焊焊接过程如图 4-18 所示，在焊接时，焊接部位覆盖一层颗粒状的焊剂（在常温下不导电），焊接电弧在焊丝与工件之间燃烧，电弧热量将焊丝端部及电弧附近的母材和焊剂熔化。熔化的金属形成熔池，熔化的焊剂成为熔渣。熔池受熔渣和焊剂蒸气的保护，不与空气接触。电弧向前移动时，电弧力将熔池中的液体金属推向熔池后方。在随后的冷却过程中，这部分液体金属凝固成焊缝。熔渣则凝固成渣壳，覆盖在焊缝表面。熔渣除了对熔池和焊缝金属起到机械保护的作用外，焊接过程中还与熔化金属发生冶金反应，从而影响焊缝金属的化学成分。

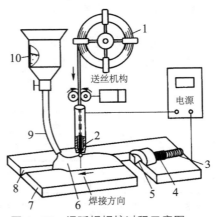

图 4-18　埋弧焊焊接过程示意图

1- 焊丝；2- 导电嘴；3- 焊缝；4- 渣壳；5- 熔敷金属；6- 焊剂；7- 工件；8- 坡口；9- 软管；10- 焊剂漏斗

在焊接时，可以使用大电流进行焊接，相应地电流密度也随之增加，所以焊接速度比较快，生产效率也高。由于焊剂变成了液态，对熔池和焊缝进行保护，焊缝质量好。焊剂采用覆盖式，飞溅小，甚至没有飞溅，但在焊接过程中不容易观察，也不利于及时调整，并对焊件的装配要求比较高。埋弧焊的机动性差，设备复杂，不适用短焊，主要适用于平焊位置，而焊接电流不能小于 100 A，否则会出现电弧不稳定，不适用于焊接板厚小于 1 mm 的工件。

埋弧焊广泛应用于船舶、锅炉、桥梁、工程机械等制造业，还可以进行堆焊耐磨或耐腐蚀的合金层。随着焊接冶金技术与焊接材料生产技术的发展，埋弧焊的材料发展到了不锈钢、耐热钢等，以及一些有色金属，如镍合金、铜合金等。

### 4.1.4 气体保护焊

（1）$CO_2$ 气体保护焊

$CO_2$ 气体保护焊是以 $CO_2$ 作为保护气体的电弧焊。它是焊丝作电极，靠焊丝和焊件之间产生的电弧熔化工件与焊丝形成熔池，熔池凝固后成为焊缝。

$CO_2$ 气体保护焊如图 4-19 所示。它主要由焊接电源、焊炬、送丝机构、供气系统和控制电路等部分组成。焊丝由送丝机构送出，$CO_2$ 以一定压力和流量从焊炬喷嘴喷出。当引燃电弧后，焊丝末端、电弧及熔池均被 $CO_2$ 所包围，以防止空气的侵入，从而对焊件起到保护作用。

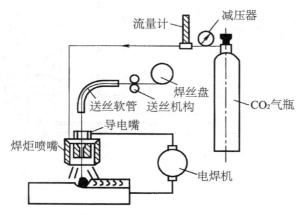

图 4-19　$CO_2$ 气体保护焊示意图

　　$CO_2$ 气体保护焊具有电弧穿透能力强、熔深大、焊丝熔化率高、生产率高等优点，同时，$CO_2$ 来源广泛、价格低，能耗少，焊接成本低。缺点是由于 $CO_2$ 高温时可分解为 CO 和 O 原子，会造成合金元素烧损、焊缝吸氧，并导致电弧稳定性差、金属飞溅等问题。

　　（2）氩弧焊

　　氩弧焊是采用惰性气体——氩气作为保护气体的一种电弧焊接方法。它是从专用的焊枪喷嘴中喷出氩气气流，使电弧与空气隔绝，电弧和熔池在气流层的包围气氛中燃烧、熔化，凝固后把两块分离的金属牢固地连接在一起，形成永久性连接。氩弧焊的焊接方法包括熔化极氩弧焊和非熔化极氩弧焊，其焊接过程如图 4-20 所示。在非熔化极氩弧焊中，钨极氩弧焊具有代表性。手工钨极氩弧焊设备通常由焊接电源、焊接控制系统、焊枪、供气系统及供水系统等组成，如图 4-21 所示。氩弧焊具有焊缝质量高，焊接过程稳定，焊接应力和变形小，应用范围广等特点。

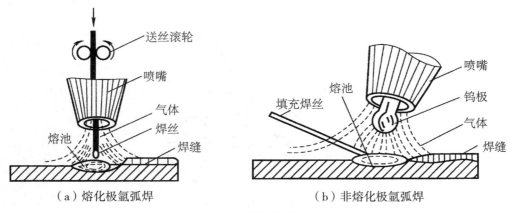

（a）熔化极氩弧焊　　　　　　　（b）非熔化极氩弧焊

图 4-20　氩弧焊焊接过程示意图

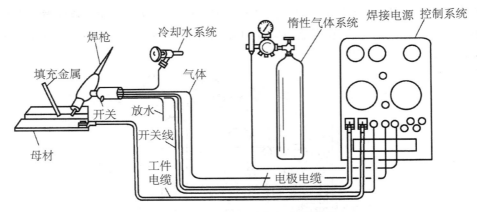

图 4-21　手工钨极氩弧焊设备的组成

## 4.2　气焊和气割

气焊与气割是利用可燃气体与助燃气体混合燃烧产生的气体火焰的热量作为热源，进行金属材料的焊接或切割的加工工艺方法。气焊在电弧焊广泛应用之前，是一种应用比较广泛的焊接方法。尽管现在电弧焊及其他先进焊接方法已迅速发展和广泛应用，气焊的应用范围越来越小，但在铜、铝等有色金属及铸铁的焊接领域仍有其独特优势。气焊和气割几乎是同时诞生的"孪生兄弟"，构成金属材料的一"缝"一"裁"，气焊和气割一样也是应用量大、覆盖面广的重要加工工艺方法之一。

### 4.2.1　气焊

气焊是利用气体燃烧所产生的高温火焰来进行焊接的，其工作过程如图4-22所示。火焰一方面把工件接头的表层金属熔化，同时把金属焊丝熔入接头的空隙中，形成金属熔池。当焊炬向前移动，熔池金属随即凝固成为焊缝，使工件的两部分牢固地连接成一体。

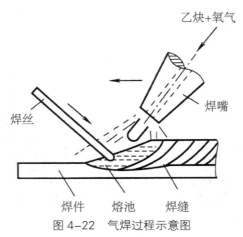

图 4-22　气焊过程示意图

气焊的温度比较低，热量分散，加热速度慢，生产率低，焊件变形较严重。但火焰易控制，操作简单、灵活，气焊设备不用电源，有利于某些工件的焊前预热。因此，气焊仍得到较为广泛的应用。一般用于厚度在 3 mm 以下的低碳钢薄板、管件、铸铁件以及铜、铝等有色金属的焊接。

（1）气焊火焰

调节氧气、乙炔气体的不同混合比例可得到中性焰、氧化焰和碳化焰三种性质不同的火焰，如图 4-23 所示。

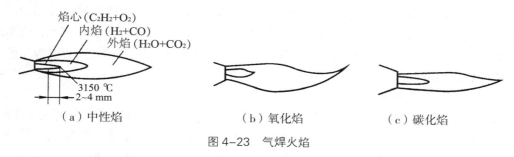

图 4-23 气焊火焰

① 中性焰。它由焰心、内焰和外焰组成，靠近喷嘴处的焰心呈白亮色，内焰呈蓝紫色，外焰呈橘红色，内焰具有一定还原性。最高温度 3 050 ~ 3 150 ℃，主要用于焊接低碳钢、低合金钢、高铬钢、不锈钢、紫铜、锡青铜、铝及其合金等。

② 氧化焰。氧过剩火焰，有氧化性，焊接钢件时焊缝易产生气孔和变脆。最高温度 3 100 ~ 3 300 ℃，主要用于焊接黄铜、锰黄铜、镀锌铁皮等。

③ 碳化焰。乙炔过剩，火焰中有游离状态的碳及过多的氢，焊接时会增加焊缝的含氢量，焊低碳钢时有渗碳现象。最高温度 2 700 ~ 3 000 ℃，主要用于高碳钢、高速钢、硬质合金、铝、青铜及铸铁等的焊接或焊补。

（2）气焊的设备

气焊所用的设备如图 4-24 所示，它是由氧气瓶、乙炔瓶、减压器、回火保险器及焊炬等组成。

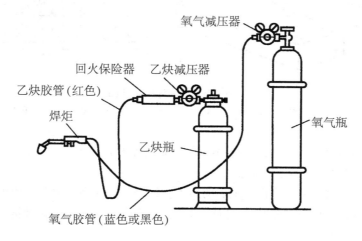

图 4-24 气焊设备

（3）焊丝与焊剂

① 焊丝。气焊的焊丝作为填充材料，与熔化的母材一起形成焊缝。焊缝性能影响很大，焊丝的成分应与母材相匹配。焊丝直径应根据工件厚度选择，一般为 2 ~ 4 mm。焊接低碳钢时，常用的焊丝牌号有 H08 和 H08A 等。

② 焊剂。又称气焊粉，作用相当于焊条的药皮，用来溶解和清除工件表面上的氧化膜，并在熔池表面形成一层熔渣，保护熔池金属不被氧化；同时，排出熔池中的气体、氧化物及其他杂质，改善熔池金属的流动性，获得优质焊缝。国内气焊焊剂牌号有 CJ101、CJ201、CJ301 和 CJ401 四种。CJ101 为不锈钢和耐热钢焊剂，CJ201 为铸铁焊剂，CJ301 为铜和铜合金焊剂，CJ401 为铝和铝合金焊剂。焊接低碳钢时，气体火焰能充分保护焊接区，一般不需要使用焊剂。

（4）气焊基本操作要领

点火时，先微开氧气阀门，再打开乙炔阀门，随后点燃火焰。然后，逐渐开大氧气阀门，并根据实际需要调整火焰的大小。灭火时，应先关乙炔阀门，后关氧气阀门，以防止火焰倒流和产生烟灰。当发生回火时，应迅速关闭氧气阀，然后再关乙炔阀。

### 4.2.2 气割

（1）气割过程

氧气切割简称气割，是一种切割金属的常用方法，工作过程如图 4-25 所示。气割时，先把工件切割处的金属预热到它的燃烧点，然后以高速纯氧气流猛吹；这时，金属就发生剧烈氧化，所产生的热量把金属氧化物熔化成液体；同时，氧气气流又把氧化物的熔液吹走，工件就被切出了整齐的缺口。只要把割炬向前移动，就能把工件连续切开。

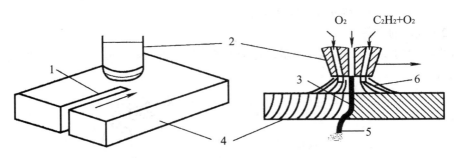

图 4-25　气割过程示意图

1- 割缝；2- 割嘴；3- 氧气流；4- 工件；5- 氧化物；6- 预热火焰

金属的性质必须满足下列两个基本条件才能进行气割：

① 金属的燃烧点应低于其熔点。

② 金属氧化物的熔点应低于金属的熔点。纯铁、低碳钢、中碳钢和普通低合金钢都能满足上述条件，具有良好的气割性能。高碳钢、铸铁、不锈钢，以及铜、铝等有色金属都难以进行氧气切割。

（2）气割操作

如图 4-26 所示，工作时，先点燃预热火焰，使工件的切割边缘加热到金属的燃烧点，然后开启切割氧气阀门进行切割。

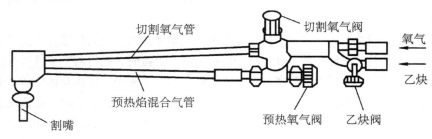

图 4-26 割炬

气割必须从工件的边缘开始。如果要在工件的中部挖割内腔，则应在开始气割处先钻一个大于 5 mm 的孔，以便气割时排出氧化物，并使氧气流能吹到工件上。在批量生产时，气割工作可在气割机上进行。割炬能沿着一定的导轨自动作直线、圆弧和各种曲线运动，准确地切割出所要求的工件形状。

## 4.3 压力焊和钎焊

### 4.3.1 压力焊

压力焊是指在焊接过程中，需要对工件施加一定压力来焊接工件的方法。包括电阻焊、摩擦焊、真空扩散焊、超声波焊和爆炸焊等。

压力焊必须要有加压装置，设备一次性投资大，工艺过程比较复杂，适应性较差。但不需要填充金属材料和外加保护措施，易于实现自动化，且焊接接头质量好，焊接应力和变形小。主要适于汽车和飞机制造、电子产品封装和高精度复杂结构件等的焊接。

（1）电阻焊

电阻焊又称接触焊，是利用电流通过工件及其接触处所产生的电阻热，将工件加热至塑性状态或局部熔化状态，然后在一定压力下实现连接的焊接方法。电阻焊的主要方法有点焊、缝焊和对焊等，如图 4-27 所示。

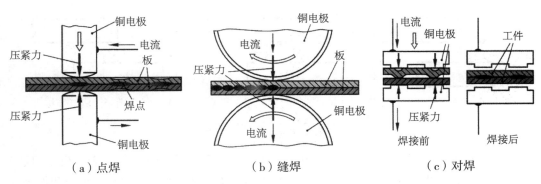

（a）点焊　　　　　（b）缝焊　　　　　（c）对焊

图 4-27 电阻焊的主要方法

电阻焊的生产率高，不需要填充金属，焊接变形较小，操作简便，易于实行机械化和自动化生产。焊接时，加在工件上的电压很低（几伏至十几伏），但焊接电流很大（几千安至几万安），因而要求电源功率大。主要适于大批量生产棒料、管料的对接和薄板的搭接。

（2）摩擦焊

摩擦焊是利用两个相对高速旋转的工件断面接触摩擦而产生的热量，将金属断面加热至塑性状态，然后迅速加压使工件连接的焊接方法。焊接时，先将两个工件以对接方式装夹在焊机上，施加一定压力使两者断面紧密接触。然后，一个工件作高速旋转运动，另一个向其靠拢，待工件断面被接触摩擦产生的热量加热至高温塑性状态时，立即使工件停止旋转，同时加大顶锻力，使两个工件产生塑性变形而焊接起来，如图 4-28 所示。

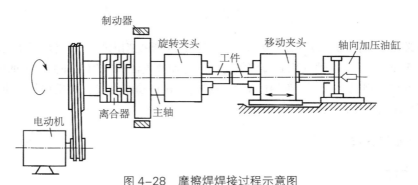

图 4-28　摩擦焊焊接过程示意图

摩擦焊设备简单，操作方便，无需填充金属，焊接质量好且稳定，生产率高，劳动条件好，易于实现自动化生产，耗电量少，成本低，焊接材料范围较广。但焊机制动及加压装置要求控制灵敏，另外焊接非圆断面的工件比较困难，要求至少有一个工件为棒料或管料。主要适于圆形工件、棒料和管料的焊接，可焊接实心工件直径为 2 ~ 100 mm，管件外径可达 150 mm。

### 4.3.2　钎焊

钎焊是采用比焊件熔点低的金属材料作钎料，将焊件和钎料加热到高于钎料熔点、低于焊件熔点的温度，利用液态钎料润湿母材，填充接头间隙并与母材相互扩散，实现连接焊件的方法。其过程如图 4-29 所示。

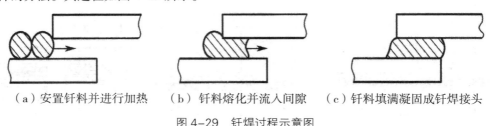

（a）安置钎料并进行加热　（b）钎料熔化并流入间隙　（c）钎料填满凝固成钎焊接头

图 4-29　钎焊过程示意图

按焊料熔点不同，可分为软钎焊和硬钎焊。当所采用钎料的熔点（或液相线）低于 450 ℃时，称为软钎焊；当其熔点高于 450 ℃时，称为硬钎焊。按照热源种类和加热方式不同，可分为火焰钎焊、炉中钎焊、感应钎焊、电阻钎焊、电弧钎焊、激光钎焊、气相钎焊、烙铁钎焊等。最简单、最常用的是火焰钎焊（图4-30）和烙铁钎焊（图4-31）。

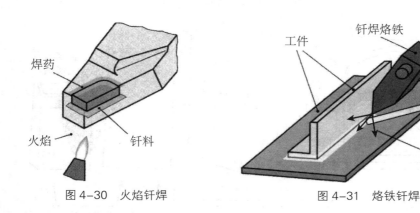

图4-30　火焰钎焊　　　　　　　　　　图4-31　烙铁钎焊

## 4.4　焊接机器人

　　焊接机器人是从事焊接（包括切割与喷涂）的工业机器人。为了适应不同的用途，机器人最后一个轴的机械接口通常是一个连接法兰，可接装不同工具或称末端执行器。焊接机器人就是在工业机器人的末轴法兰装接焊钳或焊（割）枪，使之能进行焊接、切割或热喷涂。

　　焊接机器人要完成焊接作业，必须依赖于控制系统与辅助设备的支持和配合。完整的焊接机器人系统分为驱动系统、机械结构系统、感受系统、机器人–环境交互系统、人–机交互系统和控制系统。具体到实例由以下几部分组成：机器人操作机、变位机、控制器、焊接系统（专用焊接电源、焊枪或焊钳等）、焊接传感器、中央控制计算机和相应的安全设备等，如图4-32所示。

　　焊接机器人按用途分类，可分为点焊机器人和弧焊机器人两大类。

### 4.4.1　点焊机器人

　　点焊机器人系统在汽车工业中应用广泛，如图4-33所示。在装配每台汽车车体时，大约60%的焊点由机器人完成，具有负荷大、动作快、工作点姿态要求严等特点。最初，点焊机器人只用于增强焊作业（向已拼接好的工件上增加焊点），后来为了保证拼接精度，点焊机器人也用于定位焊作业。点焊机器人具有以下功能特点：

　　（1）安装面积小，工作空间大。

　　（2）快速完成小节距的多点定位（如每0.3 ~ 0.4 s移动30 ~ 50 mm节距）。

　　（3）定位精度高（±0.25 mm），以确保焊接质量。

　　（4）持重大（50 ~ 100 kg），以便携带内装变压器的焊钳。

　　（5）内存容量大，示教简单，节省工时。

　　（6）点焊速度可与生产线速度相匹配，同时安全可靠性好。

　　（7）具有足够的自由度。

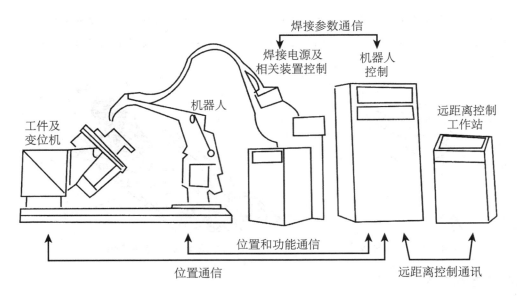

图 4-32　焊接机器人系统原理图

图 4-33　点焊机器人

图 4-34　弧焊机器人

### 4.4.2　弧焊机器人

随着弧焊工艺在各行业的普及，弧焊机器人已经在通用机械、金属结构等许多行业中得到广泛应用，如图4-34所示。弧焊机器人包括各种电弧焊附属装置在内的柔性焊接系统，而不只是一台以规划的速度和姿态携带焊枪移动的单机，因而对其性能有特殊的要求；其中对运动轨迹要求较严。在弧焊作业中，焊枪应跟踪工件的焊道运动，并不断填充金属形成焊缝。由于焊枪的姿态对焊缝质量也有一定影响，因此希望在跟踪焊道的同时，焊枪姿态的可调范围尽量大。弧焊机器人具有以下功能特点：

（1）可设定焊接条件（电流、电压、速度等）。

（2）具有摆动功能。

（3）具有坡口填充功能。

（4）具有焊接异常功能检测功能。

（5）具有焊接传感器（起始焊点检测、焊道跟踪）的接口功能。

## 4.5 焊接缺陷及分析

### 4.5.1 焊接变形

　　焊接过程中被焊工件受到不均匀温度场的作用而产生的形状、尺寸变化的现象称为焊接变形，如图 4-35 所示。

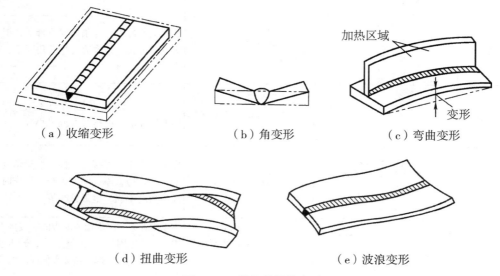

（a）收缩变形　　　　（b）角变形　　　　（c）弯曲变形

（d）扭曲变形　　　　　　（e）波浪变形

图 4-35　常见的焊接变形

　　（1）收缩变形。如图 4-35a 所示，包括在焊缝方向发生的纵向收缩变形和垂直焊缝方向的横向收缩变形。

　　（2）角变形。如图 4-35b 所示，V 型坡口对接焊后出现横向不均匀收缩，引起角度变化。

　　（3）弯曲变形。如图 4-35c 所示，焊缝布置不对称，焊缝纵向收缩引起焊件弯曲。

　　（4）扭曲变形。如图 4-35d 所示，焊前装配质量差，焊后搁置不当或焊接顺序与施焊方向不合理，都可能产生扭曲变形。

　　（5）波浪变形。如图 4-35e 所示，主要产生在薄板结构中，在焊接压应力作用下使薄板失去稳定而造成的变形。

　　产生焊接变形的因素有很多，其中最根本的原因是焊件受热不均匀，其次是由于焊缝金属的收缩、金相组织的变化及焊件的刚性不足所致。另外，焊缝在焊接结构中的位置、装配焊接顺序、焊接方法、焊接电流及焊接方向等对焊接应力与变形也有一定的影响。

　　焊接变形降低了焊接质量，可以采取适当的工艺措施预防和矫正焊接变形，如选择合理的焊接顺序，减少焊缝数量，合理安排焊缝、留余量法、反变形法及刚性固定法等。

### 4.5.2 焊接接头缺陷及分析

　　焊接时，气孔、裂纹、夹渣等缺陷和焊缝的成形有关，但主要受焊接过程中的焊接方法、冶金因素及焊接热循环的影响，产生变形与焊接缺陷的原因也比较复杂。焊接接头常见的缺陷如未焊透、未熔合、焊穿、咬边及焊瘤等，如表 4-2 所示。

表 4-2　焊接接头常见缺陷及分析

| 缺陷名称 | 缺陷形状 | 特征 | 产生原因 |
|---|---|---|---|
| 夹渣 | | 焊后残留在焊缝中的熔渣 | 焊接电流小、焊接速度快、熔池温度低等原因使熔渣流动性差，从而使熔渣残留而未能浮出；多层焊时层间清理不彻底等 |
| 咬边 | | 沿焊趾的母材部分产生的沟槽或凹陷 | 焊接电流过大，运条角度不合适，焊接电弧过长，角焊缝时焊条角度不正确等 |
| 焊瘤 | | 熔化金属流淌到焊缝之外未熔化的母材上所形成的金属瘤 | 焊工操作不熟练，运条角度不当，焊接电流和电弧电压过大或过小等 |
| 未焊透 | 未焊透 | 焊接接头根部未完全焊透 | 焊接电流小，焊接速度快，坡口角度太小，钝边太厚，间隙太窄；操作时焊条角度不当，电弧偏吹等 |
| 焊穿 | | 熔化金属自坡口背面流出，形成穿孔 | 多发生在第一层焊道或薄板的对接接头中；主要原因是焊接电流太大，钝边过薄，间隙太宽，焊接速度太低或电弧停留时间太长等 |
| 气孔 | 气孔 | 焊接时熔池中的气泡在焊缝凝固时未能逸出而留下形成的空穴 | 熔池凝固时，熔池中的气体未能逸出，在焊缝中形成气孔；焊件表面不干净，焊条潮湿，焊接速度过高，焊接材料中碳、硅含量较高，易产生气孔 |
| 未熔合 | | 焊缝与母材之间未完全熔化结合 | 焊接电流小、焊接速度快造成坡口表面或先焊焊道表面来不及全部熔化；此外，运条时焊条偏离焊缝中心坡口和焊道表面未清理干净也会造成未熔合 |
| 裂纹 | 裂纹 | 热裂纹是焊接接头的金属冷却到固相线附近的高温区产生的焊接裂纹；冷裂纹是焊接接头冷却到较低温度时产生的焊接裂纹 | 热裂纹形成的主要原因是焊缝金属中含有较多的硫、磷杂质；冷裂纹的产生是因为焊缝及母材中含有较多的氢，结构的刚度大，焊件的淬硬倾向大 |

**【复习题】**

（1）什么是焊接？根据焊接过程的特点不同，焊接可分为哪几类？

（2）简述电弧焊的原理。

（3）电焊条由哪几部分组成？各组成部分的作用是什么？

（4）气焊时点火、调节火焰、熄火需要注意什么？

（5）焊接机器人按用途可分为哪两类？各自的功能特点是什么？

（6）常见的焊接缺陷有哪几种？

# 第五章　3D 打印

3D 打印也称快速成形（RP）、快速原型制造（RPM）、增材制造（AM），是以计算机三维设计模型为蓝本，通过软件分层离散和数控成形系统，利用激光束、热熔喷嘴等方式将离散的金属、陶瓷、塑料等材料进行逐层堆积，最终叠加成形，制造出实体产品的成形方法。

3D 打印是一次成形，直接从计算机数据生成任何形状的零件，不像铸造、锻压那样要求先制作模具，也不像切削那样浪费材料，对小批量、多品种的生产具有非常大的优势。

3D 打印技术是材料成形和制造技术领域的重大突破，是基于数字化的新型成形技术，可以自动、直接、快速、精确地将设计思想转化为具有一定功能的原型或直接制造零件、模具、产品，从而有效地缩短了产品的研究开发周期。图 5-1 为 3D 打印的应用。

图 5-1　3D 打印的航空发动机叶片

## 5.1　3D 打印的基本知识

### 5.1.1　3D 打印的原理

3D 打印是一种基于离散、堆积原理，集成计算机、数控、精密伺服驱动、材料等高新技术而发展起来的先进成形方法。

在计算机控制下，根据零件 CAD 模型，采用材料精确堆积（由点堆积成面，由面堆积成三维实体）的方法制造零件。首先采用 CAD 软件设计出所需零件的计算机三维曲面或实体模型（数字模型）；然后根据工艺要求，按照一定的规则将该模型离散为一系列有序的单元，一般在 Z 向将其按一定厚度进行离散（称为分层），把原来的三维数字模型变成一系列的二维层片；再根据每个层片的轮廓信息，进行工艺规划，选择合适的加工参数，自动生成数控代码；最后由成形机床接受控制指令，制造一系列层片，并自动将它们连接起来，得到一个三维物理实体。这样就将一个物理实体复杂的三维加工离散成一系列层片的加工，大大降低了加工难度，并且成形过程的难度与待成形的物理实体形状和结构的复杂程度无关。

### 5.1.2 3D打印的工艺过程

3D打印是采用分层累加法，先通过三维CAD造型或反求工程生成零件信息，然后进行分层切片等步骤数据处理，借助计算机控制的成形机床完成材料的形体制造。

（1）零件信息生成

（a）三维造型。利用各种三维CAD软件进行几何造型，得到零件的三维数字模型。目前比较常用的CAD造型软件系统有AutoCAD、Pro/Engineer、UG、I–DEAS等。许多造型软件在系统中加入了专用模块，可以将三维造型结果离散化，生成所需的二维模型文件。

（b）反求工程。反求工程（RE）也称逆向工程、反向工程，是3D打印技术中零件几何信息的另一个重要来源。几何实体中包含了零件的几何信息，但这些信息必须经过反求工程将三维物理实体的几何信息数字化，将获得的数据进行处理，实现三维重构而得到CAD三维模型。提取零件表面三维数据的主要技术手段有三坐标测量仪、三维激光扫描仪、工业CT、磁共振成像以及自动断层扫描仪等。

（2）数据处理

对三维CAD造型或反求工程得到的数据进行处理，才能用于控制3D打印成形设备制造零件。数据处理的主要过程包括表面离散化、分层处理、数据转换。表面离散化是在CAD系统上对三维的立体模型或曲面模型内外表面进行网络化处理，即用离散化的小三角形平面片来代替原来的曲面或平面，经网络化处理后的模型为STL文件。该文件记录每个三角形平面片的顶点坐标和法向矢量，然后用一系列平行于$XY$的平面对基于STL文件表示的三维多面体模型进行分层切片，最后对分层切片信息进行数控后处理，生成控制成形机床运动的数控代码。

（3）实体制造

利用3D打印设备将原材料堆积为三维物理实体。

（4）后处理

通过3D打印制造的零件往往需要进行后处理。后处理主要包括对成形零件进行去除支撑、清理和表面处理等工序。

### 5.1.3 3D打印的特点

（1）高度柔性化

3D打印技术最突出的特点是具有高度柔性，它摒弃了传统加工中所需要的工装夹具、刀具和模具等，可以快速制造出任意复杂形状的零件。

（2）高度集成化

3D打印技术是机械工程、计算机技术、数控技术、材料科学和激光技术等的集成。

（3）设计制造一体化

3D打印技术采用了离散、堆积分层制造工艺，有机地将CAD/CAM结合起来，实现了设计制造的一体化。

（4）制造过程的快速性

3D打印技术完全体现了快速的特点，使从产品设计到实体的加工完成只需几个小时至几十个小时，具有快速制造的突出特点。

（5）复杂形状的适应性

3D 打印技术采用分层制造原理，将三维问题转化为二维问题，降低了加工的难度，同时又不受零件复杂程度的限制，越是复杂的零件越能显示出 3D 打印技术的优越性。

（6）成形材料的广泛性

金属、陶瓷、塑料、光敏树脂、蜡、纸和纤维等材料在快速成形领域均已得到很好的应用。

## 5.2　3D 打印主要工艺方法

3D 打印的工艺方法有很多种，这些工艺方法都是在材料累加成形原理的基础上，结合材料的物理及化学特性和先进的能量技术而形成的，与多学科的发展密切相关。

3D 打印所采用的成形材料的材质有金属、塑料、陶瓷、覆膜材料等，所采用的成形材料的形态有粉末、丝材、箔材和液态等，所采用的成形材料堆积结合方式有烧结、黏结、熔融凝固、熔融沉积、固化等，所采用的能量形式有激光、电子束、超声波等。

### 5.2.1　粉末材料选择性黏结成形

选择性黏结成形也称三维打印、三维印刷、三维喷印（Three Dimensional Printing，3DP），被誉为最具生命力的增材制造技术。由于它的工作原理与打印机相似而名。该技术基于微滴喷射原理，利用喷头选择性喷射液体黏结剂，将离散粉末材料逐层按路径打印（堆积）成形，从而获得所需实体。

这种技术和平面打印非常相似，可使用石膏粉末、陶瓷粉末、塑料粉末、金属粉末等作为原材料。如图 5-2 所示，其成形原理为：首先铺粉机构在工作平台上铺上所用材料的粉末，喷头在计算机的控制下，按照截面轮廓的信息，在铺好的一层粉末材料上，有选择性地喷射黏结剂，使部分粉末黏结，形成截面轮廓。一层成形完成后，成形缸下降层厚距离，供粉缸上升，推出若干粉末，铺平并被压实，喷头再次在计算机控制下，按截面轮廓的信息喷射黏结剂。如此周而复始地送粉、铺粉和喷射黏结剂，最终黏结完成一个三维实体。未喷射黏结剂的地方为干粉，在成形过程中起支撑作用，且成形结束后，比较容易去除。

此技术的优点在于成形速度快，打印过程无须支撑结构，这是其他技术难以实现的一大优势。三维印刷需要注意的缺点有：原型的强度较低，表面光洁度较差，精细度也处于劣势。

### 5.2.2　粉末材料选择性激光烧结

选择性激光烧结（Selective Laser Sintering，SLS）是采用高功率的激光，把粉末加热烧结在一起形成零件，是一种由离散点一层层地堆积成三维实体的工艺方法，如图 5-3 所示。其成形原理为：应用此技术进行打印时，首先铺一层粉末材料，用激光在该层截面上扫描，使粉末温度升至熔点，然后烧结在一起，接着不断重复铺粉、烧结的过程，直至整个三维实体完全成形。

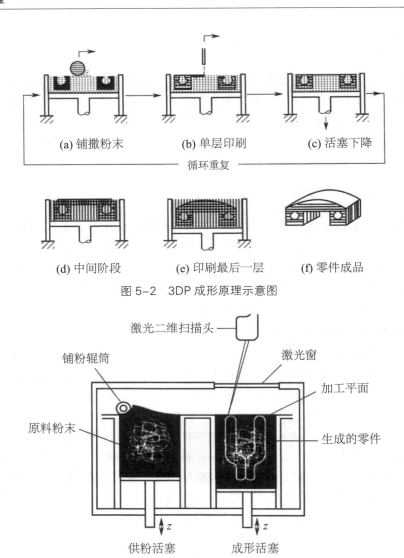

(a) 铺撒粉末　　　　　(b) 单层印刷　　　　　(c) 活塞下降

循环重复

(d) 中间阶段　　　　　(e) 印刷最后一层　　　　(f) 零件成品

图 5-2　3DP 成形原理示意图

激光二维扫描头

铺粉辊筒　　　　　　　　　　　　　　　激光窗

加工平面

原料粉末　　　　　　　　　　　　　　　生成的零件

供粉活塞　　　　　成形活塞

图 5-3　SLS 成形原理示意图

　　此技术的主要优点在于：其可以使用的材料非常多样化，如石蜡、尼龙、陶瓷、金属等；打印时无须支撑，打印的零件力学性能好、强度高、成形时间短。此技术的主要缺点是粉末烧结的零件表面粗糙，需要后期的处理；生产过程中需要大功率激光器，机器本身成本较高，技术难度大，普通用户无法承受其高昂的费用支出，多用于高端的制造领域。

### 5.2.3　丝材熔融沉积成形

　　熔融沉积成形（Fused Deposition Modeling，FDM）是将丝状的热熔性材料加热熔化，同时三维喷头在计算机的控制下，根据截面轮廓信息，将材料选择性地涂敷在工作台上，冷却后成形的一种 3D 打印方法。这种工艺不用激光、刻刀，而是使用喷头，如图 5-4 所示。其成形原理为：热熔材料通过挤出机被送进可移动加热喷头，在喷头内被加热熔化，喷头根据计算机系统的控制，沿着零件截面轮廓和填充轨迹运动，同时将熔融状态的材料按软件分层数据控制的路径沉积在可移动平台上凝固成形，并与周围的材料黏结，层层堆积成形。

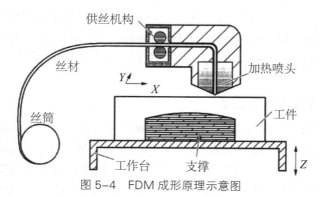

图 5-4  FDM 成形原理示意图

该技术的优点在于：可使用绿色无毒材料作为原料，如聚乳酸（PLA）等；成形速度快，可进行复杂内腔的制造；PLA 等材料热变化不明显，零件翘曲现象少；成本较低。但其主要缺点也较明显，如成形件表面会出现阶梯效应，需要后处理，复杂零件更需要打印支撑。

### 5.2.4  分层实体成形

分层实体成形（Laminated Object Manufacturing，LOM）又称叠层实体制造、薄型材料选择性切割，它是一种薄片材料叠加工艺。其工艺原理是根据零件分层几何信息切割箔材或纸等，将所获得的层片黏结成三维实体，如图 5-5 所示。其成形原理为：首先铺上一层箔材，然后用切割工具（如二氧化碳激光器）在计算机控制下切出本层轮廓，非零件部分全部切碎以便于去除；当本层完成后，再铺上一层箔材，用辊子碾压并加热，以固化黏结剂，使新铺上的一层牢固地黏结在已成形体上，再切割该层的轮廓，如此反复直到加工完毕，最后去除切碎部分以得到完整的零件。

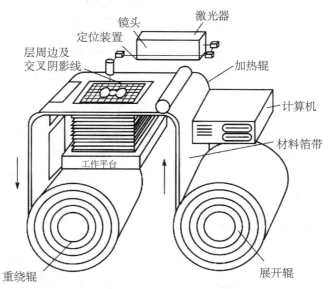

图 5-5  LOM 成形原理示意图

此技术的优点在于成形速度较快，由于只需要使用激光束沿物体的轮廓进行切割，无须扫描整个断面，所以成形速度很快，因而常用于加工内部结构简单的大型零件；原型黏度高，翘曲变形小；原型能承受高达200 ℃的温度，有较高的硬度和较好的力学性能等。其主要缺点在于不能直接制作塑料原型；原型易吸湿膨胀，因此成形后应尽快进行表面防潮处理；原型表面有台阶纹理，难以构建形状精细、多曲面的零件，因此一般成形后需进行表面打磨。

### 5.2.5 液态光敏树脂选择性固化

液态光敏树脂选择性固化（Stereo Lithography Apparatus，SLA）也称光固化成形，是采用激光或紫外线在液态光敏树脂表面进行扫描，每次生成一定厚度的薄层，从底部逐层生成物体，如图5-6所示。其成形原理为：激光器通过扫描系统照射光敏树脂，当一层树脂固化完毕后，可移动平台下移一层的距离，刮板将树脂液面刮平，然后再进行下一层的激光扫描固化，循环往复最终得到成形的产品。

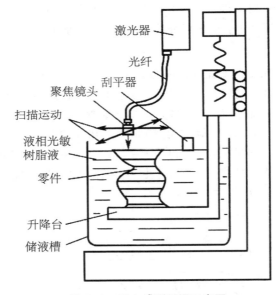

图 5-6　SLA 成形原理示意图

此技术的优点在于打印快速、高度柔性、精度高和材料利用率高、耗能少。主要缺点是在设计零件时需要设计支撑结构，才能确保成形过程中制作的每一个部位都坚固可靠；同时，技术成本也较高，可使用的材料选择较少，目前可用的材料主要是光敏液态树脂，强度也较低。另外，此种材料具有刺激气味和轻微毒性，需避光保存。

## 5.3　金属 3D 打印主要工艺方法

金属3D打印技术是一种真正意义上的数字化、智能化加工新技术。航空航天、汽车等行业广泛应用的钛、铝、铜、镍等及其合金，以及合金钢等金属材料都可以用于金属3D打印。

### 5.3.1 金属粉末电子束熔融成形

电子束熔融（Electron Beam Melting，EBM）又称电子束选区熔化制造技术，是在真空环境下以电子束为热源，将零件的三维实体模型数据导入 EBM 设备，然后在 EBM 设备的工作舱内平铺一层微细金属粉末薄层，利用高能电子束经偏转聚焦后在焦点所产生的高密度能量，使被扫描到的金属粉末层在局部微小区域产生高温，导致金属微粒熔融，电子束连续扫描将使一个个微小的金属熔池相互融合并凝固，连接形成线状和面状金属层。EBM 成形原理如图 5-7 所示。

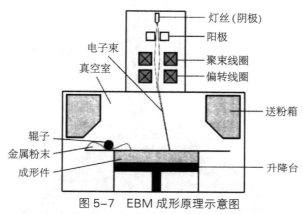

图 5-7 EBM 成形原理示意图

EBM 技术具有如下特点：金属粉末粒子大小、形状和杂质都会影响零件成形后的密度、微结构、纯度、力学性能和热学特性；后续加工处理过程简单，设计不受限，适用于高熔点、高活性材料。该技术制造速度较慢，成本高，目前只适用于钛合金、铝合金、不锈钢、金属间化合物以及高熔点合金等金属材料。

### 5.3.2 金属粉末选择性激光熔融

选择性激光熔融（Selective Laser Melting，SLM）技术的成形原理与 EBM 技术相同，是使用激光照射预先铺展好的金属粉末，金属零件成形后完全被金属粉末覆盖。SLM 成形原理如图 5-8 所示。两者的主要区别是热源不同。

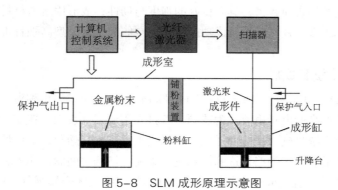

图 5-8 SLM 成形原理示意图

SLM 技术成形的零件不受零件形状和尺寸限制，每层金属的结合性好，成品力学性能优于同等材料的铸造件，应用越来越广泛，是一项非常有发展潜力的成形技术。

### 5.3.3　金属粉末激光工程净成形

激光工程净成形（Laser Engineered Net Shaping，LENS）是以激光束与金属基体发生交互作用形成熔池，金属粉末进入小熔池中，熔化、凝固结晶、逐层堆积成形零件。LENS成形原理如图5-9所示。

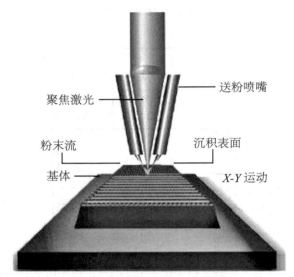

图5-9　LENS成形原理示意图

该技术实际上综合应用了激光熔覆制造与选择性激光烧结（SLS）技术。与SLM技术相似，成形零件不受形状和尺寸限制，每层金属的结合性好，力学性能优良。SLM技术与LENS技术的主要区别在于送粉方式不同。LENS技术沉积系统使用高功率激光的能量，在瞬间直接将金属粉末变成结构层。成形后的零件微观组织中无夹杂、无气孔、无凹陷、无裂纹，致密度达到100%，力学性能优于相应的铸件及锻件。

激光工程净成形的最大特点是成形与定位准确，且成形后激光加热区及熔池能快速得以冷却；加工的成形件表面致密，具有良好的强度与韧性；成形用熔覆材料广泛且利用率高；加工成本低。激光工程净成形已成功应用于航空航天领域大型高强且难熔合金零件的快速制造。

### 5.3.4　电子束熔丝沉积成形

电子束熔丝沉积（Electron Beam Free Form Fabrication，EBF3）也称电子束无模成形，是利用真空环境下的高能电子束流作为热源，直接作用于工件表面，在前一层增材或基材上形成熔池。送丝系统将丝材从侧面送入，丝材受电子束加热熔化，形成熔滴。随着工作台的移动，使熔滴沿着一定的路径逐滴沉积进入熔池，熔滴之间紧密相连，从而形成新一层的增材，层层堆积，直至成形出与设计形状相同的三维实体金属零件。EBF3成形原理如图5-10所示。

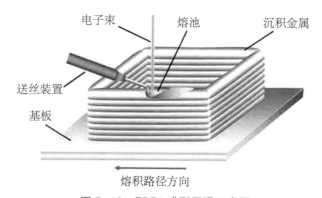

图 5-10　EBF3 成形原理示意图

该技术具有成形速度快、保护效果好、材料利用率高、能量转化率高等特点，适合大中型铁合金、铝合金等活性金属零件的成形制造与结构修复。但该技术精度较差，需要后续表面加工。在航空航天、医疗等领域具有很大的潜在应用价值。

### 5.3.5　超声波增材制造

超声波增材制造（Ultrasonic Additive Manufacturing，UAM）属于焊接打印，原理是利用超声波技术促使金属箔与基材之间产生高频振动摩擦，同时在超声波能量辐射的作用下促使金属箔片与基材之间的分子互相渗透，从而获得较高的焊接质量，确保制件的力学性能。然后再利用铣床对焊接成形件进行去除材料加工，得到最终零件。

具体操作是使用 CAD 三维模型，通过一系列机械操作来构建 3D 对象。首先，在机器砧座上固定一块底板，然后将箔带拉到焊接变幅杆下面，该变幅杆施加与其重量和来自一组超声换能器的特殊超声波振动的组合压力，利用这种物理和超声作用力，金属箔黏合到板上。重复该过程，直到整个区域被箔层覆盖，然后使用 CNC 铣床去除多余的箔并获得所需的层形状。重复这个焊接和铣削程序，首先将单独的带并排放置，然后以垂直顺序堆叠它们直到 3D 物体完成。层必须以交错的格子形式交错排列，以便接缝不重叠。这消除了结构中的任何潜在弱点。

超声波焊接打印技术具有可以实现低温金属 3D 打印（小于金属基体熔融温度 50%）的特点，同时利用超声波焊接打印可以对具有裂缝、裂纹等损伤的表面进行修复，实现零件的重复利用。

金属 3D 打印的兴起对社会生产生活产生了巨大影响，对包括制造工艺、制造理念、制造模式在内的传统制造业带来了深刻变革。如今的金属 3D 打印制造出的金属零件实用程度可与传统铸造、锻压方法制件相媲美，很多通过传统加工方法难以制出的零件也可以采用金属 3D 打印。

### 【复习题】

（1）简述 3D 打印的原理。

（2）简述 3D 打印的工艺过程。

（3）举例说明 3D 打印主要的工艺方法。

（4）举例说明金属 3D 打印主要的工艺方法。

# 第二篇　切削加工

切削加工是指用切削工具把坯料或工件上多余的材料层切去成为切屑，使工件获得规定的几何形状、尺寸和表面质量的加工方法。本篇内容包括切削加工的基本知识、测量技术、钳工、车削、数控车削、铣削、数控铣削、加工中心及柔性制造、刨削和磨削，共9章。

第六章切削加工的基本知识和第七章测量技术所涉及的金属切削刀具、金属切削过程、夹具、机械加工工艺、测量及测量误差、量具等知识，是各种切削加工方法的基础。

第八章钳工，主要是以操作手用工具对金属进行切削加工、零件成形、装配和机器调试、修理的工种，因常在钳工台上用台虎钳夹持工件操作而得名。钳工基本操作主要包括划线、锯削、锉削、錾削、钻削、扩孔、锪孔、铰孔、攻螺纹、套螺纹、刮削、研磨、装配等。各钳工基本操作以划线为依据，可以独立选择教学实训。钳工实训能在很大程度上反映个人动手能力的强弱。

第九章车削，主要用于加工轴、盘、套和其他具有回转表面的工件，是机械制造和修配工厂中使用最广的一类机床加工。它是第十章数控车削的基础。数控车床是目前使用最广泛的数控机床之一，主要用于加工回转体类零件。通过数控加工程序的运行，可自动完成内外圆柱面、圆锥面、成形表面、螺纹和端面等工序的切削加工，并能进行车槽、钻孔、扩孔、铰孔等工作，以及加工一些普通机床不能或不便加工的零件。加工质量稳定，减轻劳动强度。

第十一章铣削，铣削加工范围很广泛，可用来加工平面、台阶、斜面、沟槽、成形表面、齿轮等，也可用来钻孔、镗孔、切断等。铣削生产率较高，是金属切削加工中常用方法之一。它是第十二章数控铣削的基础。数控铣床加工精度高，精度稳定性好，适应性强，操作劳动强度低，特别适用于板类、盘类、壳具类、模具类等复杂形状的零件或对精度保持性要求较高的中、小批量零件的加工。数控铣床能够进行外形轮廓铣削、平面或曲面型铣削及三维复杂面的铣削，如凸轮、模具、叶片、螺旋桨等。

第十三章加工中心及柔性制造，加工中心是在镗铣类数控机床的基础上发展起来的一种功能较全面、加工精度更高的加工装备。设置有刀具库，具备自动换刀功能，它可以把铣削、镗削、钻削、螺纹加工等功能集中在一台设备上，工件在一次装夹中可完成多道工序的加工。柔性制造可视为普通数控机床以及加工中心的扩展。柔性制造系统是指以多台数控机床、加工中心及辅助设备为基础，通过柔性的自动化输送和存储系统实现有机的结合，由计算机对系统的软、硬件资源实施集中的管理和控制，从而形成一个物料流和信息流密切结合的高效自动化制造系统，呈现给学生现代化工业的宏观概念。

第十四章刨削和磨削，刨削主要用于加工水平面、直面、斜面等平面，直槽、V型槽、T型槽、燕尾槽等沟槽及一些成形面等，对窄长的零件加工尤为适用。刨床的结构简单，刨刀的制造和刃磨容易，生产准备时间短，价格低廉，适应性强，使用方便。常见的磨削加工方式有外圆磨削、内圆磨削、平面磨削、无心磨削和成形面磨削等。磨削加工是零件的精密加工方法，为零件加工的最后工序。磨削实训可以培养学生的耐心，让学生对几十微米的磨削加工余量有感性认识，为了达到图纸技术要求，零件加工需精益求精。

切削加工是机械制造中最主要的加工方法，能达到很高的尺寸精度和表面质量，在机械制造工艺中占有重要地位，所以切削加工实训在工程训练中非常重要。

# 第六章 切削加工的基础知识

利用刀具和工件之间的相对运动，从毛坯或半成品上切去多余的金属，以获得所需要的几何形状、尺寸精度和表面粗糙度的零件，这种加工方法叫金属切削加工，也叫冷加工。金属切削加工方式很多，一般可分为车削加工、铣削加工、钻削加工、镗削加工、刨削加工、磨削加工、齿轮加工及钳工等。金属切削加工是机械制造业中广泛采用的加工方法，凡是要求具有一定几何尺寸精度和表面粗糙度的零件，通常都采用切削加工方法来制造。

金属切削加工所用的机器称为金属切削机床，简称机床，它是加工机械零件的主要设备。在机械制造工业中，金属切削机床担负的劳动量占 40% ～ 60%。因为机床是制造机器和生产工具的机器，所以又称为工作母机。

## 6.1 切削运动和切削用量

### 6.1.1 切削运动

在切削加工过程中，刀具与工件之间的相对运动称为切削运动。根据在切削过程中所起的作用不同，切削运动又分为主运动和进给运动。

（1）主运动

使刀具和工件之间产生切削的主要相对运动。其在切削运动中速度最高、消耗机床动力最多。例如图 6-1 中，车削时工件的旋转、钻床上钻削时钻头的旋转、铣削时铣刀的旋转、牛头刨床上刨刀的往复直线运动以及磨削时砂轮的旋转均为主运动。

（2）进给运动

与主运动配合，使被切削的金属层不断投入切削的运动称为进给运动。通常，在切削加工中主运动只有一个，进给运动可以是一个或几个。例如车削时车刀的纵向或横向移动，磨削外圆时工件的旋转和工作台带动工件的纵向移动。

### 6.1.2 切削用量

切削用量主要有切削速度 $v_c$、进给量 $f$ 和背吃刀量（旧标准称切削深度）$a_p$，又称切削三要素，是用来表示和衡量机械加工的工艺参数。在了解切削用量之前，应当注意到，在切削过程中，工件上存在三种表面，以车削外圆为例，切削过程中工件形成了待加工表面、过渡表面、已加工表面，如图 6-2 所示。待加工表面即需要切去金属的表面；已加工表面即切削后得到的表面；过渡表面即正在被切削的表面，过渡表面亦称切削表面或加工表面。

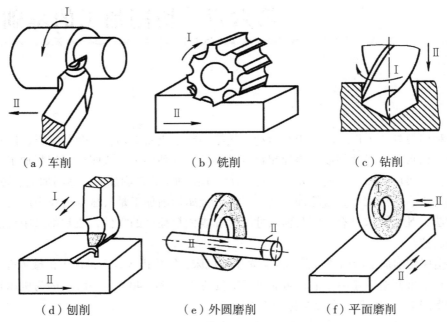

（a）车削　　　　　　　（b）铣削　　　　　　　（c）钻削

（d）刨削　　　　　　（e）外圆磨削　　　　　（f）平面磨削

图 6-1　几种主要切削加工的运动形式

Ⅰ – 主运动；Ⅱ – 进给运动

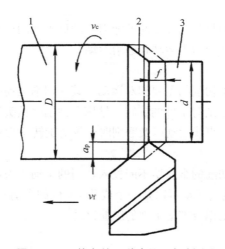

图 6-2　工件上的三种表面及切削用量

1- 待加工表面；2- 过渡表面；3- 已加工表面

（1）切削速度

在单位时间内，工件与刀具沿主运动方向的相对位移量，以 $v_c$ 表示，单位为 m/s。

$$v_c = \frac{\pi D n}{1\,000 \times 60}$$

（6-1）

式中：$D$ ——工件待加工表面直径，mm；

　　　$n$ ——工件转速，r/ min。

当主运动是往复直线运动时（如刨削），切削速度由下式确定：

$$v_c = \frac{2Ln_r}{1\,000 \times 60}$$

（6-2）

式中：$L$——往复运动的行程长度，mm；

　　　$n_r$——主运动每分钟的往复次数，次 / min。

（2）进给量

在单位时间内，刀具在进给方向上相对于工件的位移量，称为进给速度，用来表示进给运动的大小，用 $v_f$ 表示，单位为 mm/ s 或 mm/ min。在实际生产中，常用每转进给量来表示，即工件或刀具每转一周，刀具在进给方向上相对工件的位移量，简称为进给量，也称走刀量，用 $f$ 表示，单位为 mm/ r。

以车削为例，当主运动为旋转运动时，进给量 $f$ 与进给速度 $v_f$ 之间的关系为

$$v_f = fn$$

（6-3）

式中：$n$——主运动转速，r/ s 或 r/ min。

（3）背吃刀量

待加工表面与已加工表面间的垂直距离，以 $a_p$ 表示，单位为 mm，即

$$a_p = \frac{D - d}{2}$$

（6-4）

式中：$D$——工件待加工表面直径，mm；

　　　$d$——工件已加工表面直径，mm。

正确选择切削用量是保证加工质量、提高生产率、降低生产成本的前提条件。切削用量的选择要根据刀具材料、刀具的几何角度、工件材料、机床的刚性、切削液的选择等来确定。刀具的磨损对生产率的影响较大，如果切削用量选得太大，刀具容易磨损，刃磨时间长，生产率降低；如果切削用量选得太小，加工时间长，生产率也会降低。在切削用量三要素中，对刀具磨损影响最大的是切削速度，其次是进给量和背吃刀量（切削深度），而对加工零件的表面质量影响比较大的是进给量和背吃刀量。

综合上述，选择切削用量的基本原则是：

① 粗加工时，尽量选择较大的背吃刀量和进给量，以提高生产率，并选择适当的切削速度。

② 精加工或半精加工时，一般选择较小的背吃刀量和进给量，以保证表面加工质量，并根据实际情况选择适当的切削速度。

## 6.2　金属切削刀具

### 6.2.1　刀具材料的性能及选用

（1）刀具材料的性能

在切削过程中，刀具和工件直接接触的切削部分要承受极大的切削力，尤其是切削刃及紧邻的前、后刀面，长期处在切削高温环境中工作；并且切削中的各种不均匀、不稳定

因素，还将对刀具切削部分造成不同程度的冲击和振动。例如：高速切削钢材时切屑与前刀面接触区的温度常保持在 800 ～ 900 ℃，中心区甚至超过 1 000 ℃。为了适应如此繁重的切削负荷和恶劣的工作条件，刀具材料应具备以下几方面性能：

① 足够的硬度和耐磨性。硬度是刀具材料应具备的基本性能。刀具硬度应高于工件材料的硬度，常温硬度一般应在 60HRC 以上。通常材料的硬度愈高，耐磨性愈好。刀具材料具有高的硬度和耐磨性，才能提高切入工件的能力，并承受剧烈的摩擦。

耐磨性是指材料抵抗磨损的能力，它与材料的硬度、强度和组织结构有关。材料硬度越高，耐磨性越好；组织中碳化物和氮化物等硬质点的硬度越高，颗粒越小，数量越多且分布越均匀，则耐磨性越高。例如：碳素钢的硬度为 62HRC；高速钢的硬度为 63HRC ～ 70HRC；硬质合金的硬度为 89HRA ～ 93HRA。刀具材料的硬度大小顺序为：金刚石 > 立方氮化硼 > 陶瓷 > 金属陶瓷 > 硬质合金 > 高速钢 > 工具钢。

② 足够的强度与韧性。切削时刀具要承受较大的切削力、冲击和振动，为避免崩刀和折断，刀具材料应具有足够的强度和韧性，才能防止刀具的脆性断裂和崩刃。刀具的强度与韧性常用抗弯强度和冲击韧性表示。刀具材料的抗弯强度大小顺序为：高速钢 > 硬质合金 > 陶瓷 > 金刚石和立方氮化硼。刀具材料的冲击韧性（断裂韧性）大小顺序为：高速钢 > 硬质合金 > 立方氮化棚、金刚石和陶瓷。

③ 足够的耐热性、热硬性和较好的传热性。耐热性是指刀具材料在高温下保持足够的硬度、耐磨性、强度和韧性、抗氧化性、抗黏结性和抗扩散性的能力（亦称为热稳定性）。材料在高温下仍保持高硬度的能力称为热硬性（亦称高温硬度、红硬性），它是刀具材料保持切削性能的必备条件。刀具材料的高温硬度越高，耐热性越好，允许的切削速度越高。刀具材料的热导率大，有利于将切削区的热量传出，降低切削温度。

④ 较好的工艺性和经济性。为了便于刀具加工制造，刀具材料应具备较好的工艺性能，如热轧、锻造、焊接、热处理和机械加工等。

注意：上述几项性能之间可能相互矛盾（如硬度高的刀具材料，其强度和韧性较低）。没有一种刀具材料能具备所有性能的最佳指标，而是各有所长。因此，在选择刀具材料时应综合考虑、合理选用。

（2）刀具材料的选用

目前，常用刀具材料有碳素工具钢、合金工具钢、高速钢、硬质合金、陶瓷、立方氮化硼以及金刚石等。刀具材料中用得最多的是高速钢和硬质合金。陶瓷、金刚石和立方氮化硼仅用于有限的场合。常用刀具材料的主要性能和应用范围如表 6-1 所示。

表6-1　常用刀具材料的主要性能、牌号和用途

| 种类 | | 常用牌号 | | 抗弯强度/GPa | 热硬温度/℃ | 硬度 | 应用举例 |
|---|---|---|---|---|---|---|---|
| 工具钢 | 碳素工具钢 | T8A、T10A、T12A | | 2.16 | 200 ~ 250 | 60HRC ~ 65HRC | 手动工具，如锯条、锉刀、刮刀等 |
| | 低合金工具钢 | 9SiCr、CrWMn | | 2.35 | 300 ~ 400 | 60HRC ~ 65HRC | 手动或低速刀具，如丝锥、板牙、拉刀等 |
| | 高速钢 | W18Cr4V、W6Mo5Cr4V2 | | 2.40 ~ 4.50 | 600 ~ 700 | 62HRC ~ 70HRC | 各种刀具，特别是形状复杂的刀具，如钻头、铣刀、齿轮刀具等，可切削各种黑色金属、非铁金属、非金属等 |
| 硬质合金 | 钨钴类 | K类 | YG6X、YG8 | 1.00 ~ 2.20 | 800 | 89HRA ~ 92HRA | 连续切削铸铁、非铁金属及其合金的粗车、间断切削的精车等刀具 |
| | 钨钛钴类 | P类 | YT15、YT30 | 0.80 ~ 1.40 | 900 | 89HRA ~ 93HRA | 碳钢及合金钢的粗加工、半精加工、精加工等刀具 |
| | 钨钛钽（铌）钴类 | M类 | YW1、YW2 | ≈ 1.40 | 1 000 ~ 1 100 | ≈ 92HRA | 耐热钢、高锰钢、不锈钢等难加工材料的半精加工与精加工以及一般金属加工等刀具 |
| 陶瓷刀具 | | AM | | 0.44 ~ 0.83 | 1 200 | 92HRA ~ 94HRA | 粗、精加工冷硬铸铁、调质钢和淬硬合金钢等刀具 |
| 超硬材料 | 立方氮化硼 | FD | | ≈ 0.29 | 1 400 ~ 1 500 | 8 000HV ~ 9 000HV | 精加工调制钢、淬硬钢、高速钢、高强度耐热钢及非铁金属等刀具 |
| | 人造金刚石 | FJ | | ≈ 0.21 ~ 0.48 | 700 ~ 800 | 9 000HV | 非铁金属高精度、表面粗糙度值小的切削刀具，$Ra$ 可达 0.40 ~ 0.12 μm |

　　碳素工具钢及低合金工具钢，因耐热性较差，通常只用于手工工具及切削速度较低的刀具。

　　高速钢（HSS）是含有较多钨、铬、钒等合金元素的高合金工具钢，在工厂中常称为白钢或锋钢。它允许的切削速度比碳素工具钢（T10A、T12A）及合金工具钢（9SiCr）高13倍，故称为高速钢。高速钢具有较高的硬度和耐热性，在切削温度达550 ~ 600 ℃时，仍能保持60HRC的高硬度进行切削，适于制造中、低速切削的各种刀具。同时，高速钢还具有较高的耐磨性、强度和韧性。与硬质合金相比，其最大优点是可加工性好并具有良好的综合力学性能。其退火硬度为207HBW ~ 255HBW，与优质中、高碳钢的退火硬度相近，能够用一般材料刀具顺利切削加工出各种复杂形状。在加热状态（900 ~ 1 100 ℃）下能反复锻打制成所需的毛坯。高速钢的抗弯强度是硬质合金的3 ~ 5倍，冲击韧度是硬质合金的8 ~ 30倍。总之，高速钢的切削性能比其他工具钢好得多，而可加工性又比硬质合金好得多。目前，高速钢仍是世界各国制造复杂、精密和成形刀具的基本材料，是应用最广泛的刀具材料之一。

硬质合金是用高硬度、难熔的金属碳化物（WC、TiC、TaC、NbC等）和金属黏结剂（Co、Ni等）在高温条件下烧结而成的粉末冶金制品。硬质合金刀具寿命比高速钢刀具高几倍到几十倍，可加工包括淬硬钢在内的多种材料。但硬质合金的强度和韧性比高速钢差，承受切削振动和冲击的能力较差。硬质合金是最常用的刀具材料之一，常用于制造车刀和面铣刀，也可用硬质合金制造深孔钻、铰刀、拉刀和滚刀。

陶瓷刀具的硬度可达90HRA～95HRA，硬度虽然不及人造金刚石和立方氮化硼高，但大大高于硬质合金和高速钢刀具，耐磨性好，它的化学稳定性好，抗黏结能力强，但它的抗弯强度很低，故陶瓷刀具可以加工传统刀具难以加工的高硬材料，适合于高速切削和硬切削的精加工。陶瓷刀具具有很好的高温力学性能，耐热温度可达1 200～1 450 ℃（此时硬度为80HRA），在1 200 ℃以上的高温下仍能进行切削。因此，陶瓷刀具可以实现干切削，从而可省去切削液。

人造金刚石，它是碳的同素异形体，是通过合金触媒的作用在高温高压下由石墨转化而成的。人造金刚石的硬度很高，是除天然金刚石之外最硬的物质，它的耐磨性极好，与金属的摩擦因数很小，但它与铁族金属亲和力大，故人造金刚石多用于对有色金属及非金属材料的超精加工以及作磨具磨料用。

立方氮化硼（简称CBN），用与金刚石制造方法相似的方法合成的第二种超硬材料，在硬度和热导率方面仅次于金刚石，热稳定性极好，在大气中加热至1 000 ℃也不发生氧化。CBN对于钢铁材料具有极为稳定的化学性能，可以广泛用于钢铁制品的加工。

（3）刀具涂层

在切削加工中，刀具性能对切削加工的效率、精度、表面质量有着决定性的影响。刀具的硬度与强度、韧性之间似乎总是存在着矛盾，硬度高的材料往往强度和韧性低，而要提高韧性往往是以硬度的下降为代价的。在刀具基体上涂覆一层或多层硬度高、耐磨性好的金属或非金属化合物薄膜（如TiC、TiN、$Al_2O_3$等），从而解决了刀具存在的硬度与强度、韧性之间的矛盾，是切削刀具发展的一次革命。涂层刀具多在数控车床、数控铣床、加工中心等高速切削机床上使用。

刀具涂层技术主要是通过化学气相沉积（CVD）或物理气相沉积（PVD）的方法，在刀具表面形成几微米到十几微米厚的硬质膜。刀具涂层在切削加工中表现出的主要性能如下：

① 高的硬度及耐磨性。硬质合金的常温硬度一般可达89HRA～93HRA。涂层具有比硬质合金更高的硬度，例如，TiC涂层的硬度可达2 900HV～3 200HV。因此，涂层刀具的抗机械摩擦与抗各种磨损的能力得到提高。与未涂层刀具相比，涂层硬质合金刀具可采用较高的切削速度，或能在同样的切削速度下大幅度地提高刀具寿命。

② 高的化学稳定性。根据涂层物质的不同，其与工件材料在高温条件下的反应不同，如$Al_2O_3$涂层的化学稳定性特别好，与工件材料在高温下几乎不发生反应，TiC与工件在高温下的反应也非常轻微。因此，涂层刀片与硬质合金基体相比较具有较好的抗化学磨损能力，可有效提高刀具的使用寿命。

③ 高的抗黏结性能。涂层材料（如TiC、TiN、$Al_2O_3$等）与工件材料的亲和性较小，

不易产生黏结，高温切削时不易产生黏结磨损，可在一定程度上提高刀具的寿命。

④ 低的摩擦因数。涂层材料与被加工材料之间的摩擦因数较小，故切削力较小。

## 6.2.2　刀具切削部分的几何角度

刀具上承担切削工作的部分称为刀具的切削部分。金属切削刀具的种类虽然很多，但它们在切削部分的几何形状与参数方面却有着共性，不论刀具构造如何复杂，它们的切削部分总是近似地以外圆车刀切削部分为基本形态。如图 6-3 所示，各种复杂刀具或多齿刀具的各刀齿的几何形状都相当于一把车刀的刀头。现代切削刀具引入"不重磨"概念之后，刀具切削部分的统一性获得了新的发展；许多结构迥异的切削刀具，其切削部分都不过是一个或若干个"不重磨式刀片"。

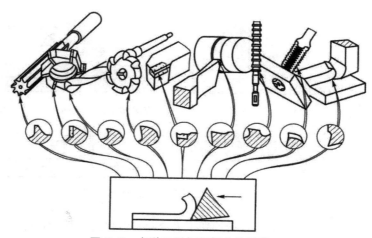

图 6-3　各种刀具切削部分的形状

（1）刀具的组成

以车刀为例分析刀具的组成。车刀由刀头（切削部分）和刀体组成。刀头起切削作用，刀体用来支撑刀头和装夹车刀。刀头由"三面二刃一尖"组成，如图 6-4 所示，即由前刀面、主后刀面、副后刀面、主切削刃、副切削刃、刀尖组成。

前刀面也称前面，指刀具上切屑沿其流过的表面。

主后刀面也称主后面，指与工件上过渡表面相对的表面。

副后刀面也称副后面，指与工件上已加工表面相对的表面。

主切削刃指前刀面与主后面的交线，在切削过程中担任主要切削工作。

副切削刃指前刀面与副后面的交线，靠近刀尖部分的副切削刃参与少量切削和修光。

刀尖指主切削刃与副切削刃的连接处相当少的一部分切削刃，通常磨成一小段过渡圆弧或直线，目的是提高刀尖强度和改善散热条件。

（2）切削楔的面和角度

所有刀具切削刃组成的形状都是楔形，如图 6-5 所示。刀具切削时所产生的各种力和温度导致切削楔的磨损。因此，切削刃必须在高温下耐磨，并且具有足够的韧性。

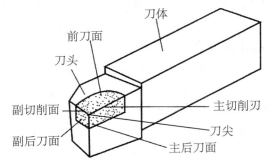

图 6-4　车刀切削部分的组成要素

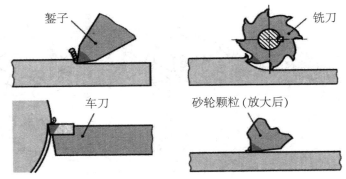

图 6-5　刀具切削刃组成的楔形形状

如图 6-6 所示，切入材料工件内的切削楔由前刀面和主后刀面组成，这两个面之间的角度称为楔角 $\beta$，它的大小取决于待切削的材料。切削楔上各角度的大小如表 6-2 所示。

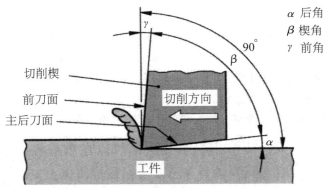

图 6-6　切削楔的面和角度

楔角越小，切削楔切入工件材料越容易。但是，为了在加工较高强度材料时刀刃不被打坏，必须保持足够大的楔角。

前角 $\gamma$ 是切削面与垂直于加工面的一个垂直面之间的夹角。为将所有出现的力抑制至最小，这个角度应尽可能地选大。加工较硬材料、间断切削、切削材料较脆时，前角必须要小甚至是负角度，以免打坏刀刃。前角 $\gamma$ 是切削楔中最重要的角度，因为它直接影响切屑的形成、刀具的耐用度和切削力。

后角 $\alpha$ 是切削后面与加工面之间的夹角，其作用是降低刀具与工件之间的摩擦。后角的选择原则是，该角度的大小恰好可保证刀具足够自由地进行切削。

表6-2 切削楔上各角度的大小

| 楔角 $\beta$ | | 前角 $\gamma$ | | 后角 $\alpha$ | |
|---|---|---|---|---|---|
| 大 | 小 | 大 | 小 | 大 | 小 |
| | | | | | |
| 适合加工强度较高的硬材料，例如高合金钢 | 适合加工软材料，例如铝合金 | 适合加工软材料、精整加工 | 适合加工硬材料、易脆材料、有切削中断要求、粗加工 | 适合加工软材料和可弹性变形的材料，例如塑料 | 适合加工硬材料和产生短切屑的材料，例如高合金钢 |

## 6.3 金属切削过程

金属切削过程是指刀具从工件表面切除多余的金属，使之成为已加工表面的过程。在金属切削过程中，被切除的金属成为切屑，切削层及已加工表面的弹性变形和塑性变形表现为切削阻力，同时切削层发生挤裂变形，被切削的工件与刀面之间的剧烈摩擦产生切削热。切屑、切削阻力、切削热都直接与刀具、切削用量的选择有关，影响工件的加工质量。

### 6.3.1 切屑的形成及种类

金属切削过程也是切屑形成的过程，它与金属的挤压过程很相似，其实质是工件表层金属受到刀具挤压后，金属层产生弹性变形、塑性变形、挤裂、切离几个变形阶段而形成切屑。由于被加工材料性质和切削条件的不同，切屑的形成过程和形态也不相同。常见的切屑有三种，即带状切屑、节状切屑和崩碎切屑，如图6-7所示。

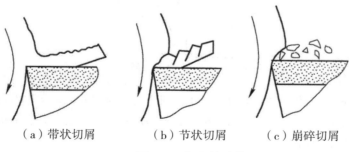

（a）带状切屑　　　　（b）节状切屑　　　　（c）崩碎切屑

图6-7 切屑的种类

（1）带状切屑

这是最常见的一种切屑，它呈连续不断的带状，底面光滑，背面显现毛茸。当用较大前角的刀具、较高的切削速度和较小的进给量加工塑性材料（如低碳钢）时，容易得到带状切屑。这类切屑的变形小，切削力平稳，加工表面光洁，是较为理想的切削状态。但切屑连绵不断，容易缠绕在工件或刀具上，影响操作，并损伤工件表面，甚至伤人。生产中常采用在车刀上磨出断屑槽等断屑措施来防止。

（2）节状切屑

这类切屑顶面呈锯齿形，底面有裂纹。用较低的切削速度、较大的进给量、较小前角的刀具切削中等硬度的钢材时多获得此类切屑。形成这类切屑时，切削力变化大，切削过程不够平稳，工件表面也较粗糙。

（3）崩碎切屑

这类切屑呈不规则的碎块，它是在切削铸铁、青铜等脆性材料时，金属层产生弹性变形后突然崩裂所致。形成这类切屑时，冲击、振动较大，切削力集中在切削刃附近，使切削过程不平稳，刀具刃口易崩刃或磨损，导致已加工表面粗糙。

### 6.3.2　切削力、切削热和切削液

（1）切削力

在金属切削过程中，切削层及已加工表面上的金属会产生弹性变形和塑性变形，因此有抗力作用在刀具上。又因为工件与刀具间、切屑与刀具间都有相对运动，所以还有摩擦力作用在刀具上。这些力的合力称为切削阻力，简称切削力。

为了分析切削力对工件、刀具、机床的影响，一般将总切削力 $F$ 分解为相互垂直的三个分力：主切削力 $F_c$、背向力 $F_p$ 和进给力 $F_f$，如图 6-8 所示。

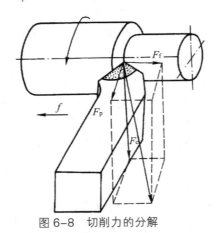

图 6-8　切削力的分解

① 主切削力 $F_c$。主切削力是总切削力在切削速度方向的分力，又称垂直切削分力或切向力。$F_c$ 是分力中最大的一个，占总切削力的 90% 左右，它是计算切削功率、刀具强度和选择切削用量的主要依据。

② 背向力 $F_p$。背向力是总切削力在切深方向的分力，又称为切深抗力或径向力。$F_p$ 会使工件在水平方向弯曲变形，容易引起切削过程中的振动，因而影响工件的加工精度。

③ 进给力 $F_f$。进给力是总切削力在进给方向的分力，称走刀抗力或轴向力。$F_f$ 是计算机床进给机构零件强度的依据。

总切削力和各切削分力之间的关系式为

$$F = \sqrt{F_c^2 + F_p^2 + F_f^2} \qquad (6-5)$$

切削力的大小与工件材料、刀具的几何角度及切削用量有关，可以用专门仪器测定。

（2）切削热和切削液

在切削加工过程中，工件的金属切削层发生挤裂变形，切屑与前刀面之间有剧烈摩擦，在后刀面与加工表面之间也有摩擦，由这些变形和摩擦产生的热称为切削热。切削热虽然有一大部分被切屑带走，但仍然有相当一部分传给了工件和刀具。传给工件的热量使工件受热变形，严重的甚至烧伤工件表面，影响加工质量；传到刀具上的热量会使刀刃处的温度升高，而温度过高会降低切削部分的硬度，加速刀具的磨损。所以，切削热对切削过程是不利的。

为了延长刀具的使用寿命，降低切削热的影响，提高工件的加工表面质量并提高生产效率，可在切削过程中使用切削液。

目前常用的切削液一般分为两大类：一类是以冷却为主的水溶液，主要包括电解质水溶液（苏打水）、乳化液（乳化油膏加水）等；另一类是以润滑为主的油类，主要包括矿物油、动植物油、混合油和活化矿物油等。

## 6.4 切削加工零件的技术要求

为使切削加工的零件达到设计的要求，以保证装配的产品工作精度和使用寿命，必须按零件的不同作用提出合理的要求，统称为零件的技术要求。零件的技术要求包括尺寸精度、几何精度、表面粗糙度以及零件热处理与表面处理（如电镀、发黑）等几个方面，如图 6-9 所示，前三项均由切削加工保证。

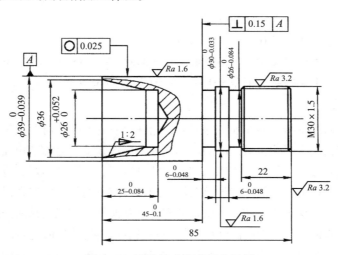

图 6-9 零件技术要求部分示例

在介绍尺寸精度、几何精度前，首先引入互换性和公差概念。机械制造中的互换性是指按规定的几何、物理及其他质量参数的公差，来分别制造机械的各个组成部分，使其在装配与更换时，不需辅助加工及修配便能很好地满足使用和生产上的要求。要使零件具有互换性，不仅要求决定零件特性的那些技术参数的公称值相同，而且要求将其实际值的变动限制在一定范围内，以保证零件充分近似，即应按公差来制造。公差即允许实际参数值的最大变动范围。

## 6.4.1 尺寸精度

任何方法加工出的尺寸总是存有误差，尺寸精度是指零件的实际尺寸对于理想尺寸的准确程度。尺寸精度的高低由尺寸公差控制。零件在制造过程中，由于加工或测量等因素的影响，完工后的实际尺寸总存在一定的误差。为保证零件的互换性，必须将零件的实际尺寸控制在允许变动的范围内，这个允许的尺寸变动量称为尺寸公差。

尺寸公差是加工中所允许的零件尺寸的变动量。国家标准 GB/T 4458.5—2003 规定，标准的尺寸公差分为 20 个等级，即 IT01、IT0、IT1，…，IT18。IT01 的公差值最小，尺寸精度最高。从 IT01 到 IT18 相应的公差值依次增加，精度依次降低。其中 IT01 ~ IT13 用于配合尺寸，其余用于非配合尺寸。

在基本尺寸相同的情况下，尺寸公差愈小，则尺寸精度愈高。尺寸公差等于最大极限尺寸与最小极限尺寸之差，或等于上偏差与下偏差之差。切削加工所获得的尺寸精度一般与使用的设备、刀具和切削条件等密切相关。尺寸精度愈高，零件的工艺过程愈复杂，加工成本也愈高。因此在设计零件时，应在保证零件使用性能的前提下，尽量选用较低的尺寸精度。零件的尺寸误差在所允许的误差范围（即公差范围）之内就是合格产品。例如图 6–9 中，$\phi 39^{0}_{-0.039}$ 零件尺寸在 $\phi 38.961$ ~ $\phi 39.000$ mm 之内皆为合格产品。

例：$\phi 39^{\;0\quad \text{——上偏差}}_{-0.039\;\text{——下偏差}}$

└──── 基本尺寸

最大极限尺寸 = 39 — 0 = 39.000 mm

最小极限尺寸 = 39 — 0.039 = 38.961 mm

尺寸公差 = 最大极限尺寸—最小极限尺寸 = 39.000 — 38.961 = 0.039 mm

或尺寸公差 = 上偏差—下偏差 = 0 —（— 0.039）= 0.039 mm

## 6.4.2 几何精度

零件的几何精度是指零件在加工完成后，轮廓表面的实际几何形状与理想形状之间的符合程度。几何精度会影响机械产品的工作精度、连接强度、运动平稳性、密封性、耐磨性、噪声和使用寿命等。例如，机床工作表面的直线度、平面度不好，将影响机床刀架的运动精度；光滑圆柱形零件的形状误差会使其配合间隙不均匀，局部磨损加快，降低工作寿命和运动精度。为保证机械产品的质量和零件的互换性，应规定几何公差以保证其几何精度。零件轮廓表面几何精度的高低用几何公差来表示，公差数值越大，几何精度越低。

几何公差是指被测要素对图样上给定的理想形状、理想方向和位置的允许变动量。国家标准 GB/T 1182—2018 规定的几何公差的特征项目分为形状公差、位置公差、方向公差和跳动公差四大类，共有 19 项，用 14 种特征符号表示。

不论注有公差的被测要素的局部尺寸如何，被测要素均应位于给定的几何公差带之内，并且其几何误差可以达到允许的最大值。没有基准要求的线、面轮廓度公差属于形状公差，而有基准要求的线、面轮廓度公差则属于方向、位置公差。

（1）形状公差

形状公差是单一提取要素的形状所允许的变动量。零件的形状公差是指零件在加工完成后，轮廓表面的实际几何形状与理想形状之间的符合程度。如圆柱面的圆柱度、圆度、平面的平面度等。

形状公差主要与机床本身的精度有关，如车床主轴在高速旋转时，旋转轴线有跳动就会使工件产生圆度误差；又如车床纵、横拖板导轨不直或磨损，则会造成圆柱度和直线度误差。因此，对于形状精度要求高的零件，一定要在高精度的机床上加工。当然，操作方法不当也会影响形状精度，如在车外圆时用锉刀修饰外表面后，容易使圆度或圆柱度变差。

形状公差有 6 项，它们没有基准要求，如表 6–3 所示。如图 6–9 中的圆度为 |○|0.025|，表示 $\phi$39 的外圆柱面的实际轮廓必须位于半径差为公差值 0.025 mm 的两同轴圆柱面之间。

表 6–3　形状公差及符号

| 项目 | 直线度 | 平面度 | 圆度 | 圆柱度 | 线轮廓度 | 面轮廓度 |
|---|---|---|---|---|---|---|
| 符号 | — | ▱ | ○ | ⌭ | ⌒ | ⌓ |
| 有无基准要求 | 无 | 无 | 无 | 无 | 无 | 无 |

（2）位置公差

位置公差是指关联提取（实际）要素对基准在位置上所允许的变动全量。零件的位置公差是指零件上的点、线、面的实际位置相对于理想位置所允许的变动量。位置公差主要与工件装夹、加工顺序安排及操作人员技术水平有关。如车外圆时多次装夹可能造成被加工外圆表面之间的同轴度误差值增大。位置公差有 6 项，如表 6–4 所示。

表 6–4　位置公差及符号

| 项目 | 位置度 | 同心度（用于中心点） | 同轴度（用于轴线） | 对称度 | 线轮廓度 | 面轮廓度 |
|---|---|---|---|---|---|---|
| 符号 | ⌖ | ◎ | ◎ | ⌯ | ⌒ | ⌓ |
| 有无基准要求 | 有或无 | 有 | 有 | 有 | 有 | 有 |

（3）方向公差

方向公差是指关联提取要素对基准（具有确定方向的理想被测要素）在规定方向上允许的变动全量。理想、提取要素的方向由基准及理论正确角度确定。当理论正确角度为 0° 时，称为平行度；理论正确角度为 90° 时称为垂直度；为其他任意角度时，称为倾斜度。

方向公差有 5 项，见表 6–5。如图 6–9 中的垂直度为 |⊥|0.15|*A*| ，表示实际表面应限定于在间距等于 0.15 mm 并垂直于基准轴线 *A*（$\phi$39 的圆柱轴线）的两平行平面之间。

表 6-5　方向公差及符号

| 项目 | 平行度 | 垂直度 | 倾斜度 | 线轮廓度 | 面轮廓度 |
|---|---|---|---|---|---|
| 符号 | // | ⊥ | ∠ | ⌒ | ⌓ |
| 有无基准要求 | 有 | 有 | 有 | 有 | 有 |

（4）跳动公差

跳动公差是以测量方法为依据规定的一种几何公差，即当要素绕基准轴线旋转时，以指示器测量提取要素（表面）来反映其几何误差。所以，跳动公差是综合限制提取要素误差的一种几何公差。跳动公差根据被测要素是线要素或是面要素分为圆跳动度和全跳动度，如表 6-6 所示。

表 6-6　跳动公差及符号

| 项目 | 圆跳动度 | 全跳动度 |
|---|---|---|
| 符号 | ↗ | ↗↗ |
| 有无基准要求 | 有 | 有 |

### 6.4.3　表面粗糙度

在切削加工中，由于切削用量、振动、刀痕以及刀具与工件间的摩擦，总会在加工表面上产生微小的峰谷，当波距和波高之比小于 50 时，这种表面的微观几何形状误差称为表面粗糙度。表面粗糙度一般是由所采用的加工方法和其他因素所形成的，例如加工过程中刀具与零件表面间的摩擦、切屑分离时表面层金属的塑性变形以及工艺系统中的高频振动等。由于加工方法和工件材料的不同，被加工表面留下痕迹的深浅、疏密、形状和纹理都有差别。

常用轮廓算术平均偏差 $Ra$ 值表示表面粗糙度，单位为 μm。表面粗糙度是评定零件表面质量的一项重要指标，它对零件的配合、疲劳强度、耐磨性、抗腐蚀性、密封性和外观均有影响。$Ra$ 值愈小，表面愈光滑。有些旧手册上也用光洁度来衡量表面粗糙度。根据 GB/T 1031—2009 及 GB/T 131—2006 规定，常用的表面粗糙度 $Ra$ 值与光洁度的对应关系见表 6-7。

表 6-7　常用 $Ra$ 值与光洁度的对应关系

| $Ra$（μm）≤ | 50 | 25 | 12.5 | 6.3 | 3.2 | 1.6 | 0.8 | 0.4 | 0.2 | 0.1 |
|---|---|---|---|---|---|---|---|---|---|---|
| 光洁度级别 | ▽ 1 | ▽ 2 | ▽ 3 | ▽ 4 | ▽ 5 | ▽ 6 | ▽ 7 | ▽ 8 | ▽ 9 | ▽ 10 |

常用表面粗糙度符号的含义介绍如下：

（1）✓基本符号，表示表面可用任何方法获得。当不加粗糙度值或有关说明时，仅适用于简化代号标注。

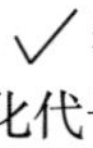

（2）◇✓表示非加工表面，如通过铸造、锻压、冲压、拉拔、粉末冶金等不去除材料

的方法获得的表面或保持毛坯（包括上道工序）原状况的表面。

（3）$\sqrt{}$ 表示加工表面，如通过车、铣、刨、磨、钻、电火花加工等去除材料的方法获得的表面。上面的数字表示 $Ra$ 的上限值，如图 6-9 中的 $\sqrt{}^{Ra\,1.6}$，表示实际表面粗糙度 $Ra$ 的上限值为 1.6 μm。

## 6.5　金属切削机床的基本知识

### 6.5.1　机床的分类

根据 GB/T 15375—2008《金属切削机床型号编制方法》，金属切削机床按其工作原理、结构性能特点及使用范围划分为如下 11 类：

车床（C）：主要用于加工回转表面的机床。

铣床（X）：用铣刀在工件上加工各种表面的机床。

刨插床（B）：用刨刀加工工件表面的机床，主要加工平面。

磨床（M）：用磨具或磨料加工工件各种表面的机床。

钻床（Z）：主要用钻头在工件上加工孔的机床。

镗床（T）：主要用镗刀加工位置精度要求较高的已有预制孔的机床。

拉床（L）：用拉刀加工工件各种内、外成形表面的机床。

螺纹加工机床（S）：用螺纹切削工具在工件上加工内、外螺纹的机床。

齿轮加工机床（Y）：用齿轮切削工具加工齿轮齿面或齿条齿面的机床。

锯床（G）：切断或锯断材料的机床。

其他机床（Q）：其他仪表机床、管子加工机床、木螺钉加工机床、刻线机、切断机、多功能机床等。

机床的分类代号用汉语拼音大写字母表示。机床的种类虽然很多，但最基本的有五种，即车床、铣床、刨床、磨床和钻床。其他各种机床都是由这五种机床演变而成的。

当某类机床除有普通形式外，还有某种通用特性时，则在分类代号之后用相应的代号表示。例如，CM6132 型精密车床，在"C"后面加"M"。表 6-8 是常用的通用特性代号，其位于分类代号之后，用大写汉语拼音字母表示。

表 6-8　机床的通用特性代号

| 通用特性 | 高精度 | 精密 | 自动 | 半自动 | 数控 | 加工中心（自动换刀） | 仿形 | 轻型 | 加重型 | 简式或经济型 | 柔性加工单位 | 数显 | 高速 |
|---|---|---|---|---|---|---|---|---|---|---|---|---|---|
| 代号 | G | M | Z | B | K | H | F | Q | C | J | R | X | S |
| 读音 | 高 | 密 | 自 | 半 | 控 | 换 | 仿 | 轻 | 重 | 简 | 柔 | 显 | 速 |

为了区分主参数相同而结构、性能不同的机床，在型号中用结构特性代号表示。当型号中有通用特性代号时，结构特性代号应排在通用特性代号之后。结构特性代号用汉语大写拼音字母表示。通用特性代号中已有的字母和"I""O"两个字母不能使用，以免混淆。例如，CA6140 型卧式车床型号中的"A"表示与 C6140 型机床在结构上有区别。

当机床的性能及结构布局有重大改进时，则在原机床型号的尾部加重大改进顺序号，以区别于原机床型号。按 A、B、C、D 的顺序选用，例如，MG1432A 型高精度万能外圆磨床型号中的"A"表示在 MG1432 基础上的第一次重大改进。

### 6.5.2　机床的组成及运动

（1）机床的组成

以车床为例，各类机床通常由以下基本部分组成，如图 6-10 所示。

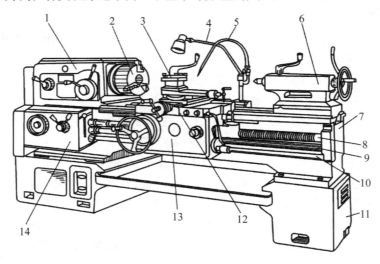

图 6-10　CA6140 型卧式车床

1- 主轴箱；2- 卡盘；3- 四方刀架；4- 照明灯；5- 切削液管；6- 尾座；7- 床身；8- 丝杠；
9- 光杠；10- 操纵杆；11- 床腿；12- 床鞍；13- 溜板箱；14- 进给箱

① 动力源。提供机床动力和功率的部分，通常由电动机组成。

② 传动系统。包括主传动系统（如车床、铣床和钻床的主轴箱，磨床的磨头）、进给传动系统（实现机床进给运动的构件，进行机床的调整、进退刀等，如车床的进给箱、溜板箱，铣床和钻床的进给箱，刨床的变速机构等）和其他运动的传动系统。有些机床主轴组件和变速箱合在一起为主轴箱。

③ 刀具安装系统。用于安装刀具，如车床、刨床的刀架，铣床的主轴，磨床磨头的砂轮轴等。

④ 工件安装系统。用于装夹工件，如车床的卡盘和尾架，刨床、铣床、钻床、平面磨床的工作台等。

⑤ 支撑系统。机床的基础构件，起支撑和连接机床各部件的作用，如各类机床的床身、立柱、底座等。

⑥ 控制系统。控制各工作部件的正常工作，主要是电气控制系统，有些机床局部采用液压或气动控制系统，数控机床则是数控系统。

（2）金属切削机床的传动

机床的传动有机械、液压、气动和电气等多种形式，其中最常用的传动形式是机械传动和液压传动。机床上常用的机械传动包括带传动、齿轮传动、齿条传动、蜗杆传动和丝杠螺母传动等。在传动系统图中常用简图符号表示，见表6-9。

表6-9　传动系统中常用简图符号

| 名称 | 图形 | 符号 | 名称 | 图形 | 符号 |
|---|---|---|---|---|---|
| 轴 | 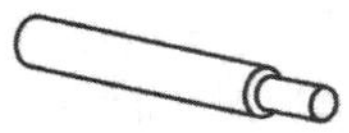 |  | 普通轴承 |  | 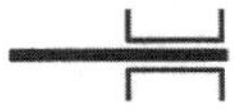 |
| 滚动轴承 |  | 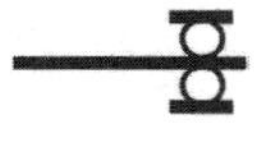 | 推力滚动轴承 |  | 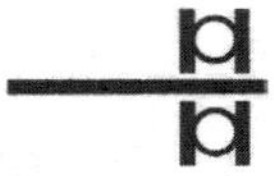 |
| 摩擦离合器（双向式） | 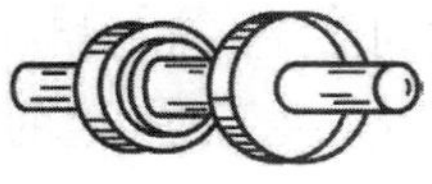 | 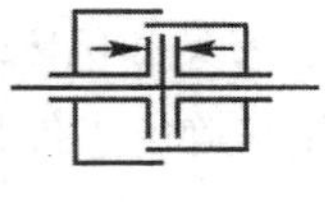 | 双向滑移齿轮 |  | 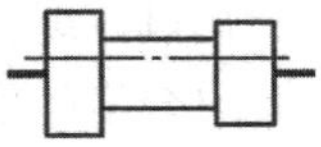 |
| 整体螺母传动 | 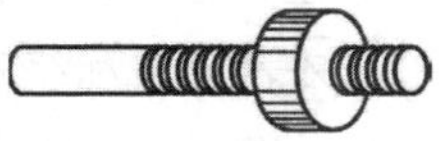 |  | 开合螺母传动 | 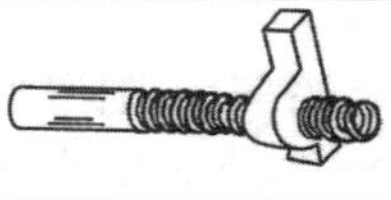 |  |
| 平带传动 |  | 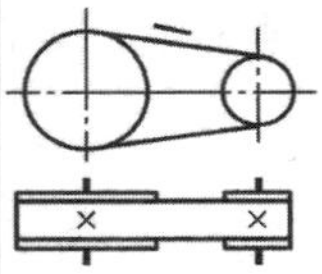 | V带传动 |  | 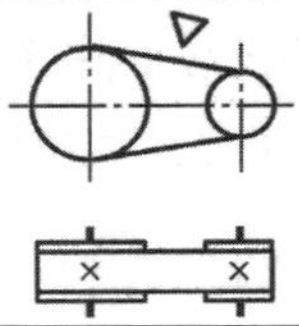 |
| 齿轮传动 | 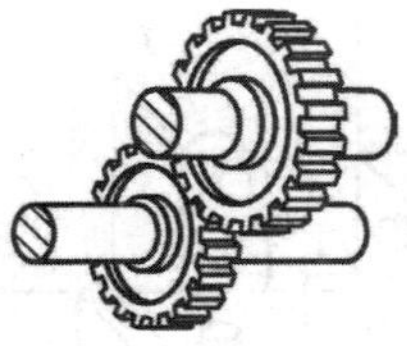 | 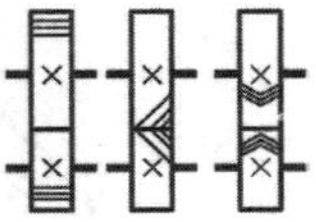 | 蜗杆传动 | 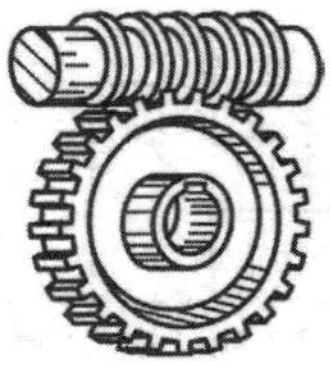 | 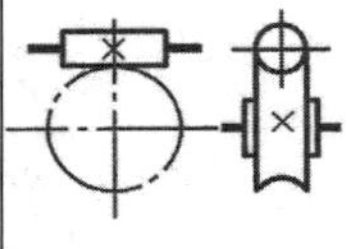 |
| 齿条传动 | 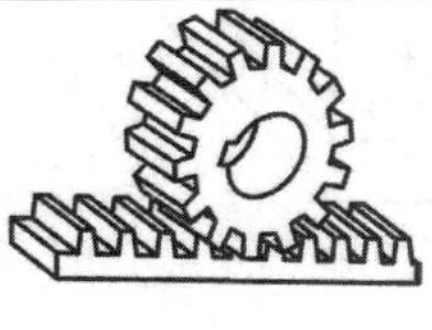 | 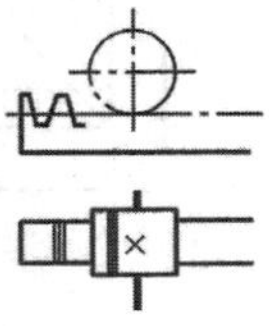 | 锥齿轮传动 | 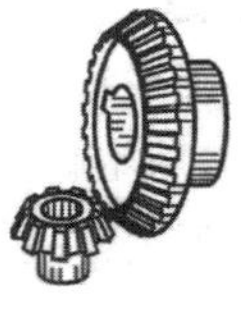 | 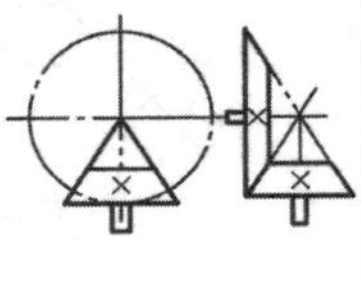 |

## 6.6　夹具原理

机械加工过程中，为了保证加工精度，必须使工件在机床上占有正确的加工位置（定位），并使之固定、夹牢（夹紧），这个定位、夹紧的过程即为工件的安装。工件的安装在机械加工中占有重要地位，直接影响着加工质量、生产率、劳动条件和加工成本。

机床上用来安装工件的装备称为机床夹具，简称夹具。夹具总体上可分为通用夹具、专用夹具、可调夹具和组合夹具等。通用夹具一般已标准化，由专业工厂生产，作为机床附件供给用户，三爪卡盘、四爪盘、平口钳等属于这类夹具。专用夹具只用于某一工件的某一工序，通常由使用厂根据需要自行设计与制造。可调夹具一般是指当加工完一种工件后，经过调整或更换个别元件，即可加工另外一种工件的夹具，在多品种、小批量生产中得到广泛应用。组合夹具是一种模块化的夹具，标准的模块元件具有较高精度和耐磨性，可组装成各种夹具，夹具用毕即可拆卸，留待组装新的夹具。由于使用组合夹具可缩短生产准备周期，元件能重复多次使用，并具有可减少专用夹具数量等优点，因此，组合夹具在单件、中小批多品种生产和数控加工中，是一种较经济的夹具。

工件的装夹是将工件在机床夹具中定位和夹紧的过程。定位是工件在机床或夹具中占有正确位置的过程。夹紧是工件定位后将其固定，使其在加工过程中保持定位位置不变的过程。

### 6.6.1　六点定位原理

在机械加工中，必须使工件相对于夹具、刀具和机床之间保持正确的相对位置，才能加工出合格的零件。夹具中的定位元件就是用来确定工件相对于夹具的位置的。如图 6-11 所示，任何一个工件在夹具中未定位前，都可看成为在空间直角坐标系中的自由物体，即都有六个自由度：沿三个坐标轴的移动自由度，分别用 $\vec{X}$、$\vec{Y}$、$\vec{Z}$ 表示，和绕三个坐标轴转动的转动自由度，分别用 $\widehat{X}$、$\widehat{Y}$、$\widehat{Z}$ 表示。要使工件在空间处于稳定不变的位置，就必须设法消除这六个自由度。也就是说，在组装夹具时，要用六个支承点来限制工件的六个自由度，称为"六点定位"。

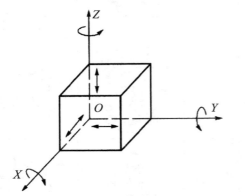

图 6-11　物体的六个自由度

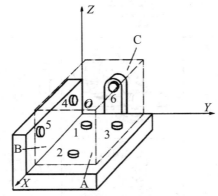

图 6-12　工件的六点定位

对于要加工的工件，通常是按它的三个直角坐标平面分布六个支承点。六个支承点在工件三个直角坐标平面上的分布也是有规律的，其中一个平面叫主要基准面，分布三个支承点；第二个平面叫导向基准面，分布两个支承点；第三个平面叫支承基准面，分布一个支承点。每一个支承点限定一个自由度，六个支承点就限定了六个自由度，使工件在空间的相对位置确定下来。如图 6-12 所示，$XOY$ 平面是主要基准面，在 $XOY$ 平面内布置三个支承点，限制了 $\widehat{X}$、$\widehat{Y}$、$\vec{Z}$ 三个自由度；$XOZ$ 平面是导向基准面，在 $XOZ$ 平面内布置二个支承点，限制了 $\vec{Y}$、$\widehat{Z}$ 二个自由度；$YOZ$ 平面是支承基准面，在 $YOZ$ 平面内布置一个支承点，限制了 $\vec{X}$ 一个自由度。

　　有人可能认为，这样设置支承点虽然可以限制物体向六个方向的运动，但还有相反六个方向运动的可能性，即还有相反方向的六个自由度没有消除。这样的理解是片面的。在这里，一定要把"定位"和"夹紧"这两个概念区分开来。"定位"只是使物体得到明确而肯定的位置，而使物体的位置固定不变，还需要"夹紧"。

　　在具体应用中，限制了几个自由度，就叫几点定位。定位时要限制几个自由度，需根据工序要求而定。如图 6-13a 所示，在方体零件上铣（磨）顶平面，此时只需限制工件 $\vec{X}$、$\vec{Y}$、$\vec{Z}$、三个自由度；如图 6-13b 所示，在顶平面上铣通槽，由于在 $Y$ 方向无工序尺寸要求，因此，只需限制工件五个自由度，而 $\vec{Y}$ 自由度可不限制；如果加工图 6-13c 工件，必须限制六个自由度。在满足加工要求的条件下，六个自由度都被限制的情况称为完全定位。而六个自由度不需要全被限制的情况称为不完全定位。

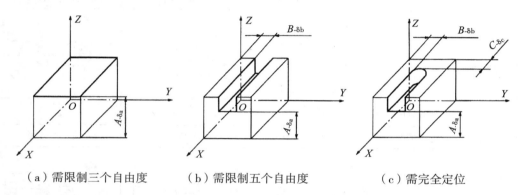

（a）需限制三个自由度　　　（b）需限制五个自由度　　　（c）需完全定位

图 6-13　工件的部分定位和完全定位

　　六点定位原理是定位任何形状工件普遍适用的原理。当定位面是圆弧面或其他形状时，也同样应按这个原理去分析。在实际组装中，除利用工件平面作为定位基准面外，还常采用外圆柱面和内圆柱面作为定位基准面。典型定位元件及其限制自由度的情况如表 6-10 所示。

表 6-10　典型定位元件的定位分析

| 定位元件 | 定位情况 | 一个支承钉 | 两个支承钉 | 三个支承钉 |
|---|---|---|---|---|
| 支承钉 | 图示 |  |  |  |
| | 限制的自由度 | $\vec{Y}$ | $\vec{X}$、$\vec{Z}$ | $\vec{Z}$、$\vec{X}$、$\vec{Y}$ |

（续表）

| | 定位情况 | 一块条形支承板 | 两块条形支承板 | 一块矩形支承板 |
|---|---|---|---|---|
| 支承板 | 图示 | 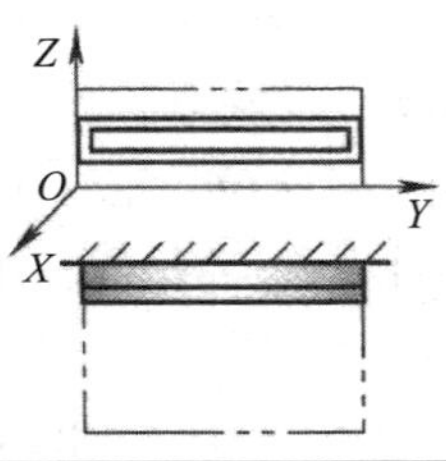 | 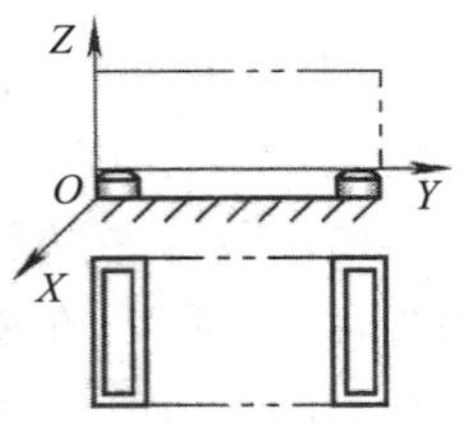 | 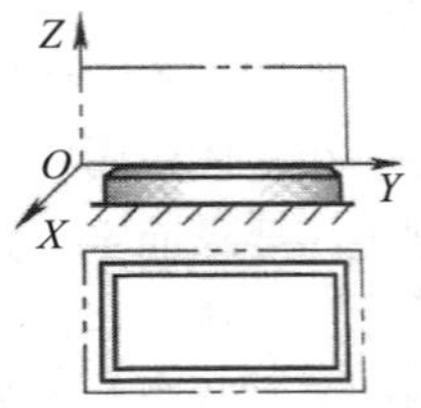 |
| | 限制的自由度 | $\vec{X}$、$\vec{Z}$ | $\vec{Z}$、$\hat{X}$、$\hat{Y}$ | $\vec{Z}$、$\hat{X}$、$\hat{Y}$ |
| 定位元件 | 定位情况 | 短圆柱销 | 长圆柱销 | 菱形销 |
| 圆柱销 | 图示 | 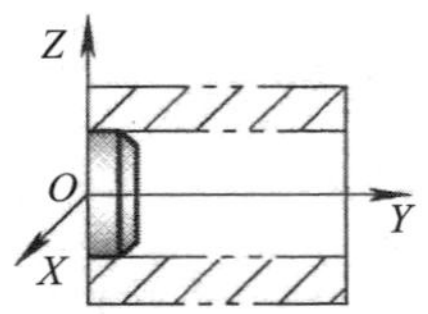 | 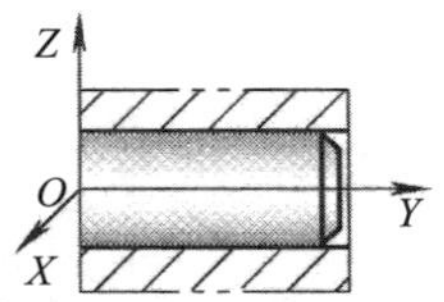 | 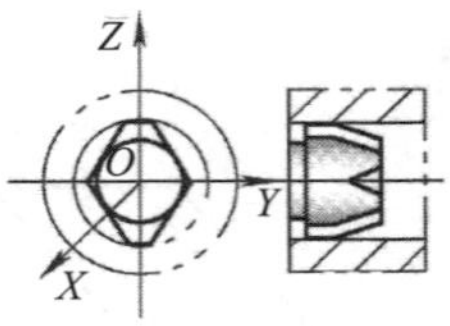 |
| | 限制的自由度 | $\vec{X}$、$\vec{Z}$ | $\vec{X}$、$\vec{Z}$、$\hat{X}$、$\hat{Z}$ | $\vec{Z}$ |
| 定位元件 | 定位情况 | 一块短 V 型块 | 两块短 V 型块 | 一块长 V 型块 |
| V 型块 | 图示 | 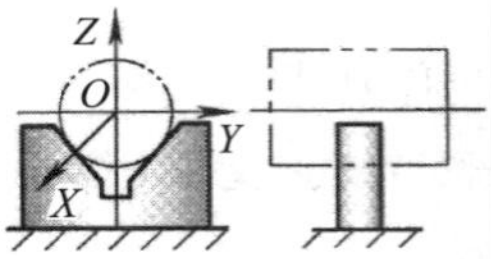 | 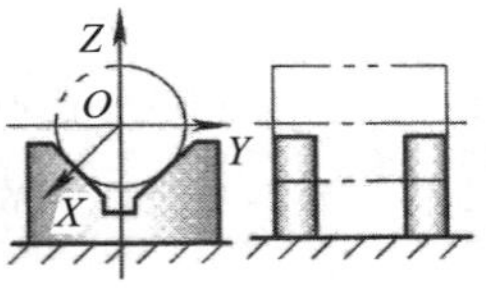 | 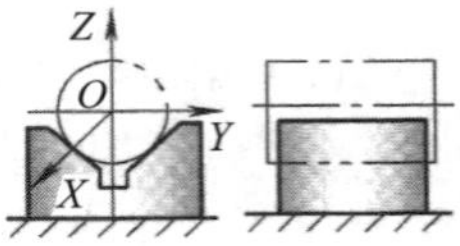 |
| | 限制的自由度 | $\vec{Y}$、$\vec{Z}$ | $\vec{Y}$、$\vec{Z}$、$\hat{Y}$、$\hat{Z}$ | $\vec{Y}$、$\vec{Z}$、$\hat{Y}$、$\hat{Z}$ |
| 定位元件 | 定位情况 | 固定顶尖 | 浮动顶尖 | 锥度心轴 |
| 顶尖和锥度心轴 | 图示 | 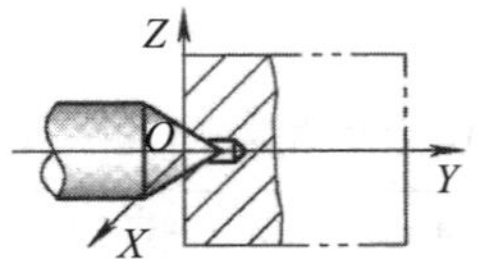 | 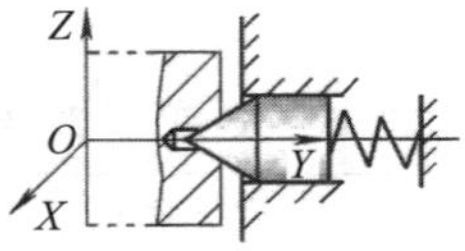 | 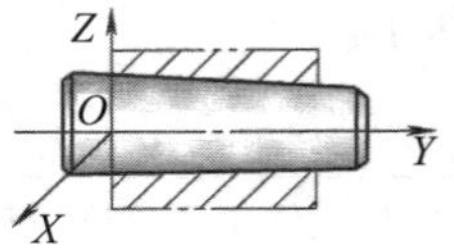 |
| | 限制的自由度 | $\vec{X}$、$\vec{Y}$、$\vec{Z}$ | $\vec{X}$、$\vec{Z}$ | $\vec{X}$、$\vec{Y}$、$\vec{Z}$、$\hat{Y}$、$\hat{Z}$ |

　　组装夹具时，还应遵守下列一些原则：在确定工件的定位方法时，应根据工件的形状和加工要求，具体问题具体分析，减少那些不必要的定位点，或适当地增加一些辅助的定位点，使组装工作简化或夹具的效能提高。譬如，单工件磨平面，只要用一个与加工平面平行的基准面定位即可。把工件放在平面磨床磁力台上加工就是一例。又如，有些工件装在夹具上，除要限制其六个自由度外，为了保证工件的稳定性或防止变形，有时还要装一些辅助支承点。

　　在主要基准面上的三个定位点所分布的面积应尽可能大一些，以提高定位精度和保证稳定，但尽量不要使用整体的大平面，以减小定位误差和易于清除切屑。在导向基准面上的两个定位点距离应尽可能远一些，以提高工件定位的准确度。一点定位点不要使用大平面，否则容易加大定位误差。

### 6.6.2　夹紧原理

工件的夹紧是指工件定位以后（或同时），还须采用一定的装置把工件压紧、夹牢在定位元件上，使工件在加工过程中不会由于切削力、重力或惯性力等的作用而发生位置变化，以保证加工质量和生产安全。能完成夹紧功能的这一装置就是夹紧装置。在考虑夹紧方案时，首先要确定的就是夹紧力的三要素，即夹紧力的方向、作用点和大小，然后再选择适当的传力方式及夹紧机构。

（1）夹紧力的方向

夹紧力的方向对压紧力大小的影响很大，应特别注意。如果夹紧力的方向和切削力的方向完全一致，显然只需很小的夹紧力，加工中工件也不会走动，这是最好的情况。否则就要加大夹紧力才能达到要求。尤其应该避免切削力和夹紧力方向相反的夹紧型式。为此，夹紧力 $F_w$ 的方向最好与切削力 $F$、工件的重力 $G$ 的方向重合。如图 6-14 所示为工件在夹具中常见的几种受力情况，显然，图 6-14a 最合理，图 6-14f 情况最差。

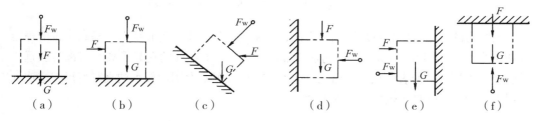

图 6-14　工件在夹具中常见的几种受力情况

另外，夹紧力的方向应有助于定位稳定，且主夹紧力应朝向主要定位基面。夹紧力的方向还应是工件刚性较好的方向，尤其在夹压薄壁零件时，更需注意使夹紧力的方向指向工件刚性最好的方向。

（2）夹紧力的作用点

夹紧力的作用点对能否充分有效地使用夹紧力有很大的影响。一般地说，夹紧力的作用点应尽量距切削力作用点近一些，这对于刚性较差的工件特别重要。还要注意，通过夹紧点的夹紧力，必须垂直地作用在主要基准面的支承点上，不能"压空"，以免工件变形，影响加工精度和造成事故。在用力较大的夹紧中，夹紧力的作用点、夹紧用螺栓的受力点以及压板的支承点应作用于同一元件上，以避免夹具由于夹紧变形而影响加工精度。

夹紧力的作用点应落在定位元件的支承范围内，并尽可能使夹紧点与支承点对应，使夹紧力作用在支承上。如图 6-15a 所示，夹紧力作用在支承面范围之外，会使工件倾斜或移动，夹紧时将破坏工件的定位；而如图 6-15b 所示则是合理的。

夹紧力的作用点应选在工件刚性较好的部位，这对刚度较差的工件尤其重要。如图 6-16 所示，将作用点由中间的单点改成两旁的两点夹紧，可使变形大为减小，并且夹紧更加可靠。

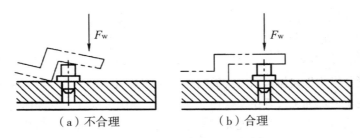

图 6-15　夹紧力作用点的选择

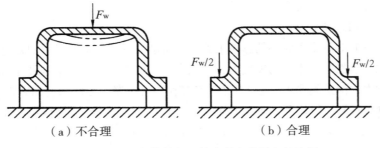

图 6-16　刚性较差的工件夹紧力作用点的选择

夹紧力的作用点应尽量靠近加工表面，以防止工件产生振动和变形，提高定位的稳定性和可靠性。如图 6-17 所示工件的加工部位为孔，图 6-17a 的夹紧点离加工部位较远，易引起加工振动，使表面粗糙度增大；图 6-17b 的夹紧点会引起较大的夹紧变形，造成加工误差；图 6-17c 是比较好的一种夹紧点选择。

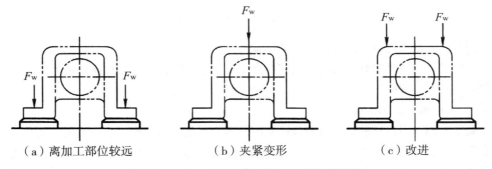

图 6-17　加工孔的工件夹紧力作用点的选择

（3）夹紧力的大小

夹紧力的大小主要由切削力的大小、方向和工件的重量等因素所决定（车床夹具还要考虑到离心力的作用）。很明显，从防止工件在加工中位置变动的角度考虑，希望夹紧力大一点。但是，夹紧力过大又会引起工件及夹具变形，甚至损坏元件，反而影响加工精度，因此又希望夹紧力小一点。因此，要根据具体情况适当选择夹紧力的大小，在保证工件正常加工的条件下，尽可能采用小一点的夹紧力。

如图 6-18 所示为三爪卡盘夹紧薄壁工件的情形。将图 6-18a 改为图 6-18b 的形式，改用宽卡爪增大与工件的接触面积，减小了接触点的比压，从而减小了夹紧变形。

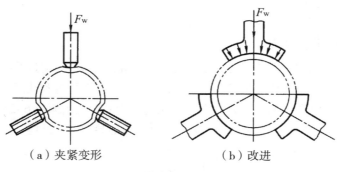

（a）夹紧变形        （b）改进

图 6–18 薄壁套的夹紧变形及改进

必须强调的是：工件定位的实质就是用定位元件来阻止工件的移动或转动，从而限制工件的自由度。定位以后，防止工件是否相对于定位元件作反方向移动或转动属于夹紧所要解决的问题，不能将定位与夹紧混为一谈。

### 6.6.3 夹紧机构

夹紧机构的型式很多。采用什么型式合适，主要由工件的形状、加工方法和夹具的结构等决定。图 6–19 至图 6–22 所示为夹紧机构的几个实例。

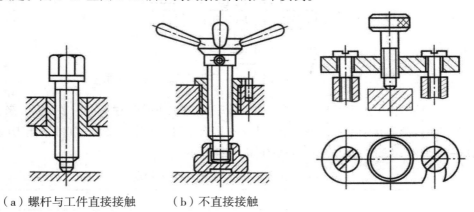

（a）螺杆与工件直接接触     （b）不直接接触

图 6–19 简单螺旋夹紧机构      图 6–20 回转式压板夹紧机构

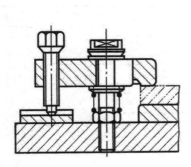

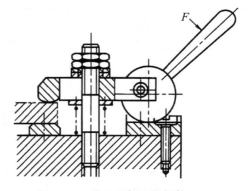

图 6–21 移动式压板夹紧机构      图 6–22 偏心压板夹紧机构

## 6.7 机械加工工艺过程

### 6.7.1 生产过程与工艺过程

在机械制造中，将原材料转变为成品之间的各个相互关联的劳动过程的总和称为生产过程。在生产过程中，直接改变生产对象的形状、尺寸、相对位置和性能，使之成为成品或半成品的过程称为工艺过程。生产过程与各工艺过程间的关系如图 6-23 所示。机械制造工艺过程一般就是指零件的机械加工工艺过程和机器的装配工艺过程。

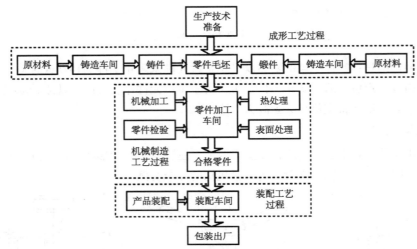

图 6-23　产品的生产过程与各工艺过程间的关系

一个完整的机械加工工艺过程是由多个工序组成的，每个工序又可分多次安装来实现，每一次安装可分为几个工步，每一个工步又有多次走刀。工序、安装、工步、走刀的定义如表 6-11 所示，它们之间的相互关系如图 6-24 所示。

表 6-11　工序、安装、工步、走刀的定义

| 名称 | 定 义 |
| --- | --- |
| 工序 | 一个或一组工人在一个工作场地对同一个（或几个）工件连续完成的工艺过程 |
| 安装 | 工件（或装配单元）经一次装夹后完成的工序内容 |
| 工步 | 在加工表面、加工工具、加工参数不变的条件下，连续完成的那部分工序 |
| 走刀 | 同一工步中，若加工余量大，需要用一把刀具多次切削，每次切削就是一次走刀 |

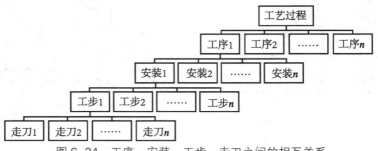

图 6-24　工序、安装、工步、走刀之间的相互关系

## 6.7.2　计算机辅助工艺设计

计算机辅助工艺设计（CAPP）是指借助于计算机软硬件技术和支撑环境，利用计算机进行数值计算、逻辑判断和推理等功能来制订零件机械加工工艺过程。借助于 CAPP 系统，可以解决手工工艺设计效率低、一致性差、质量不稳定、不易达到优化等问题。

由于计算机集成制造系统（CIMS）的出现，计算机辅助工艺设计（CAPP）上与计算机辅助设计（CAD）相接，下与计算机辅助制造（CAM）相连，是连接设计与制造之间的桥梁，设计信息只能通过工艺设计才能生成制造信息，设计只能通过工艺设计才能与制造实现功能和信息的集成。由此可见 CAPP 在实现生产自动化中的重要地位。

## 【复习题】

（1）简述车削、铣削、钻削、刨削、平面磨削主要切削加工的运动形式。

（2）切削加工中，什么是切削三要素？

（3）简述切削加工中刀具材料的性能及选用原则。

（4）以车刀为例，简述刀头如何由"三面二刃一尖"组成。

（5）简述楔角、前角、后角的定义及在切削加工中的作用。

（6）简述金属切削过程中切屑的形成及分类。

（7）简述金属切削过程中切削力的产生。

（8）简述切削加工零件的技术要求。

（9）机床通常由哪几部分组成？

（10）金属切削机床的传动有哪几种形式？

（11）简述六点定位原理。

（12）简述产品的生产过程与各工艺过程间的关系。

# 第七章  测量技术

## 7.1  测量及测量误差

### 7.1.1  测量

在机械制造中，加工后的零件，其几何量需要测量，以确定它们是否符合技术要求和实现其互换性。测量是通过实验获得并可合理赋予某量一个或多个量值的过程。具体地讲，测量是指为确定被测量的量值而进行的实验过程，其实质是将被测几何量 $L$ 与计量单位 $E$ 的标准量进行比较，从而确定比值 $q$ 的过程，即 $L/E=q$ 或 $L=qE$。

由此可见，被测几何量的量值都应包括测量数值和计量单位两部分。例如，用分度值为 0.02 mm 的游标卡尺测量某轴的直径 $d$，就是通过游标卡尺实现被测几何量 $d$ 与计量单位 mm 进行比较，若得到的比值也就是测量数值为 10.04，则该轴径的量值为 $d=10.04$ mm。

一个完整的测量过程应包括以下四个要素：

（1）被测对象。在机械制造中的被测对象是几何量，包括长度、角度、几何误差、表面粗糙度等。

（2）计量单位。在机械制造中常用的长度单位为毫米（mm）。

（3）测量方法。指测量时所采用的测量原理、计量器具以及测量条件的总和。

（4）测量精度。指测量结果与真值的一致程度。

由上述例子不难看出，测量过程中，轴直径 $d$ 是被测对象，毫米（mm）是计量单位，通过游标卡尺实现被测几何量 $d$ 与计量单位 mm 的比较是测量方法，游标卡尺分度值0.02 mm 是测量精度。

### 7.1.2  测量误差

测量误差按其性质可分为系统误差、随机误差和粗大误差三大类。

（1）系统误差。系统误差是指在一定的测量条件下，对同一被测几何量进行连续多次测量时，误差的大小和符号保持不变或按一定规律变化的测量误差。因而是可以把握的一种误差，例如在车削或磨削加工的自动测量中所产生的温度误差总是一个恒定值。这样一种误差可以通过计算从测量结果中消除掉。

（2）随机误差。随机误差是指在一定测量条件下，连续多次测量同一被测几何量时，误差的大小和符号以不可预定的方式变化的测量误差。随机误差主要是由测量过程中一些无法预料的偶然因素或不稳定因素引起的。例如，测量过程中温度的波动、测量力的变动、突然的振动、计量器具中机构的间隙等引起的测量误差都是随机误差。它始终作为误差存在于测量结果中，重复测量（例如一批测量 20 次）可求得误差的平均值，并作为经常存在的误差在测量结果中加以考虑。

（3）粗大误差。粗大误差是指超出规定条件下预计的测量误差，也称过失误差。粗大误差是由某些不正常原因造成的。例如，测量人员粗心大意造成读数错误或记录错误，测量时被测零件或计量器具受到突然振动等。粗大误差会对测量结果产生严重的歪曲，因此在处理测量数据时，应根据判断粗大误差的准则，将粗大误差剔除掉。

应当注意的是，在不同的测量过程中，同一误差来源可能属于不同的误差分类。例如，量块都存在着或大或小的制造误差，在量块的制造过程中，量块是被测对象，对于一批合格的量块，制造误差是随机变化的，属于量块制造过程的随机误差；在量块的使用过程中，量块是计量器具，对于被测工件而言，量块制造误差是确定的，属于工件测量过程的系统误差。

造成测量误差的根源有检验对象（如工件）的不完善性、量具器械（如刻度盘）、测量仪器本身（如千分尺）以及测量程序和测量动作中的问题。除以上各项外，影响测量结果的因素还有周围环境（如温度、粉末、湿度、气压）和从事测量工作的人员个人特点（如对工作的重视程度、熟练程度、视力、判断能力、思想集中程度）等。测量中误差的主要表现有：

① 温度影响。由于热胀冷缩，物体在不同温度下的长度不同。因此，测量的标准温度规定为 20 ℃。对钢制工件来说，大多数情况下量具与工件的温度相等就够了。要防止工件和量具受太阳照射、发热体加热、手接触加热等，要保持温度均匀。

② 由视差引起读数误差。当量具的刻线与工件不在一个平面内时，从侧向观察就会引起判读误差。当指针与刻度盘之间有一个距离时也会产生这种误差，如图 7-1 所示。

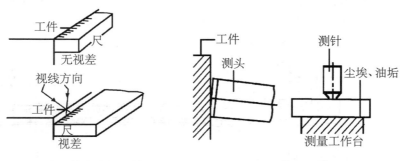

图 7-1　由视差产生的误差　　　　图 7-2　位置误差

③ 位置误差。当量具的测量表面斜对着工件表面或工件歪放在量具内时，将产生相当大的误差，如图 7-2 所示。

④ 由于用力不当产生的误差。量具的测量表面以一个测量力抵住工件，如果用力过大，量具可能变形，接触部位可能压扁。在精密量仪中测量力一般靠一定弹簧可靠地保持为一个始终不变的值，如图 7-3 所示。

⑤ 量具误差。运动部件之间的间隙和摩擦、测头行程误差、刻度的分度误差等产生量具误差。量具误差大小可以通过一系列试验测得，例如量具误差为 0.02 mm。如图 7-4 所示，由于游标卡尺的活动卡脚倾斜，卡尺会产生一个测量误差，测量对象越靠卡口的外

侧，测量误差就越大。

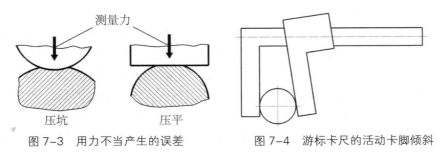

图 7-3　用力不当产生的误差　　　图 7-4　游标卡尺的活动卡脚倾斜

## 7.2　常用量具

为了保证机械制造的零件符合图样规定的尺寸、几何精度和表面粗糙度等要求，需要用测量器具进行检测。量具是用来测量零件线性尺寸、角度及几何误差的工具。为保证被加工零件的各项技术参数符合设计要求，在加工前后和加工过程中都必须用量具进行检测。选择使用量具时，应当适合于被测零件的形状、测量范围以及被检测量的性质。

生产加工中常用的量具有钢尺、游标卡尺、千分尺、百分表、角尺、塞尺、万能角度尺及专用量具（塞规、卡规）等。根据不同的检测要求选择不同的量具。

### 7.2.1　游标卡尺

游标卡尺是一种比较精密的量具，在机械制造中是最为常用的一种量具，它可以直接量出工件的内径、外径、宽度、深度等，如图 7-5 所示。常用游标卡尺的测量精度为 0.02 mm。常用游标卡尺的量程有 0～150、0～200、0～300 mm 等规格。

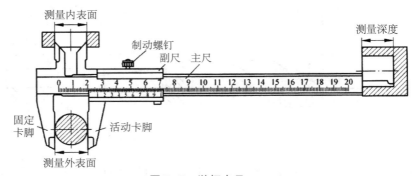

图 7-5　游标卡尺

测量时，先读整数位，在主标尺上读取，由游标零线以左的最近刻度读出整毫米数；再读小数位，在游标尺上读取，由游标零线以右的且与主尺上刻度线正对的刻度决定，游标零线以右与主尺身上刻线对准的刻线数乘上 0.02 mm 读出小数；将上面整数和小数两部分尺寸加起来，即为所测工件尺寸，如图 7-6 所示。

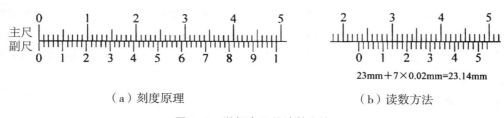

（a）刻度原理　　　　　　　　　　（b）读数方法

图 7-6　游标卡尺的读数方法

$$23mm + 7 \times 0.02mm = 23.14mm$$

　　游标卡尺的使用方法如图 7-7 所示。用游标卡尺测量工件时，应使内外量爪逐渐与工件表面靠近，最后达到轻微接触。在测量过程中，要注意游标卡尺必须放正，切忌歪斜，并多次测量，以免测量不准，如图 7-8 所示。

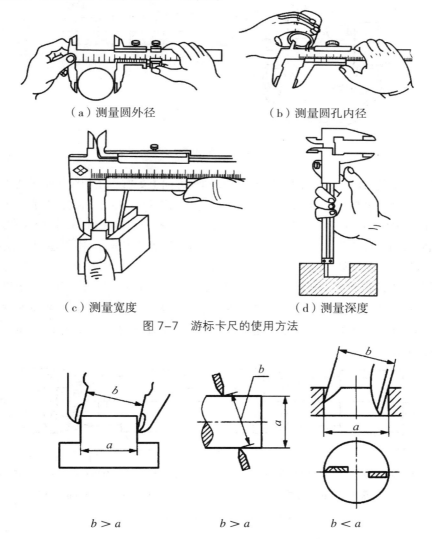

（a）测量圆外径　　　　　　　　　（b）测量圆孔内径

（c）测量宽度　　　　　　　　　　（d）测量深度

图 7-7　游标卡尺的使用方法

$b > a$　　　　　　　$b > a$　　　　　　　$b < a$

（a）测量宽度　　　　（b）测量外径　　　　（c）测量内径

图 7-8　游标卡尺测量不准确的原因

使用游标卡尺进行测量时应注意：校对零点时，擦净尺框与内外量爪，贴合量爪后查尺身、游标零线是否重合，如果不重合，则在测量后应修正读数；测量时，内外量爪不得用力紧压工件，以免量爪变形或磨损而降低测量的准确度；游标卡尺仅用于测量已加工的光滑表面，粗糙工件和正在运动的工件不宜测量，以免量爪过快磨损。

### 7.2.2 千分尺

千分尺又称螺旋测微器，是比游标卡尺更为精确的测量工具。按照用途可分为外径千分尺、内径千分尺和深度千分尺等。外径千分尺通常测量精度可为 0.01 mm，其量程有 0 ~ 25、25 ~ 50 和 50 ~ 75 mm 等规格，如图 7-9 所示。

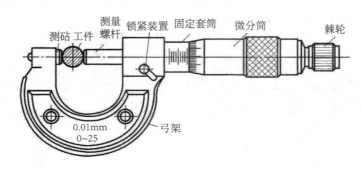

图 7-9　外径千分尺

弓架的左端装有测砧，右端的固定套筒在轴线方向上刻有一条中线（基准线），上下两排刻线相互错开 0.5 mm，形成主尺。微分筒左端圆周刻有 50 条刻线，形成副尺。由于螺杆的螺距为 0.5 mm，因此，微分筒每转一周，螺杆沿轴向移动 0.5 mm。微分筒转过一格，螺杆沿轴向移动的距离为 0.5/50 = 0.01 mm，所以可准确到 0.01 mm。由于还能再估读一位，可读到毫米的千分位（微米 μm），故称千分尺。

测量时，先读整数位，从固定套筒上读取，如 0.5 mm 分格露出，则在整数读数的基础上加 0.5 mm；再读小数位，直接从微分筒上读取；将上面整数位和小数位两部分尺寸加起来（如需考虑估值位，可把估值也加上），即为测量尺寸，如图 7-10 所示。千分尺的使用方法如图 7-11 所示。

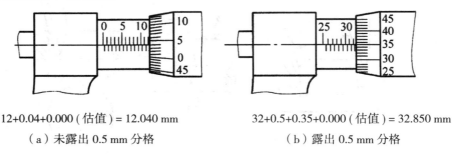

12+0.04+0.000（估值）= 12.040 mm　　　　32+0.5+0.35+0.000（估值）= 32.850 mm

（a）未露出 0.5 mm 分格　　　　　　　　（b）露出 0.5 mm 分格

图 7-10　千分尺读数方法

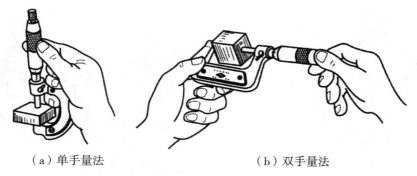

（a）单手量法　　　　　（b）双手量法

图 7-11　千分尺的使用方法

使用千分尺的注意事项：

① 校对零点。将测砧与螺杆先擦干净后接触，观察当微分筒上的边线与固定套筒上的零刻度线重合时，微分筒上的零刻度线是否与固定套筒上的中线零点对齐。如不对齐，则在测量时根据原始误差修正读数，或送量具检修部门校对。

② 工件的测量表面应擦干净，并准确放在千分尺的测量面间，不得偏斜。千分尺不允许测量粗糙表面。

③ 测量时可用单手或双手操作，当测量螺杆快要接触工件时，必须使用端部棘轮（此时严禁使用微分筒，以防用力过度测量不准）。当棘轮发出"嘎吱"的打滑声时，表示表面压力适当，应停止拧动，进行读数。读数时尽量不要从工件上拿下千分尺，以减少测量面的磨损。如必须取下来读数，应先用锁紧装置锁紧测量螺杆，以免螺杆移动而读数不准。

④ 测量时不能先锁紧测量螺杆，后用力卡过工件，这样会导致测量螺杆弯曲或测量面磨损，降低测量准确度。

⑤ 读数时要注意 0.5 mm 分格，以免漏读或错读。

### 7.2.3　百分表

百分表是一种指示式的比较量具，其测量精度为 0.01 mm，量程为 10 mm，如图 7-12 所示。百分表只能测出尺寸的相对数值，不能测出绝对数值，常用于测量零件的几何形状和表面相互位置误差；在机床上安装工件时，也常用于精密找正。

刻度盘上刻有 100 格刻度，转数指示盘上刻有 10 格刻度。当大指针转动一格时，相当于测量头移动 0.01 mm。大指针转动一周，则小指针转动一格，相当于测量头移动 1 mm。测量时，两指针所示读数之和，即尺寸的变化量。百分表使用时，通常是装在与其配套的磁性表座或普通表架上，如图 7-13 所示。百分表常见的应用如图 7-14 所示。

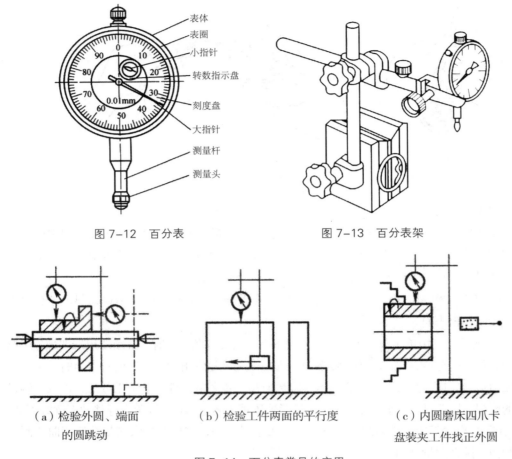

图 7-12　百分表　　　　　　　　　图 7-13　百分表架

（a）检验外圆、端面
的圆跳动

（b）检验工件两面的平行度

（c）内圆磨床四爪卡
盘装夹工件找正外圆

图 7-14　百分表常见的应用

## 7.3　坐标测量技术

### 7.3.1　传统测量技术与坐标测量技术的比较

传统的测量技术往往采用平板加高度尺加卡尺的检验模式，采用固定、专用或手动的工量具进行检验。在测量技术上，光栅尺及以后的容栅、磁栅、激光干涉仪的出现，革命性地把尺寸信息数字化，不但可以进行数字显示，而且为几何量测量的计算机处理、控制打下了基础。随着工业化进程的发展，为了适应高速化、柔性化、通用化、自动化及精密化检验的需要，出现了坐标测量技术。伴随着控制技术和计算机软件技术的迅猛发展，测量机已从早期的手动型、机动型迅速转变为数控型，测量速度更快，测量精度更高，大大降低了测量操作人员的工作强度。

现代化的测量机多用于产品测绘、复杂型面检测、工夹具测量、研制过程中间测量、CNC 机床或柔性生产线在线测量等方面。它不仅在精密检测和产品质量控制上扮演着重要角色，同时在产品设计、生产过程控制和模具制造方面发挥着越来越重要的作用，并在汽车、航空航天、机床工具、国防军工、电子和模具等领域得到了广泛的应用。表 7-1 为传统测量技术与坐标测量技术在测量方式和便利性上的比较。

表 7-1　传统测量技术与坐标测量技术的比较

| 项目 | 传统测量技术 | 坐标测量技术 |
|------|------|------|
| 测量环境 | 对工件要进行人工的、精确及时的调整 | 不需对工件进行特殊的调整 |
| 测量方法 | 专用测量仪和多工位测量仪很难适应测量任务的改变 | 简单调用所对应的软件模块即可完成测量任务 |
| 测量标定 | 与实体标准或运动标准进行测量比较 | 与数学（或数字）模型进行测量比较 |
| 测量 | 尺寸、形状和位置测量在不同的仪器上进行不相干的测量数据 | 尺寸、形状和位置的评定在一次安装中即可完成 |
| 数据采集 | 手工记录测量数据 | 产生完整的数字信息，完成报表输出、统计和分析 CAD 设计 |

随着数控坐标测量系统的发展，各种测头探针自动更换装置、自动上下料机构相继出现，使得测量系统能够很好地被整合在现代化工业生产中，发挥重要作用。尤其是伴随着数字技术和 CAD 技术的广泛应用，测量软件成为测量机与其他外部设备、加工设备和 CAD 系统沟通的桥梁。

测量机不再是消极的判定角色，可被广泛用于逆向设计、生产监测、信息统计、反馈信息等多种领域。便携式测量系统的应用解决了一些大尺寸零部件的测量问题，同时更加适合在现场的工作测量。这类产品主要包括以激光跟踪仪和关节臂式测量机为核心而延展出的多种产品，有效地解决了汽车以及航空航天领域各种部件装配、生产工具校验和各种尺寸工件的测量与测绘问题。本节以三坐标测量机为例，介绍坐标测量技术。

### 7.3.2　三坐标测量机

三坐标测量机（3D-CMM）是 20 世纪 60 年代后期发展起来的一种高效的精密测量仪器，如图 7-15 所示。它是根据绝对测量法，采用触发式或扫描式等形式的传感器随 $X$、$Y$、$Z$ 三个互相垂直的导轨相对移动和转动，获得被测物体上各测点的坐标位置，再经计算机数据处理系统，显示被测物体的几何尺寸、形状和位置误差的综合测量仪。

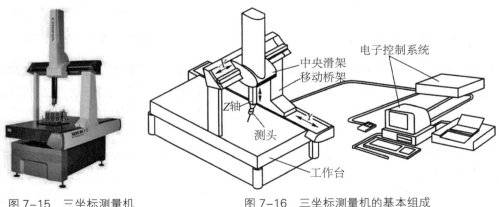

图 7-15　三坐标测量机　　　　　图 7-16　三坐标测量机的基本组成

（1）三坐标测量机的结构和分类

三坐标测量机一般由主机（包括光栅尺）、电子控制系统及测头等组成，如图7-16所示。按结构类型不同，三坐标测量机可分为桥式、悬臂式、龙门式和水平臂式等。

（2）三坐标测量机的工作原理

三坐标测量机是由单坐标测量机和两坐标测量机发展而来的。例如测长机，它是用于测量单方向的长度，实际上是单坐标测量机。万能工具显微镜具有 $X$ 和 $Y$ 两个方向移动的工作台，用于测量平面上各点的坐标位置，即两坐标测量机。

三坐标测量机的工作原理是将被测对象置于三坐标测量机的测量空间，获得被测对象上各测点的坐标位置，再根据这些点的空间坐标值，经过数学运算，求出被测的几何尺寸、形状和位置。

如图7-17所示，要测量一水平放置的平板上两孔的孔径大小与孔心距 $L$，传统的做法一般是用卡尺借助心棒来测量，准确度与重复性差。采用三坐标测量机，它是由三个相互垂直的运动轴 $X$、$Y$、$Z$ 建立起一个直角坐标系，测头的一切运动都在这个坐标系中进行。测头的运动轨迹由测球中心点来表示。测量时，把被测零件放在工作台上，测头与零件表面接触，三坐标测量机的检测系统可以随时给出测球中心点在坐标系中的精确位置。当测球沿着工件的几何型面移动时，就可以得出被测几何型面上各点的坐标值。将这些数据送入计算机，通过相应的软件进行处理，就可以精确地计算出被测工件的几何尺寸和形位公差等。首先分别测出点 $P_1$、$P_2$、$P_3$ 和点 $P_4$、$P_5$、$P_6$ 的坐标值，依据坐标值可以求出孔心 $O_1$ 和 $O_2$ 的坐标、两个孔的半径 $R_1$ 与 $R_2$；有了孔心 $O_1$ 和 $O_2$ 的坐标值，就可以利用三角函数关系求出孔心距 $L$。

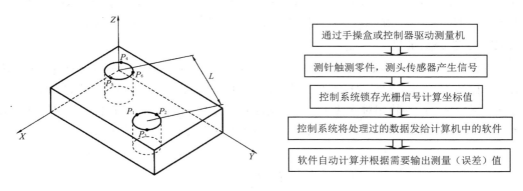

图7-17　测量工件示意图　　　　图7-18　三坐标测量机的工作过程

从上述可知，三坐标测量是通过测量得到的特征点，再用数学的方法计算出测量结果的。因此，对于任何复杂的几何表面与形状，三坐标测量机可以测量到特征点就能计算出它们的几何尺寸和相互位置关系。三标测量机的工作过程如图7-18所示。

（3）测量系统

测量系统也称标尺系统，是三坐标测量机的重要组成部分。测量系统直接影响坐标测量机的精度、性能和成本，对提高整机精度十分重要。目前国内外三坐标测量机上使用的测量系统主要有精密丝杠、高精度刻线尺、光栅、感应同步器、磁尺、码尺、激光干涉仪等，其中使用最多的是光栅，其次是感应同步器和光学编码器，对于高精度测量机可采用激光干涉仪测量系统。

光栅测量是由一个定光栅和一个动光栅合在一起作为检测元件，靠它产生莫尔条纹来检测位移值。光栅主要有用玻璃制成的透射光栅、用金属制作的反射光栅和具有一定衍射角的光栅。金属光栅是在钢尺或不锈钢带的镜面上用照相腐蚀工艺或用钻石刀直接刻划制作的光栅线纹。金属光栅的特点是：标尺光栅的线膨胀系数与测量机的材料接近一致，标尺光栅安装调整方便；安装面积小，易于接长或制成整根的钢带长光栅；测量精度高，而且不易碰碎，经细分后测量的分辨能力可以达到甚至小于 0.000 5 mm。但光栅尺怕油污和灰尘，需要一个清洁的工作环境。

（4）测头

三坐标测量机是用测头来拾取信号的，其功能、工作效率、精度与测头系统密切相关，没有先进的测头，就无法发挥测量机的功能。测头是测头系统中最重要的一个部分，相当于一个传感器，图 7-19 为测头系统实例。

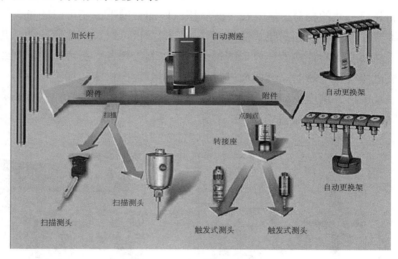

图 7-19　测头系统实例

测头的种类很多，结构并不是很复杂，但精度要求特别高。按照结构原理的不同，测头可分为机械式测头、光学式测头、电气式测头等多种；按照测量方式的不同，测头又可分为接触式测头与非接触式测头。接触式测头有软硬之分，硬测头多为机械式测头，主要用于手动测量，测力不易控制（测量力过大会引起测头和被测件的变形，测量力过小则不能保持测头与被测件的可靠接触，测量力的变化也会使瞄准精度下降）。而软测头的测端与测件接触后会有一定的偏移，在感应触动的同时输出偏移信号。如果测头的测端接触工件后仅发出瞄准信号的测头称为触发式测头；除发出信号外还能进行偏移量读数的测头称为模拟式测头。模拟式测头不仅能做触发测头使用，更重要的是能输出与探针偏转角度成比例的信号。

在现今的三坐标测量机上，各类三坐标测头中使用最多、应用范围最广的是电气测头。

电气测头多采用电触式开关、电感器、电容器、应变片、压电晶体等作为传感器来接收测量信号，可以达到很高的测量精度。按照功能，电气测头可分为：①开关测头，它只作瞄准之用；②扫描测头，既可进行瞄准，又具有测微功能。

（5）测量软件

三坐标测量机本体只能提取零件表面的空间坐标点，要准确可靠而且快速地完成具体对象的测量，还要依赖于性能优越的测量软件。

按照功能的不同，测量软件一般可分为通用测量软件（菜单驱动式软件）、专用测量评价软件（可编程式软件）两大类，另外还有数据统计分析软件、误差补偿与驱动软件等。优秀的测量软件不但能够实现对离散采样的数据点集中采用一定的数学模型进行计算，以获得测量结果，还能够校正探针，进行温度等误差补偿；对三标测量机的运动状态也能进行适时调整与监控，是测量机的"大脑"。

（6）三坐标测量机的测量特点及应用

三坐标标测量机可以准确、快速地测量标准几何元素（如线、平面、圆、圆柱）及确定中心和几何尺寸的相对位置。在一些应用软件的帮助下，还可以测量、评定已知的或未知的二维或三维开放式、封闭式曲线。三坐标测量机可以对工件的尺寸、几何公差进行精密检测，从而完成零件检测、外形测量、过程控制等任务。还可以用于划线、定中心孔、光刻集成电路等，能够对连续曲面进行扫描及制备数控机床的加工程序等。由于它通用性强、测量范围广、精度高、性能好，能够与柔性制造系统相连接，已成为一类大型精密仪器，有"测量中心"之称。

（a）汽车制造

（b）发动机缸体

（c）齿轮

图 7-20　三坐标测量机的应用

　　如图 7-20 所示，三坐标测量机广泛应用于汽车、电子、五金、塑胶、模具等行业中，特别适用于测量复杂的箱体类零件、模具、精密铸件、汽车外壳、发动机零件、凸轮以及飞机形体等带有空间曲面的零件。

**【复习题】**

（1）简述测量过程的四个要素。

（2）简述游标卡尺、千分尺、百分表的使用方法。

（3）比较坐标测量技术与传统测量技术的区别。

（4）简述三坐标测量机的工作原理。

# 第八章　钳　工

钳工主要是以操作手用工具对金属进行切削加工、零件成形、装配和机器调试、修理的工种,因常在钳工台上用台虎钳夹持工件操作而得名。钳工基本操作主要包括划线、锯削、锉削、錾削、钻削、扩孔、锪孔、铰孔、攻螺纹、套螺纹、刮削、研磨、装配等。在实际生产中,钳工可分为普通钳工、模具钳工、装配钳工和维修钳工。钳工的应用范围如下:

(1)加工前的准备工作,如清理毛坯、在工件上划线等。

(2)在单件或小批量生产中,制造一般零件。

(3)加工精密零件,如样板、模具的精加工,刮削或研磨机器和量具的配合表面等。

(4)装配、调整和修理机器等。

钳工具有使用工具简单、加工多样灵活、操作方便和适应面广等特点,目前它在机械制造业中仍是不可缺少的重要工种之一。当工件用机械加工方法不方便或难以完成时,多数由钳工来完成。但其生产效率较低,对工人操作技术的要求高。

钳工操作大多在台虎钳上进行,钳工工作场地要配置钳工工作台(简称为钳台),如图 8-1 所示。台虎钳是夹持工件的主要夹具,安装于工作台上,如图 8-2 所示。

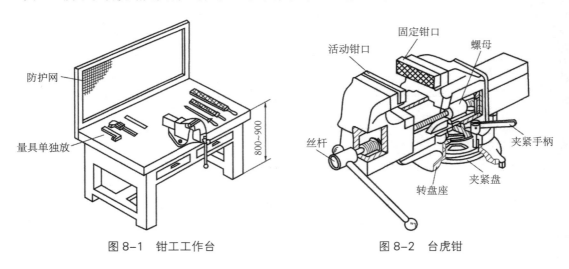

图 8-1　钳工工作台　　　　　　　图 8-2　台虎钳

## 8.1　划线

根据图样的尺寸要求,用划线工具在毛坯或半成品工件上划出待加工部位的轮廓线或作为基准的点、线的操作称为划线。一般划线精度为 0.25 ~ 0.50 mm。很多钳工制造的零件都是从划线工序开始的。

### 8.1.1　划线的作用和种类

（1）划线的作用

① 作为加工的依据，使加工形状有明确的标志，以确定各表面的加工余量、加工位置、孔的位置及安装时的找正线等。

② 作为检验加工情况的手段，可以检查毛坯是否正确。通过划线，对误差小的毛坯可以借正补救；对不合格的毛坯能及时发现和剔除，避免机械加工工时的浪费。

（2）划线的种类

① 平面划线。在工件或毛坯的一个平面上划线，如图8-3所示。

② 立体划线。在工件或毛坯的长、宽、高三个方向上划线，如图8-4所示。

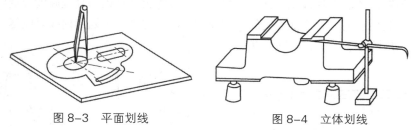

图8-3　平面划线　　　　　　　图8-4　立体划线

### 8.1.2　常用的划线工具

（1）划线基准工具

划线平台或划线平板是划线的基准工具，如图8-5所示。它一般是由铸铁制成（现在也采用花岗岩等材质），经过时效处理，其上平面是划线的基准平面，经过精细加工，平直光洁。使用时注意保持上平面水平，表面清洁，使用部位均匀，要防止碰撞和敲击，长期不用时应涂油防锈。

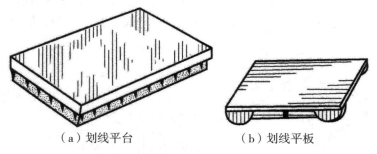

（a）划线平台　　　　　　　（b）划线平板

图8-5　划线基准工具

（2）划线工具

常用的划线工具包括钢直尺、划针、划线盘、划规、划卡、90°角尺、样冲、高度游标卡尺等。

① 钢直尺。钢直尺是一种简单的测量工具和划线的导向工具，其规格有150、300、500和1 000 mm等。钢直尺的使用方法如图8-6所示。

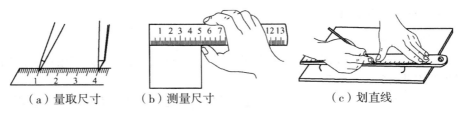

（a）量取尺寸　　　（b）测量尺寸　　　　（c）划直线

图 8-6　钢直尺的使用方法

② 划针。划针是钳工用来直接在毛坯或工件上划线的工具，常与钢直尺、直角尺或划线样板等导向工具一起使用。在已加工表面上划线时常用直径 3 ~ 5 mm 的弹簧钢丝和高速钢制成的划针，将划针尖部磨成 15° ~ 20°，并经淬火处理以提高其硬度及耐磨性。在铸件、锻件等表面上划线时，常用尖部含有硬质合金的划针。用划针划线时应尽量做到一次划出，线条应清晰、准确，如图 8-7 所示。

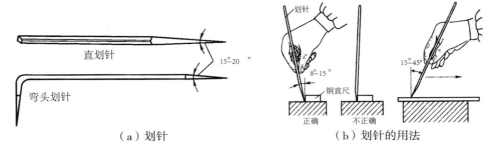

（a）划针　　　　　　　（b）划针的用法

图 8-7　划针及其用法

③ 划针盘。划针盘也称划线盘，是立体划线的主要工具，调节划针所需高度，在平板上移动划针盘，便可在工件表面划出与平板平行的线条来，如图 8-8 所示。此外划针盘还可用于对工件进行找正。在使用时底座一定要紧贴划线平板，平稳移动，划针装夹要牢固，伸出长度应适当。

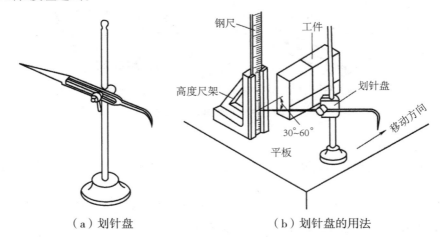

（a）划针盘　　　　　　　　（b）划针盘的用法

图 8-8　划针盘及其用法

④ 划规和划卡。划规是平面划线的主要工具，它形似圆规，又称双脚圆规。用于划圆、弧线、等分线段、量取尺寸等，如图 8-9 所示。操作方法为掌心压住划规顶端，使规尖扎入金属表面或样冲眼内。划圆周时常由划顺、逆两个半弧而成。划卡又称单脚划规，用于确定轴和孔的中心位置，也可用于划平行线，如图 8-10 所示。划卡可用来求圆形工件的中心，使用比较方便。但在使用时要注意划卡的弯脚离工件端面的距离应保持每次都相同，否则所求中心会产生较大的偏差。

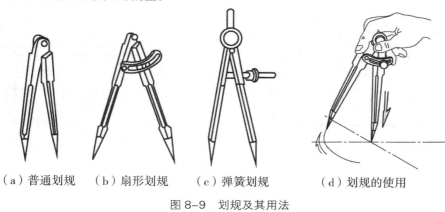

（a）普通划规　　（b）扇形划规　　（c）弹簧划规　　（d）划规的使用

图 8-9　划规及其用法

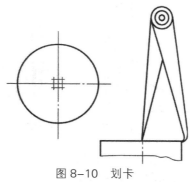

图 8-10　划卡

⑤ 90°角尺。90°角尺是钳工常用的测量工具。划线时常用作划平行线，如图 8-11b 所示；或垂直线的导向工具，如图 8-11c 所示；也可用来找正工件在划线平台上的垂直位置。

（a）90°角尺　　　（b）用 90°角尺划平行线　　　（c）用 90°角尺划垂直线

图 8-11　90°角尺及其使用方法

⑥ 样冲。样冲是在已划好的线上打样冲眼，以固定所划的线条。这样即使工件在搬运、

安装过程中线条被揩擦模糊时，仍留有明确的标记，如图 8-12 所示。在使用划规划圆弧前，也要用样冲先在圆心上冲眼，作为圆规定心脚的立脚点。钻孔前的圆心也要打样冲眼，以便钻头定位，如图 8-13 所示。样冲用工具钢制成，并经淬火硬化。工厂中也常用废旧铰刀等改制。样冲的尖角一般磨成 45°～60°。

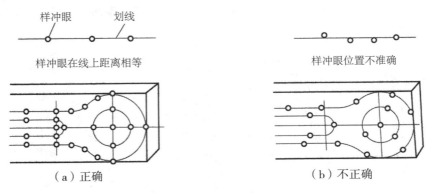

图 8-12　线条上的样冲眼

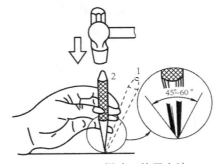

图 8-13　样冲及使用方法

⑦ 高度游标卡尺。高度游标卡尺是一种既能划线又能测量的工具。它附有划线脚，能直接表示出高度尺寸，其读数精度一般为 0.02 mm，可作为精密划线工具。其使用方法如图 8-14 所示。使用前，应将划线刃口平面下落，使之与底座工作面相平行，再看尺身零线与游标零线是否对齐，零线对齐后方可划线。游标高度尺的校准可在精密平板上进行。

（3）辅助工具

常用的支撑工具有方箱、千斤顶、V 型铁、角铁等。

① 方箱。划线方箱是用铸铁制成的空心立方体，相邻两面互相垂直，相对两面互相平行，尺寸精度和形状位置精度较高。方箱上带有 V 型槽和夹持装置，V 型槽用来安放较小的轴和盘套类工件，通过翻转方箱可把工件上相互垂直的线在一次装夹中全部划出来，如图 8-15 所示。

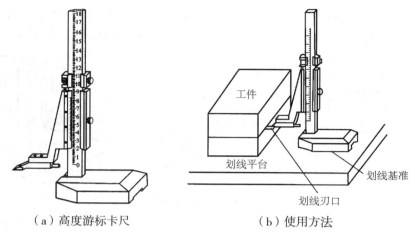

（a）高度游标卡尺　　　　　　　　（b）使用方法

图 8-14　高度游标卡尺及使用方法

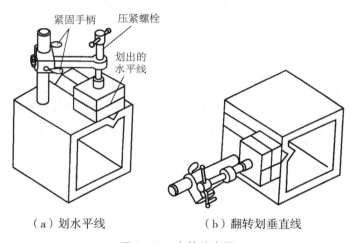

（a）划水平线　　　　　　　　（b）翻转划垂直线

图 8-15　方箱的应用

② 千斤顶。在加工较大或不规则工件时，常用千斤顶来支撑工件。通常三个千斤顶为一组同时使用，每个千斤顶的高度均可调整，以便找正工件，一般用于毛坯件或焊接件，如图 8-16 所示。

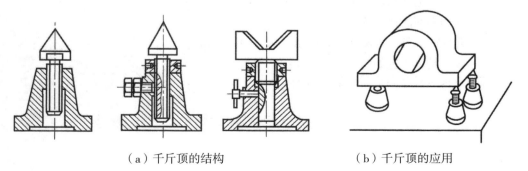

（a）千斤顶的结构　　　　　　　　（b）千斤顶的应用

图 8-16　千斤顶及其应用

③ V 型铁。V 型铁也叫 V 型块，主要用于支撑轴、套筒等圆柱形工件，保证工件轴线与平板平行；在划较长工件的中心线时，可放在两个等高的 V 型铁上，如图 8-17 所示。

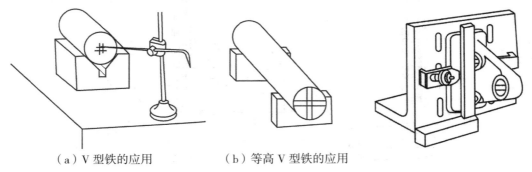

（a）V 型铁的应用　　　（b）等高 V 型铁的应用

图 8-17　V 型铁　　　　　　　　　　　　　图 8-18　角铁及其应用

④ 角铁。角铁有两个相互垂直的平面，通常要与压板配合使用，用来夹持需要划线的工件，如图 8-18 所示。

### 8.1.3　划线实例

（1）划线基准的选择

用划线盘划线时应选定某些基准作为依据，一般从四个方面找基准，点、线、面、孔，并以此来调节每次划线的高度，这个基准称为划线基准。选择划线基准的原则为：当工件为毛坯时，可选零件图上较重要的几何要素，如重要孔的轴线或平面为划线基准；若工件上有平面已加工过，则应以加工过的平面为划线基准。

（2）划线前的准备

划线前工件表面必须清理干净；铸锻件上的浇口、冒口、黏砂、氧化皮、飞边等都要去掉；半成品要修毛刺、洗净油污；有孔的工件还要用木块或铅块塞孔，以便定心划圆。然后在划线表面上涂色，铸锻件涂石灰水，小件可涂粉笔，半成品涂蓝油等。

（3）划线步骤

下面以轴承座的立体划线为例，介绍划线步骤。轴承座零件图如图 8-19a 所示，具体划线步骤说明如下：

① 研究图纸，确定划线基准，详细了解需要划线的部位。

② 初步检查毛坯的误差情况，去除不合格毛坯。

③ 工件的表面涂色（蓝油）。

④ 正确安放工件，如图 8-19b 所示，选用划线工具。

⑤ 划线，具体步骤如图 8-19c ~ 8-19e 所示。

⑥ 在线条上打样冲眼，如图 8-19f 所示。

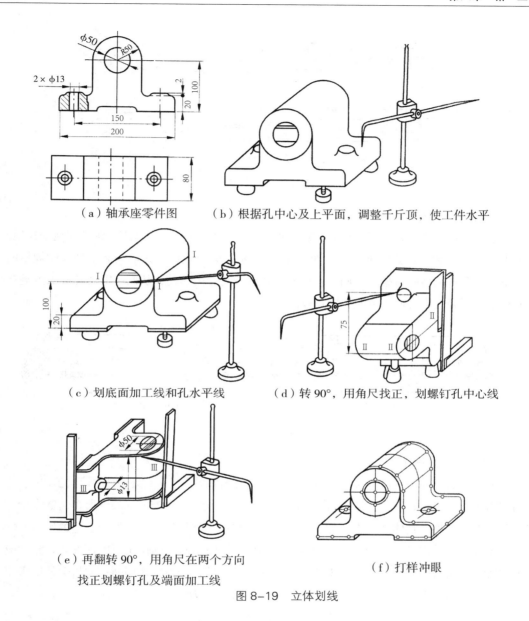

（a）轴承座零件图　　　（b）根据孔中心及上平面，调整千斤顶，使工件水平

（c）划底面加工线和孔水平线　　　（d）转90°，用角尺找正，划螺钉孔中心线

（e）再翻转90°，用角尺在两个方向
　　　找正划螺钉孔及端面加工线　　　（f）打样冲眼

图 8-19　立体划线

## 8.2 锯削和锉削

### 8.2.1 锯削

用手锯对工件进行切断和切槽的加工操作称为锯削。锯削的主要应用有：①锯断各种原材料或半成品，如图 8-20a 所示；②锯掉工件上的多余部分，如图 8-20b 所示；③在工件上锯槽等，如图 8-20c 所示。

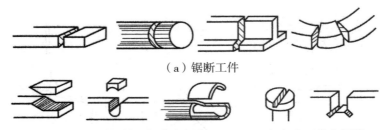

（a）锯断工件

（b）锯掉工件上的多余部分　　　　（c）在工件上锯槽

图 8-20　锯削的应用

（1）手锯的构造与种类

手锯由锯弓和锯条两部分组成。锯弓是用来夹持和拉紧锯条的工具，锯条起切削作用。手锯有固定式和可调式两种形式，如图 8-21 所示。固定式锯弓只能安装一种长度规格的锯条。可调式锯弓的弓架分成两段，前段可在后段的套内移动，从而可安装几种长度规格的锯条。可调式锯弓使用方便，应用较广。

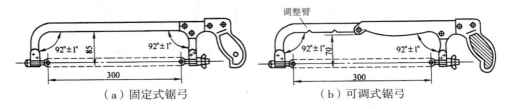

（a）固定式锯弓　　　　　　　　　　（b）可调式锯弓

图 8-21　锯弓的种类

（2）锯条及选用

锯条一般用 T10、T10A 碳素工具钢制成，并经淬火处理，其硬度不小于 62HRC。常用的锯条长 300 mm、宽 12 mm、厚 0.8 mm。锯条以齿距大小（25 mm 长度所含齿数多少）分粗、中、细齿，具体选择方法如表 8-1 所示。根据工件材料及厚度选择合适的锯条，安装在锯弓上。手锯是向前推时进行切割，在向后返回时不起切削作用，因此安装锯条时应锯齿向前。锯条的松紧要适当，太紧失去了应有的弹性，锯条容易崩断；太松会使锯条扭曲，锯缝歪斜，锯条也容易崩断。锯条的安装如图 8-22 所示。

表 8-1　锯条的齿距及用途

| 锯齿种类 | 每 25 mm 长度内含齿数 | 应用 |
|---|---|---|
| 粗 | 14~18 | 软钢、黄铜、铝、铸铁、紫铜、人造胶质材料 |
| 中 | 22~24 | 中等硬度钢、厚壁的钢管、铜管 |
| 细 | 32 | 薄片金属、厚壁的钢管 |
| 细变中 | 20~32 | 一般工厂用 |

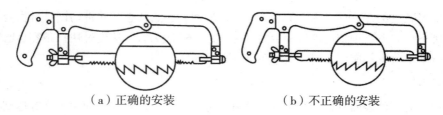

（a）正确的安装　　　　　　　　（b）不正确的安装

图 8-22　锯条的安装方向

（3）锯削操作要点

①工件的安装。工件的夹持要牢固，不可有抖动，以防锯割时工件移动而使锯条折断。工件应尽可能安装在台虎钳的左边，以便操作。工件伸出钳口不应过长，防止锯切时产生振动。工件要夹紧，并应防止变形和夹坏已加工表面。

②握锯方法。右手满握锯柄，左手轻扶锯弓前端，如图 8-23 所示。

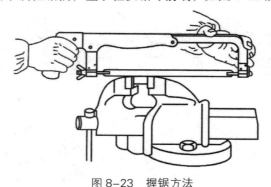

图 8-23　握锯方法

③站立位置与姿势。锯削的站立位置与錾削基本相同，右脚支撑身体重心，双手扶正手锯放在工件上，左臂微弯曲，右臂与锯削方向基本保持平行。

④起锯时角度。起锯时左手拇指靠住锯条，起锯角 $\alpha$ 大约为 15°。起锯角过大，锯齿被棱边卡住，会碰落锯齿；起锯角过小，锯齿不易切入工件可能打滑。起锯时应尽量多几个锯齿同时接触工件，每个锯齿可分担受力，锯条不易崩齿，如图 8-24 所示。

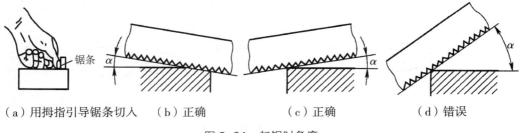

（a）用拇指引导锯条切入　　（b）正确　　　　（c）正确　　　　（d）错误

图 8-24　起锯时角度

⑤锯削动作。锯削时双脚站立不动。推锯时，要用力；回锯时，锯条在锯缝中轻轻滑过。锯削时应尽可能用锯条长度参与加工，锯条始终垂直于锯削加工面。右腿保持伸直状态，身体重心慢慢转移到左腿上，左膝盖弯曲，身体随锯削行程的加大自然前倾；当锯弓前推

行程达锯条长度的 3/4 时，身体重心后移，慢慢回到起始状态，并带动锯弓行程至终点后回到锯削开始状态。锯切速度以每分钟往复 30 ~ 60 次为宜。速度过快锯条容易磨钝，反而会降低切削效率；速度太慢，效率不高。

### 8.2.2 锉削

用锉刀对工件表面进行切削加工，使其尺寸、形状、位置和表面粗糙度等达到技术要求的操作称为锉削。锉削主要用于无法用机械方法加工或用机械加工不经济或达不到精度要求的工件，如复杂的曲线样板工作面修整、异形模具腔的精加工、零件的锉配等。锉削加工的生产效率很低，但锉削精度可达 IT8 ~ IT7，表面粗糙度 $Ra$ 可达到 0.8 μm 左右。锉削加工简便，应用范围广，可对工件的平面、曲面、内孔、沟槽及其他复杂表面进行加工，也可用于成形样板、模具型腔以及部件、机器装配时的工件修整等。锉削是钳工主要操作方法之一。锉削的应用如图 8-25 所示。

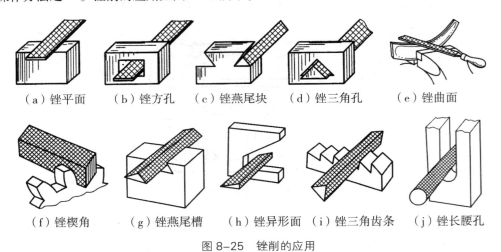

（a）锉平面　　（b）锉方孔　　（c）锉燕尾块　　（d）锉三角孔　　（e）锉曲面

（f）锉楔角　　　（g）锉燕尾槽　　　（h）锉异形面　（i）锉三角齿条　　（j）锉长腰孔

图 8-25　锉削的应用

（1）锉刀

锉刀由高碳工具钢 T12 或 T13 制成，并经过淬硬处理，硬度可达 62HRC ~ 67HRC，是专业厂生产的一种标准工具。锉刀的结构如图 8-26 所示。

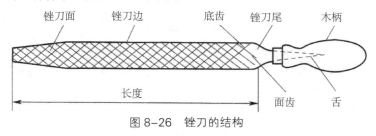

锉刀面　　锉刀边　　　底齿　　锉刀尾　　　木柄

长度　　　　　　　　　　　　　　　面齿　　舌

图 8-26　锉刀的结构

按锉刀的断面形状分为平锉（板锉）、半圆锉、方锉、三角锉、圆锉等，其中以平锉用得最多，如图 8-27 所示。

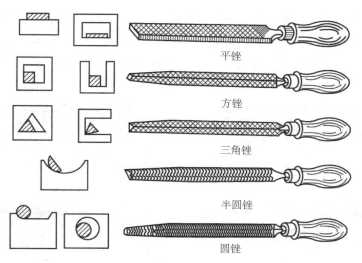

平锉

方锉

三角锉

半圆锉

圆锉

图 8-27 普通锉刀的种类和用途

锉刀的长度与形状按加工表面大小和形状决定。齿纹粗细的选定，一般粗锉刀用于锉软金属、加工余量大、精度和表面粗糙度要求低的工件。反之则用细锉刀，半精加工多用中锉，油光锉用于精加工。参见表 8-2。

表 8-2 锉刀刀齿粗细的划分及其应用

| 类别 | 齿 数<br>（10 mm 长度内） | 加工余量 /mm | 能获得的<br>表面粗糙度 /μm | 一般用途 |
|------|------|------|------|------|
| 粗齿锉 | 4~12 | 0.5~1.0 | 50~12.5 | 粗加工或锉软金属 |
| 中齿锉 | 13~24 | 0.2~0.5 | 6.3~1.6 | 适于粗锉后加工 |
| 细齿锉 | 30~40 | 0.1~0.2 | 1.6~0.8 | 锉光表面和锉硬金属 |
| 油光锉 | 40~60 | 0.02~0.1 | 0.8~0.2 | 精加工时修光表面 |

（2）锉削操作要点

① 装夹工件。工件必须牢固地夹在虎钳钳口的中部，需锉削的表面略高于钳口，不能高得太多，夹持已加工表面时，应在钳口与工件之间垫以铜片或铝片。

② 锉削站立位置和姿势。锉削时站立位置和姿势与锯削基本相同。其动作要领是：锉削时，身体先于锉刀向前随之与锉刀一起前行，重心前移至左脚，膝部弯曲，右腿伸直并前倾，当锉刀行程至 3/4 处时，身体停止前进，两臂继续将锉刀推到锉刀端部，同时将身体重心后移，使身体恢复原位，并顺势将锉刀收回。当锉刀收回接近结束时，身体又开始前倾，进行第二次锉削。

③ 锉刀的运用。锉削时锉刀的平直运动是锉削的关键，若锉刀运动不平直，工件中间就会凸起或产生鼓形面。锉削的力有水平推力和垂直压力两种，推动主要由右手控制，其大小必须大于锉削阻力才能锉去切屑，压力是由两只手控制的，其作用是使锉齿深入金属表面。锉削速度一般为每分钟 30 ~ 60 次。太快，操作者容易疲劳，且锉齿易磨钝；太慢，切削效率低。

锉刀的锉削运动过程，瞬间可视为杠杆平衡问题（工件可视为支点，左手为阻力作用点，右手为动力作用点）。每次锉刀运动时，右手力随锉刀推动而逐渐增加，左手力逐渐减小，回程时不施力，从而保证锉刀平衡，受力情况分解如图8-28所示。

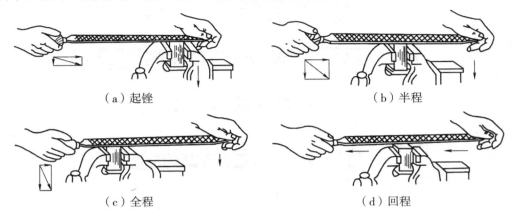

（a）起锉　　　　　　　　　　　　　　　（b）半程

（c）全程　　　　　　　　　　　　　　　（d）回程

图8-28　锉刀受力情况分解

（a）开始锉削时，左手施力较大，右手水平分力（推力）大于垂直分力（压力），如图8-28a所示。

（b）随着锉削行程的逐渐增大，右手施力逐渐增大，左手压力逐渐减小，当行至1/2时，两手压力相等，如图8-28b所示。

（c）当锉削行程超过1/2继续增加时，右手压力继续增加，左手压力继续减小；行程至锉削终点时，左手压力最小，右手施力最大，如图8-28c所示。

（d）锉削回程时，将锉刀抬起，快速返回到开始位置，两手不施压力，如图8-28d所示。

④平面锉削操作。平面锉削的方法常用的有三种：交锉法、顺锉法、推锉法，如图8-29所示。

（a）交锉法：锉削时锉刀从两个方向交叉对工件表面依次进行锉削的方法。交锉法去屑快、效率高。该法由于锉刀与工件接触面积较大，掌握锉刀平稳，通过锉痕易判断加工面的高低不平情况，平面度较好，因此常用于平面的粗锉。如图8-29a所示。

（b）顺锉法：锉刀沿着工件夹持方向或垂直于工件夹持方向直线移动进行锉削的方法。这种方法是最基本的锉削方法。锉削的平面可以得到正直的锉痕，比较美观整齐，表面粗糙度值较小，可以使整个加工表面锉削均匀，因此顺锉常用于平面的精锉。如图8-29b所示。

（c）推锉法：锉削时用双手横握锉刀两端往复运动进行锉削的方法。推锉法常用于在加工窄长平面或加工余量较小平面、修整平面、降低表面粗糙度数值的场合。该法锉痕与顺锉法相同，如图8-29c所示。

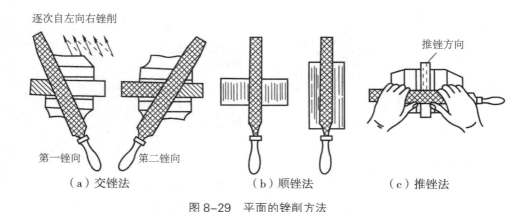

逐次自左向右锉削

第一锉向　　第二锉向

（a）交锉法　　　　　　　　（b）顺锉法　　　　　　　（c）推锉法

图 8-29　平面的锉削方法

⑤ 外曲面锉削操作。外曲面锉削时常用滚锉法和横锉法。滚锉法是用平锉刀顺圆弧面向前推进，同时锉刀绕圆弧面中心摆动，如图 8-30a 所示。横锉法是用平锉刀沿圆弧面的横向进行锉削，如图 8-30b 所示。当工件的加工余量较大时常采用横锉法。

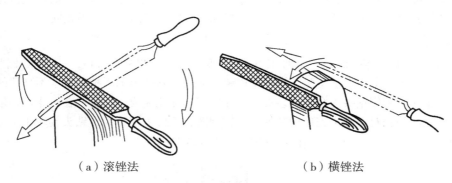

（a）滚锉法　　　　　　　　　　　（b）横锉法

图 8-30　外曲面的锉削方法

⑥ 常见锉削缺陷与质量检查。

（a）锉削质量问题。常见锉削质量问题主要有两类：一类是锉削表面的尺寸或形状位置误差，产生的主要原因是锉削技术不熟练，两手用力不平衡，只有多练习才能提高；另一类是锉痕粗糙，表面出现异常的深沟、拉伤，导致表面粗糙度不合格，产生的原因是锉刀粗细选用不当，没有及时清理锉刀表面的锉屑。

（b）锉削平面质量检验。检查平面的直线度和平面度，用钢尺和直角尺以透光法来检查，要多检查几个部位并进行对角线检查，如图 8-31a 所示。检查垂直度，用直角尺采用透光法检查，应选择基准面，然后对其他面进行检查，如图 8-31b 所示。

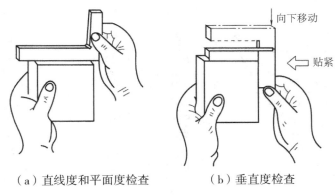

（a）直线度和平面度检查　　　　（b）垂直度检查

图 8-31　锉削表面的平面度和垂直度检查

## 8.3　孔加工

孔加工的方法主要有两类：一类是在实体工件上加工出孔，即用麻花钻、中心钻等进行的钻孔操作；另一类是对已有的孔进行再加工，即用扩孔钻、锪孔钻和铰刀进行的扩孔、锪孔和铰孔操作。不同的孔加工方法所获得孔的精度及表面粗糙度不相同。

### 8.3.1　钻孔

钻孔属孔的粗加工，其加工孔的精度一般为 IT13 ～ IT11，表面粗糙度 $Ra$ 为 50 ～ 12.5 μm，主要用于装配、修理及攻螺纹前的预制孔等加工精度要求不高孔的制作。钻孔加工必须利用钻头配合一些装夹工具在钻床上才能完成。钻头装在机床上，依靠钻头与工件之间的相对运动来完成切削加工。钻削时，工件固定不动，钻头旋转（主运动）并作轴向移动（进给运动），向深度钻削，如图 8-32 所示。

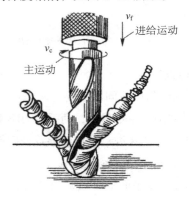

图 8-32　钻削运动

（1）孔加工设备

常使用的孔加工设备有台式钻床、立式钻床、摇臂钻床和手电钻等，其构造如图 8-33 至图 8-35 所示。

① 台式钻床。台式钻床简称台钻，是一种小型钻床，一般加工直径在 12 mm 以下的孔，如图 8-33 所示。

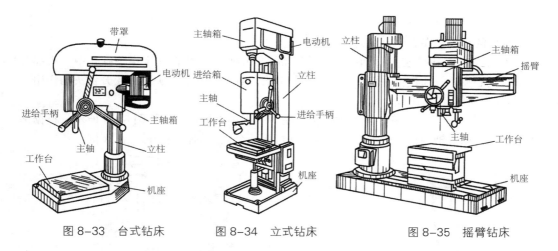

图 8-33 台式钻床　　　图 8-34 立式钻床　　　图 8-35 摇臂钻床

② 立式钻床。立式钻床简称立钻，一般用来钻中型工件上的孔，其最大钻孔直径有 25、35、40、50 mm 等多种，如图 8-34 所示。

③ 摇臂钻床。摇臂钻床的主轴转速范围和进给量较大，加工范围广泛，可用于钻孔、扩孔、铰孔等多种孔加工，如图 8-35 所示。

（2）钻头

钻孔刀具主要有麻花钻、中心钻、深孔钻和扁钻等，其中麻花钻使用最广泛，如图 8-36 所示。柄部是钻头的夹持部分，用于传递扭矩与轴向力。它有直柄和锥柄两种形式，直径小于 12 mm 时一般为直柄钻头，大于 12 mm 时为锥柄钻头，锥柄扁尾部分可防止钻头在锥孔内的转动，并用于退出钻头。工作部分包括切削和导向两部分，导向部分为两条对称的螺旋槽，用来形成切削刃，且作运输切削液和排屑用。导向部分的两条刃带在切削时起导向作用，其直径由切削部分向柄部逐渐减小，形成倒锥，以减小钻头与工件孔壁的摩擦。如图 8-37 所示，切削部分有两条对称的主切削刃，两刃之间的夹角称为顶角，通常为 116°～118°，两个顶面的交线叫作横刃。颈部连接工作部分和柄部，是钻头加工时的退刀槽，其上有钻头的直径、材料等标记。

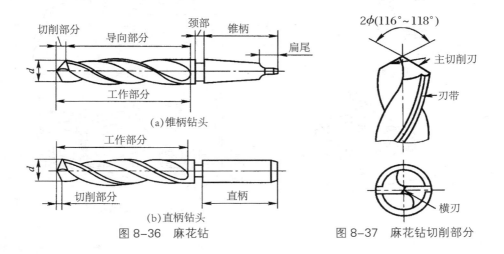

（a）锥柄钻头

（b）直柄钻头

图 8-36 麻花钻　　　　　图 8-37 麻花钻切削部分

（3）钻头装夹夹具

常用的钻头装夹夹具有钻夹头和钻头套。

① 钻夹头：用于装夹直柄钻头。其尾部为圆锥面，可装在钻床主轴锥孔中，头部有三个自定心夹爪，通过扳手可使三个夹爪同时合拢或张开，起到夹紧或松开钻头的作用，如图 8-38 所示。

② 钻头套：钻头套有 1～5 种规格，用于装夹小锥柄钻头，如图 8-39 所示。根据钻头锥柄及钻床主轴内锥孔的锥度来选择，并可用两个以上的钻头套做过渡连接。

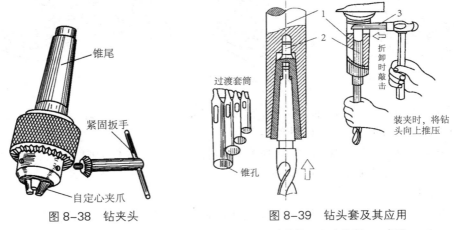

图 8-38　钻夹头　　　　　　　　图 8-39　钻头套及其应用

1- 夹头体；2- 夹头套；3- 钥匙

（4）工件装夹夹具

常用于装夹工件的夹具有手虎钳、平口钳、压板和 V 型铁等。薄壁小件常用手虎钳夹持，中小型平整工件常用平口钳夹持，圆形零件用 V 型铁和弓架夹持，大型件用压板和螺栓直接压在工作台上，如图 8-40 所示。

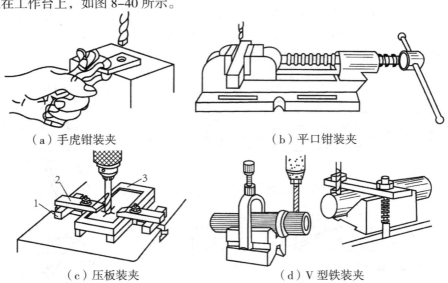

（a）手虎钳装夹　　　　　　　　　（b）平口钳装夹

（c）压板装夹　　　　　　　　　　（d）V 型铁装夹

图 8-40　钻孔工件装夹夹具

（5）钻削操作注意事项

① 钻孔前，先打出样冲眼，眼要大，这样起钻时不易偏离中心。当加工孔大于 20 mm 或孔距尺寸精度要求较高时，还需划出检查圆。

② 钻削时工件应夹紧在工作台或机座上，小工件常用机用平口钳夹紧。直径 12 mm 以上的锥柄钻头直接或加接钻套后装入主轴锥孔内。

③ 调整主轴转速时（变换主轴转速或机动进给量时，必须在停车后进行），小钻头转速可快些，大钻头转速可慢些。起钻时，仔细对准孔中心下压进给手柄，将要钻通时，应减小进给量，避免造成危险（钻头在钻通工件的那一瞬间，工件部分钻通、部分未钻通，加工余量和未排清的铁屑会咬住钻头，会把夹持工件的平口钳从钻头旋转的切线方向打出去或者钻头折断）。孔较深时，应间歇退出钻头，及时排屑，必要时可不间断地加注切削液冷却、润滑。

### 8.3.2　扩孔

用扩孔钻扩大已有孔的加工方法称为扩孔。扩孔的加工精度一般可达到 IT10 ~ IT9，表面粗糙度 Ra 值为 6.3 ~ 3.2 μm。扩孔钻的形状和钻头相似，但其顶部为平面、无横刃，有 3 ~ 4 条切削刃，且其螺旋槽较浅、刚性好、导向性好，如图 8-41 所示。

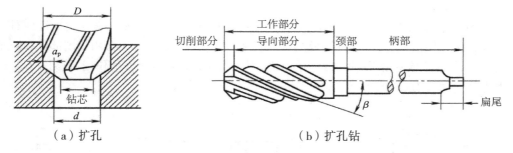

（a）扩孔　　　　　　　　　　（b）扩孔钻

图 8-41　扩孔钻

扩孔钻切削较平稳，可适当校正原孔轴线的偏斜，从而获得较准确的几何形状及较小的表面粗糙度值。因此扩孔可作为精度要求不高的孔的最终加工或铰孔等精加工的预加工。扩孔加工余量为 0.5 ~ 4.0 mm。在精度要求不高的单件小批量生产中，扩孔可用麻花钻代替。

### 8.3.3　锪孔

锪孔是指在已加工的孔上加工圆柱形沉头孔、锥形沉头孔和凸台的平面等，如图 8-42 所示。锪孔时使用的刀具称为锪钻，一般用高速钢制造。加工大直径凸台断面的锪钻，可用硬质合金重磨式刀片或可转位式刀片，用镶齿或机夹的方法固定在刀体上制成。锪钻导柱的作用是导向，以保证被锪沉头孔与原有孔同轴。

锪孔的目的是为了保证孔口与孔中心线的垂直度，以便与孔连接的零件位置正确，连接可靠。在工件的连接孔端锪出柱形或锥形埋头孔，用埋头螺钉埋入孔内把有关零件连接起来，使外观整齐，装配位置紧凑。将孔口端面锪平，并与孔中心线垂直，能使连接螺栓（或螺母）的端面与连接件保持良好接触。

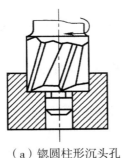

（a）锪圆柱形沉头孔

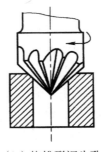

（b）锪锥形沉头孔

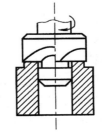

（c）锪凸台的平面

图 8-42　锪孔

### 8.3.4　铰孔

铰孔是铰刀从工件孔壁上切除微量金属层，以提高其尺寸精度和孔表面质量的方法。铰孔是孔的精加工方法之一，在生产中应用很广。铰孔可分为粗铰和精铰，精铰如图 8-43 所示。其加工余量较小，只有 0.05 ~ 0.15 mm，尺寸公差等级可达到 IT8 ~ IT7，表面粗糙度 $Ra$ 值可达到 0.8 μm。铰孔前的工件应经过钻孔、扩孔（镗孔）等加工。

（1）铰刀

铰刀有手用铰刀和机用铰刀两种，如图 8-43b 所示。手用铰刀为直柄，工作部分较长。机用铰刀多为锥柄，可装在钻床、车床或镗床上铰孔。铰刀的工作部分由切削部分和修光部分组成。切削部分呈锥形，担负着切削工作；修光部分起着导向修光的作用。铰刀有 6 ~ 12 个切削刃，每个刀刃的切削负荷较轻。

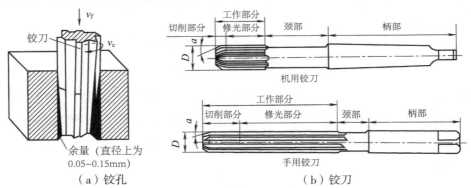

（a）铰孔　　　　　　　　　　　　　（b）铰刀

图 8-43　铰孔和铰刀

（2）手铰圆柱孔的步骤和方法

① 根据孔径和孔的精度要求，确定孔的加工方法和工序间的加工余量，图 8-44 为精度较高的 ϕ30 孔的加工过程。

② 进行钻孔或扩孔后再进行铰孔。

③ 手铰时两手用力要均匀，按顺时针方向转动铰刀并略微向下用力。任何时候都不能倒转，否则，切屑挤住铰刀将划伤孔壁，使铰出的孔不光滑、不圆也不准确。

④ 在铰孔的过程中，如果转不动不能硬扳，应小心地抽出铰刀，检查铰刀是否被铁屑卡住或遇到硬点。否则，会折断铰刀或使铰刀崩刃。

⑤ 进刀量的大小要适当、均匀，并不断地加冷却润滑液。

⑥ 孔铰完后，要按顺时针方向旋转退出铰刀。

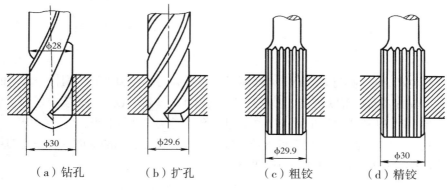

（a）钻孔　　　（b）扩孔　　　（c）粗铰　　　（d）精铰

图 8-44　孔的精铰工序

## 8.4　螺纹加工

常用的加工螺纹除采用机床加工外，还可以用钳工加工方法中的攻螺纹和套螺纹来获得。攻螺纹（亦称攻丝）是用丝锥在工件内圆柱面上加工出内螺纹；套螺纹（亦称套丝、套扣）是用板牙在圆柱杆上加工出外螺纹。

### 8.4.1　攻螺纹

（1）丝锥

丝锥是用来加工较小直径内螺纹的成形刀具。丝锥一般分为机用丝锥和手用丝锥两种，机用丝锥都用高速钢制造，手用丝锥一般选用合金工具钢 9SiGr 制成，并经热处理淬硬。丝锥由工作部分和柄部组成，如图 8-45 所示。工作部分的前部为切削部分，有切削锥度，有锋利的切削刃，起主要切削作用，使切削负荷分布在几个刀齿上，不易产生崩刃，而且引导作用良好，并能保证螺纹孔的表面粗糙度要求；工作部分的后部为校准部分，用来修光和校准已切出的螺纹，并起导向作用，是丝锥的备磨部分。丝锥柄部为方头，是丝锥的夹持部位，其作用是与铰杠相配合起传递转矩及轴向力的作用。

每种型号的丝锥一般由三支组成，分别称为头锥、二锥和三锥。成套丝锥分次切削，依次分担切削量，以减小每支丝锥单齿切削负荷。在 M6 ~ M24 的范围内，一套丝锥由两支组成，分为头锥和二锥。M6 以下及 M24 以上一套有三支，即头锥、二锥和三锥。一套丝锥中各丝锥的大径、中径和小径均相等，只是切削部分的长短和锥角不同。头锥切削部分较长，锥角较小，约有 6 个不完整的齿以便切入；二锥切削部分较短，锥角较大，约有 2 个不完整的齿。

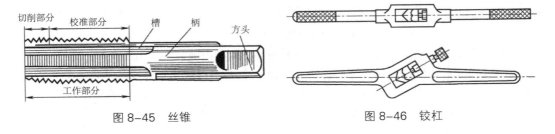

图 8-45 丝锥　　　　　　　　图 8-46 铰杠

（2）铰杠

铰杠是夹持丝锥的工具，如图 8-46 所示。铰杠有固定式和可调式两种，常用的是可调式铰杠，其方孔大小可以调节，以便夹持不同尺寸的丝锥。铰杠的长度应根据丝锥尺寸大小来选择，以便控制攻螺纹时的扭矩，防止丝锥因施力不当而扭断。

固定式普通铰杠用于 M5 以下的丝锥。铰杠的方孔尺寸和柄的长度都有一定的规格，使用时按丝锥尺寸大小，由表 8-3 中合理选择。

表 8-3　铰杠适用范围

| 铰杠规格 /mm | 150 | 225 | 275 | 375 | 475 | 600 |
| --- | --- | --- | --- | --- | --- | --- |
| 适用丝锥 | M5 ~ M8 | M8 ~ M12 | M12 ~ M14 | M14 ~ M16 | M16 ~ M22 | M24 以上 |

（3）螺纹底孔直径和深度的确定

攻螺纹时，丝锥除了切削金属以外，还会挤压金属。材料的塑性越大，挤压作用越显著。因此，螺纹底孔的直径必须大于螺纹标准中规定的螺纹内径。确定螺纹底孔的直径可用查表法（见有关手册），亦可用下列经验公式计算：

钢件及其他塑性材料：$d = D - P$　　　　　　　　（8-1）

铸铁及其他脆性材料：$d = D - (1.05 \sim 1.1)P$　　　　（8-2）

式中：$d$——螺纹底孔用钻头直径（mm）；$D$——螺纹大径（mm）；$P$——螺距（mm）。

在盲孔中攻螺纹时，丝锥不能攻到底，底孔的深度要大于螺纹长度，因此螺纹底孔的深度可按下列公式计算：

$$H = L + 0.7D　　　　　　　　（8-3）$$

式中：$H$——钻孔深度（mm），$L$——螺纹长度（mm），$D$——螺纹大径（mm）。

（4）孔口倒角

攻螺纹前要在钻孔的孔口进行倒角，以利于丝锥的定位和切入。倒角的深度大于螺纹的螺距。

（5）攻螺纹操作实例

① 如攻 M12 螺纹，底孔直径为 10.2 mm。将刃磨好的 $\phi$10.2 mm 钻头钻出底孔，钻通后，换 $\phi$20 mm 钻头对两面孔口进行倒角，用游标卡尺检查孔的尺寸。

② 将钻好孔的工件夹紧在台虎钳上，将头锥装紧在 225 mm 的活动式铰杠上，将丝锥垂直放入孔中，一手施加压力，一手转动铰杠，如图 8-47 所示。

③ 当丝锥进入工件 1 ~ 2 圈时，用 90° 角尺在两个相互垂直的平面内检查和矫正，如图 8-48 所示。

④ 当丝锥进入 3 ~ 4 圈时，丝锥的位置要准确无误。之后转动铰杠，使丝锥自然旋入工件，并不断反转断屑，直至攻通，如图 8-49 所示。

⑤ 自然反转，退出丝锥。再用二锥对螺孔进行一次清理。

⑥ 最后用 M12 的标准螺钉检查螺孔，以自然顺畅旋入螺孔为宜。攻螺纹最关键的是丝锥要与工件方向垂直。

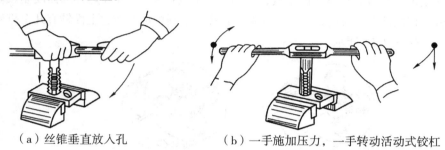

（a）丝锥垂直放入孔　　　　（b）一手施加压力，一手转动活动式铰杠

图 8-47　起攻方法

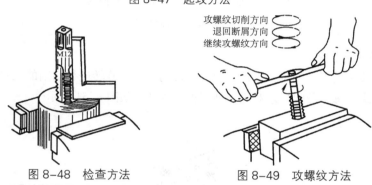

图 8-48　检查方法　　　　图 8-49　攻螺纹方法

（6）注意事项

① 选择合适的铰杠长度，以免转矩过大，折断丝锥。

② 正常攻螺纹阶段，双手作用在铰杠上的力要平衡。切忌用力过猛或左右晃动，造成孔口烂牙。每正转 1/2 ~ 1 圈时，应将丝锥反转 1/4 ~ 1/2 圈，将切屑切断排出，加工盲孔时更要如此。

③ 转动铰杠感觉吃力时，不能强行转动，应退出头锥，换用二锥，如此交替进行。

④ 攻不通螺孔时，可在丝锥上做好深度标记，并要经常退出丝锥，清除留在孔内的切屑。当工件不便倒出切屑时，可用磁性针棒吸出切屑或用弯的管子吹去切屑。

⑤ 攻钢料等韧性材料工件时，加机油润滑可使螺纹光洁，并能延长丝锥寿命；对铸铁件，通常不加润滑油，也可加煤油润滑。

⑥ 丝锥若断在孔内，应先将碎的丝锥块及切削洗除干净，再用尖嘴钳拧出断丝锥，或用尖錾等工具，顺着丝锥旋出的方向敲击，以取出断丝锥。当丝锥折断部分露在孔外，且咬合很紧的情况下，可将弯杆或螺母气焊在丝锥上部，扳动螺母或旋转弯杆将之带出。也可用专用的工具，顺着丝锥旋出方向转动，取出断丝锥。

### 8.4.2 套螺纹

利用圆板牙在圆柱或圆锥外表面上加工出外螺纹的操作技能称为套螺纹（套丝）。钳工在装配过程中对工件进行套螺纹加工、修配应用较多。

（1）圆板牙

圆板牙是加工小直径外螺纹的工具，是用合金工具钢9SiCr并经热处理淬硬制成。它由切削部分、校准部分和排屑孔组成。其本身就像一个圆螺母，在它上面钻有几个排屑孔而形成刃口，如图8-50所示。

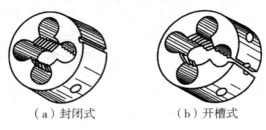

（a）封闭式 　　　　（b）开槽式

图 8-50　圆板牙

（2）圆板牙铰杠

圆板牙铰杠是用来安装、夹持圆板牙，带动圆板牙旋转进行切削的工具。圆板牙铰杠通常为固定式，每一种圆板牙对应一种圆板牙铰杠，如图8-51所示。

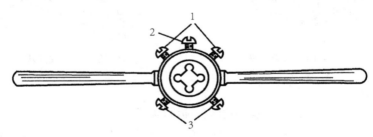

图 8-51　圆板牙铰杠

1- 撑开板牙螺钉；2- 调整板牙螺钉；3- 固定板牙螺钉

（3）套螺纹前底孔直径的确定

用圆板牙加工外螺纹时，圆板牙除对材料起切削作用外，还对材料产生挤压。因此，螺纹的牙型产生塑性变形，使牙型顶端凸起一部分。材料塑性越大，则挤压凸起部分越多，所以圆杆直径应稍小于螺纹大径。

圆杆直径可用下列公式计算：$d = D - 0.13P$　　　　　　　　　　　　　　（8-4）

式中：$d$——圆杆直径（mm）；$D$——外螺纹大径（mm）；$P$——螺距（mm）。

（4）套螺纹操作实例

① 套螺纹前应将板牙排屑槽内及螺纹内的切屑清除干净，将被套圆杆的端部倒成60° 左右的锥台，如图8-52所示，便于圆板牙对准中心和切入。

② 夹紧圆杆，在满足套螺纹长度要求的前提下，圆杆伸出钳口的长度应尽量短。为

了不损伤已加工表面，可在钳口和工件之间垫铜皮或 V 型架。

③ 将圆板牙垂直放至圆杆顶部，施加压力缓慢转动，套入 3 ~ 4 牙以后，只转动不再施加压力，但要经常反转，以便断屑，如图 8-53 所示。

④ 在套螺纹的过程中，应加切削液或机油润滑，以提高螺纹加工质量，延长圆板牙使用寿命。

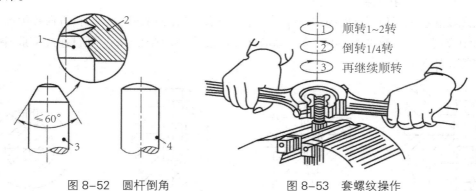

| 图 8-52　圆杆倒角 | 图 8-53　套螺纹操作 |
| --- | --- |

1- 工件；2- 板牙；3- 倒角圆杆；4- 未倒角圆杆

## 8.5　装配

装配是将零件装配成为机器的过程。包括把几个零件安装在一起的组件装配，把零件和组件装配在一起的部件装配以及零件、组件、部件的总装配。同时还包括修整、调试、试车等步骤，以达到机器运转的各项技术要求。装配是机器制造的最后工序，对机器的质量和使用寿命有重要的影响。装配过程中经常要遇到零件间的连接与配合问题。

### 8.5.1　部件装配和总装配

完成整台机器装配，必须要经过部件装配和总装配这两个过程。部件装配通常是在装配车间的各个工段（或小组）进行的。部件装配是总装配的基础，这一工序进行得好与坏，会直接影响到总装配和产品的质量。总装配就是把预先装好的部件、组合件、其他零件，以及从市场采购来的配套装置或功能部件装配成机器。

### 8.5.2　装配时连接的种类

（1）固定连接

① 可拆的固定连接：螺纹、键、楔、销等。

② 不可拆的固定连接：铆接、焊接、压合、冷热套、胶合等。

（2）活动连接

① 可拆的活动连接：轴与轴承、溜板与导轨、丝杠与螺母等。

② 不可拆的活动连接：任何活动连接的铆合。

### 8.5.3　配合的种类

（1）过盈配合。装配依靠轴与孔的过盈量，零件表面间产生弹性压力，是紧固的连接。

（2）过渡配合。零件表面间有较小的间隙或很小的过盈量，能保证配合件有较高的同心度，如滚动轴承的内圈与轴的配合等。

（3）间隙配合。零件表面间有一定的间隙，配合件间有符合要求的相对运动，如轴与滑动轴承的配合等。

### 8.5.4 螺纹连接的装配

（1）螺纹连接的特点与类型

螺纹连接是一种可拆的固定连接，它具有结构简单、连接可靠、装拆方便等优点，在机械中应用广泛。螺纹连接的主要类型有螺栓连接、双头螺柱连接、螺钉连接及紧固螺钉连接等，如图8-54所示。

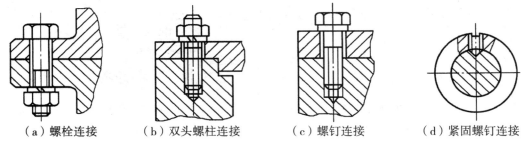

（a）螺栓连接　（b）双头螺柱连接　（c）螺钉连接　（d）紧固螺钉连接

图8-54　螺纹连接的种类

（2）螺纹连接的装拆工具

螺纹紧固件多为标准件，由于其种类繁多，形状各异，所以螺纹连接的装拆工具也有各种不同的形式，使用时应根据具体情况合理选用。此外，在成批生产和装配流水线上还广泛采用了气动、电动扳手等。

① 螺钉旋具 。螺钉旋具用于装拆头部开槽的螺钉。常用的螺钉旋具有：一字旋具、十字旋具、快速旋具和弯头旋具，如图8-55所示。

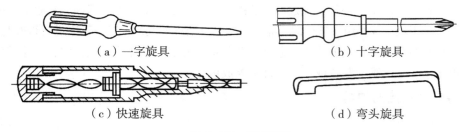

（a）一字旋具　　　　　　　　　　（b）十字旋具

（c）快速旋具　　　　　　　　　　（d）弯头旋具

图8-55　螺钉旋具

（a）一字旋具。该种旋具应用广泛，其规格以旋具体部分的长度表示。常用规格有100、150、200、300和400 mm等几种。使用时应根据螺钉沟槽的宽度选用相应的螺钉旋具。

（b）十字旋具。主要用来装拆头部带十字槽的螺钉，其优点是旋具不易从槽中滑出。

（c）快速旋具。推压手柄，使螺旋杆通过来复孔而转动，可以快速装拆小螺钉，提高装拆速度。

（d）弯头旋具。两端各有一个刃口，互成垂直位置，适用于螺钉头顶部空间受到限制的拆装场合。

② 扳手。扳手是用来装拆六角形、正方形螺钉及各种螺母的工具。常见的扳手有：通用扳手、专用扳手、套筒扳手、钳形扳手、内六角扳手、力矩扳手等。

（a）通用扳手。也叫活络扳手、活扳手，如图 8-56 所示。通用扳手的开口尺寸可在一定范围内调节，使用时让其固定钳口顺着主要作用力方向，否则容易损坏扳手。其规格用长度表示。

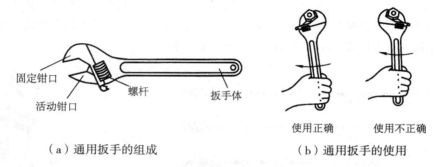

（a）通用扳手的组成　　　　　（b）通用扳手的使用

图 8-56　通用扳手及其使用

（b）专用扳手。只能拆装一种规格的螺母或螺钉，根据其用途不同可分为呆扳手、整体扳手、成套套筒扳手、钳形扳手和内六角扳手等，如图 8-57 所示。

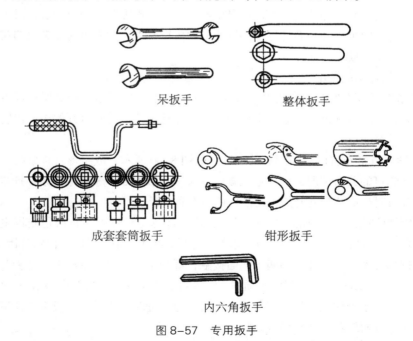

图 8-57　专用扳手

（Ⅰ）呆扳手。用于装拆六角形、方头螺母或螺钉，有单头和双头之分。其开口尺寸与螺母或螺钉对边间距的尺寸相适应，并根据标准尺寸做成一套。

（Ⅱ）整体扳手。分为正方形、六角形、十二角形（梅花扳手）等。整体扳手只要转过一定角度，就可以改换方向再扳，适用于工作空间狭小，不能容纳普通扳手的场合。

（Ⅲ）套筒扳手。由一套尺寸不等的梅花套筒组成。常用于受结构限制其他扳手无法装拆的场合，或为了节省装拆时间时采用。使用方便，工作效率较高。

（Ⅳ）钳形扳手。专门用来锁紧各种结构的圆螺母。

（Ⅴ）内六角扳手。用于装拆内六角螺钉，成套的内六角扳手可供装拆 M4 ~ M30 的内六角螺钉。

（c）力矩扳手。也叫扭矩扳手、扭力扳手、扭矩可调扳手。按动力源可分为：电动力矩扳手、气动力矩扳手、液压力矩扳手及手动力矩扳手。手动力矩扳手又可分为：预置式、定值式、表盘式、数显式等扳手，如图 8-58 所示。

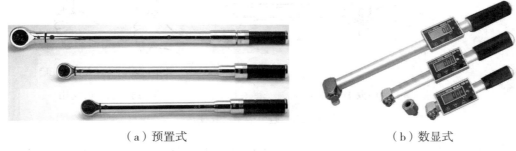

（a）预置式　　　　　　　　　　　　（b）数显式

图 8-58　手动力矩扳手

力矩扳手最主要的特征就是可以设定扭矩，并且扭矩可调。一般来说，对于高强螺栓的紧固都要先初紧再终紧，而且每步都有严格的扭矩要求。大六角高强螺栓的初紧和终紧都必须使用定扭矩扳手。

（3）螺纹连接的装配

① 拧紧圆形或方形布置的成组螺钉的顺序。如图 8-59 所示，拧紧圆形或方形布置的成组螺钉时，必须对称进行（如有定位销，应从靠近定位销的螺钉开始），以防止螺钉受力不一致，甚至变形。

② 拧紧长方形布置的成组螺钉的顺序。如图 8-60 所示，成组螺钉拧紧时，根据被连接件形状和螺钉的分布情况，按一定的顺序逐次（一般为 2 ~ 3 次）拧紧。拧紧长方形布置的成组螺钉时，应从中间开始，逐渐向两边对称地扩展。

③ 双螺母防松方法。如图 8-61a 所示，锁紧螺母（双螺母）防松是先将主螺母拧紧至预定位置，然后再拧紧副螺母。当拧紧副螺母后，在主、副螺母间这段螺杆因受拉伸长，使主、副螺母分别与螺杆牙型的两个侧面接触，都产生正压力及摩擦力。这种防松装置由于要用两个螺母，增加了结构尺寸和质量，一般用于低速重载或较平稳的场合。如图 8-61b 所示，用一个扳手卡住上螺母，用右手按顺时针方向旋转；用另一个扳手卡住下螺母，用左手按逆时针方向旋转，将双螺母锁紧。

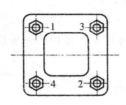 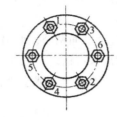 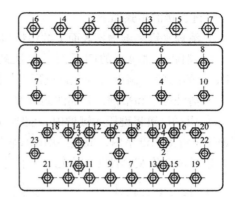

图 8-59　拧紧圆形或方形布置的成组螺钉的顺序　　　图 8-60　拧紧长方形布置的成组螺钉的顺序

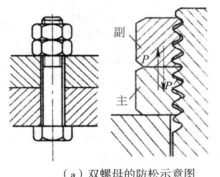  

（a）双螺母的防松示意图　　　　　　（b）拧紧双螺母

图 8-61　双螺母防松方法

④ 弹簧垫圈防松方法。如图 8-62 所示，弹簧垫圈防松装置是把弹簧垫圈放在螺母下，当拧紧螺母时，垫圈受压，产生弹力，顶住螺母，从而在螺纹副的接触面间产生附加摩擦力，以此防止螺纹连接松动。同时斜口的楔角分别抵住螺母和支撑面，也有助于防止松动。这种防松装置容易刮伤螺母和被连接件表面，同时由于弹力分布不均，螺母容易偏斜。它构造简单，防松可靠，一般应用于需经常装拆的场合。

图 8-62　弹簧垫圈防松方法

### 8.5.5　键连接的装配

键连接是将轴和轴上零件在圆周方向上固定，以传递扭矩的一种装配方法。它具有结构简单、工作可靠、拆卸方便等优点，应用广泛。常用的有平键连接、楔键连接和花键连接，平键连接的装配如图 8-63 所示。

平键连接的步骤如下：

① 清理平键和键槽各表面上的污物和毛刺。

② 锉配平键两端的圆弧面，保证键与键槽的配合要求。一般在长度方向允许有 0.1 mm 的间隙，高度方向允许键顶面与其配合面有 0.3 ~ 0.5 mm 的间隙。

③ 清洗键槽和平键，并加注润滑油。

④ 用平口钳将键压入键槽内，使键与键槽底面贴合，如图 8-64 所示。也可垫铜皮后用锤子将键敲入键槽内，或直接用铜棒将键敲入键槽内。

⑤ 试配并安装套件（如齿轮、带轮等），装配后要求套件在轴上不得有摆动现象。

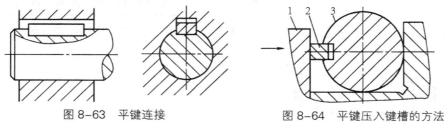

图 8-63　平键连接

图 8-64　平键压入键槽的方法

1- 平口虎钳；2- 平键；3- 工件

### 8.5.6　销连接的装配

在溜板箱装配中，溜板箱体除用螺栓连接外，还要用圆锥销进行定位。销连接结构简单，装拆方便，在机械中主要起定位、连接和安全保护作用，如图 8-65 所示。

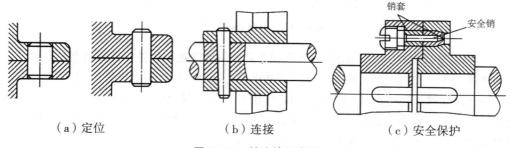

（a）定位　　　　　　　（b）连接　　　　　　（c）安全保护

图 8-65　销连接的应用

销是一种标准件，形状和尺寸已标准化。其种类有圆柱销、圆锥销、开口销等，其中应用最多的是圆柱销及圆锥销。圆柱销一般靠过盈固定在销孔中，用以定位和连接。圆柱销不宜多次装拆，否则会降低定位精度和连接的紧固程度。为保证配合精度，装配前被连接件的两孔应同时钻、铰，并使孔壁表面粗糙度 $Ra$ 值不高于 1.6 μm。装配时应在销表面涂机油，用铜棒将销轻轻敲入。

### 8.5.7　轴承的装配

（1）深沟球轴承的装配

深沟球轴承常用的装配方法有压入法和锤击法。图 8-66a 为压入法，用铜棒垫上特制套，用锤子将轴承内圈装到轴颈上。图 8-66b 是用锤击法将轴承外圈装入壳体内孔中。具体压入法装配深沟球轴承，是将轴承内圈、外圈分别压入轴颈和轴承座孔中，如图 8-67 所示。

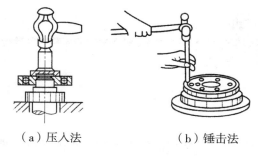

（a）压入法 （b）锤击法

图 8-66 深沟球轴承装配方法

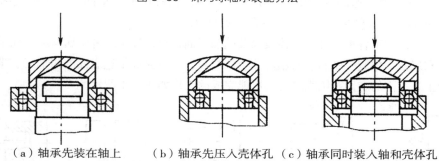

（a）轴承先装在轴上 （b）轴承先压入壳体孔 （c）轴承同时装入轴和壳体孔

图 8-67 压入法装配深沟球轴承

（2）推力球轴承的装配

推力球轴承有松圈和紧圈之分，装配时要注意区分。紧圈与轴取较紧的配合，与轴相对静止装配时一定要使紧圈靠在转动零件的平面上，松圈靠在静止零件的平面上，如图 8-68 所示。否则会使滚动体丧失作用，同时也会加快紧圈与零件接触面的磨损。

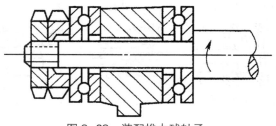

图 8-68 装配推力球轴承

【复习题】

（1）钳工的基本操作内容包括哪些？

（2）简述划线的作用。

（3）简述锯削和锉削的主要应用。

（4）简述孔加工的方法。

（5）简述螺纹连接的装配。

# 第九章  车  削

车削是机械加工中最基本、最常用的加工方法。车削是以工件旋转作为主运动，车刀移动作为进给运动的切削加工方法。通常，在机械加工车间，车床占机床总数的30%～50%，所以它在机械加工中占有重要的地位。

车削可以加工各种内外回转体表面及端部平面，可以加工各种金属材料（除很硬的材料外）和尼龙、橡胶、塑料、石墨等非金属材料，可以完成上述表面的粗加工、半精加工和精加工。车削的应用范围很广，其所能完成的工作如图9-1所示。

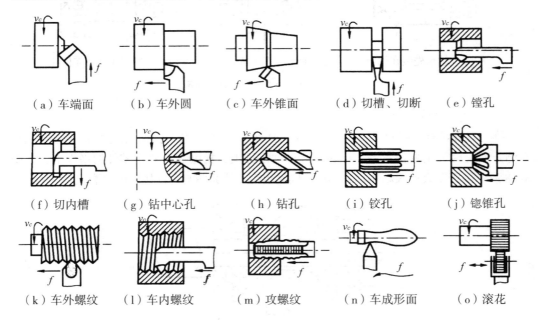

（a）车端面　　（b）车外圆　　（c）车外锥面　　（d）切槽、切断　　（e）镗孔

（f）切内槽　　（g）钻中心孔　　（h）钻孔　　（i）铰孔　　（j）锪锥孔

（k）车外螺纹　　（l）车内螺纹　　（m）攻螺纹　　（n）车成形面　　（o）滚花

图9-1　车削加工范围

车削加工与其他切削加工方法比较，有如下特点：

（1）车削适应性强，应用广泛，适用于加工不同材质、不同精度的各种旋转体类零件。

（2）车削所用的刀具结构简单，制造、刃磨和安装都较方便。

（3）车削加工一般是等截面连续切削，因此，切削力变化小，较刨、铣等切削过程平稳，可选用较大的切削用量，生产率也较高。

（4）车削加工尺寸精度通常可达IT10～IT7，表面粗糙度 $Ra$ 达6.3～0.8 μm；精车尺寸精度可达IT6～IT5，表面粗糙度 $Ra$ 可达0.4～0.2 μm。

## 9.1　车床

车床的种类很多，主要有卧式车床、转塔车床、立式车床、多刀车床、自动及半自动车床、仪表车床、仿形车床、数控车床等。所以，无论是成批大量生产，还是单件小批量生产，以及在机械的维修方面，车削加工都占有重要的地位。其中，卧式车床是最常用的车床，它的特点是适应性强，适用于加工各种工件。下面以 CA6140 型卧式车床为例，说明普通车床的型号与组成。

### 9.1.1　普通车床的型号

各类车床均按一定规律组合的汉语拼音和数字进行编号，以表示机床的类型和主要规格。在 CA6140 车床编号中，其中"C"是车床"车"字汉语拼音的首字母，为机床类型的代号；"A"表示与 C6140 型机床在结构上有区别；"6"为机床组别代号，表示卧式车床组；"1"为系列代号，表示卧式车床；"40"为车床的主要参数，表示最大加工直径为 400 mm。

### 9.1.2　普通车床的组成

CA6140 型卧式车床外形如图 6-10 所示，其组成部分主要有：床身、主轴箱、进给箱、溜板箱、刀架、尾座等。具体可参见第六章切削加工的基本知识中的第 6.5.2 节机床的组成及运动。

## 9.2　车刀

在金属切削加工中，刀具直接参与切削。为使刀具具有良好的切削性能，必须选择合适的刀具材料、合理的切削角度及适当的结构。虽然车刀的种类及形状多种多样，但其材料、结构、角度、刃磨及安装基本相似。

### 9.2.1　车刀的组成

车刀由刀头（切削部分）和刀体组成。刀头起切削作用，刀体用来支撑刀头和装夹车刀。刀体是刀具的切削部分，由三面（前面、主后面和副后面）、两刃（主切削刃、副切削刃）和一尖（刀尖）组成，如图 6-4 所示。具体可参见第六章切削加工的基本知识中的第 6.2.2 节刀具切削部分的几何角度。

### 9.2.2　常用车刀的种类和用途

按材料分类有高速钢车刀和硬质合金车刀。常用高速钢制造的车刀有偏刀、切断刀、成形刀、螺纹刀、中心钻、麻花钻（钻头和铰刀也是车床上常用的刀具），应用广泛。常用硬质合金车刀多用于高速车削。

车刀按其用途可分为外圆车刀（90°车刀）、端面车刀（45°车刀）、切断刀、镗刀、成形车刀和螺纹车刀等，如图 9-2 所示。

车刀按结构形式可分为整体式、焊接式和机夹式；机夹式按其能否刃磨又可分为机夹重磨式和不重磨式，如图 9-3 所示。

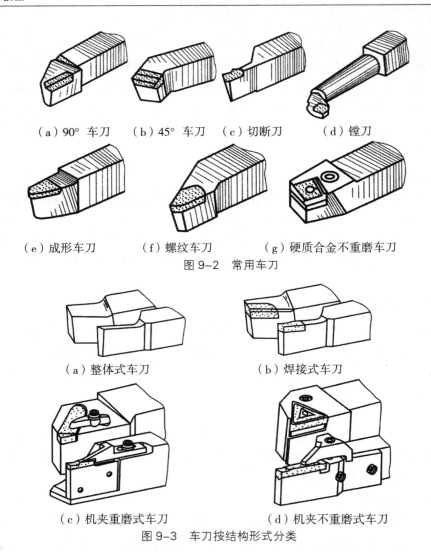

（a）90° 车刀 （b）45° 车刀 （c）切断刀 （d）镗刀

（e）成形车刀 （f）螺纹车刀 （g）硬质合金不重磨车刀

图 9-2 常用车刀

（a）整体式车刀 （b）焊接式车刀

（c）机夹重磨式车刀 （d）机夹不重磨式车刀

图 9-3 车刀按结构形式分类

各种车刀的基本用途如图 9-4 所示。

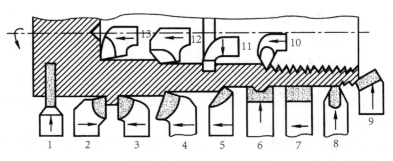

图 9-4 各种车刀的用途

1- 切断刀；2- 左偏刀；3- 右偏刀；4- 弯头车刀；5- 直头车刀；6- 成形车刀；7- 宽刃精车刀；
8- 外螺纹车刀；9- 端面车刀；10- 内螺纹车刀；11- 内槽车刀；12- 通孔车刀；13- 不通孔车刀

### 9.2.3 车刀的安装

刀架用来夹持车刀并使其作纵向、横向或斜向进给运动，由床鞍（又称大刀架、大拖板）、中滑板（又称中刀架、中拖板、横刀架）、转盘、小滑板（又称小刀架、小拖板）和方刀架组成，如图 9-5 所示。床鞍与溜板箱连接，带动车刀可沿床身导轨作纵向移动。中滑板沿床鞍上面的导轨作横向移动。转盘用螺栓与中滑板紧固在一起，松开螺母，转盘可在水平面内扳转任意角度。小滑板沿转盘上面的导轨作短距离移动，将转盘扳转某一角度后，小滑板便可带动车刀作相应的斜向移动，用于车削锥面。方刀架用于夹持刀具，可同时夹持四把车刀。

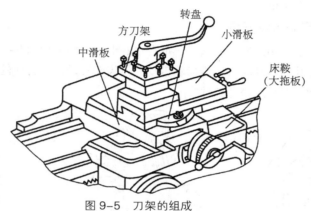

图 9-5　刀架的组成

车刀使用时必须正确安装，如图 9-6 所示。

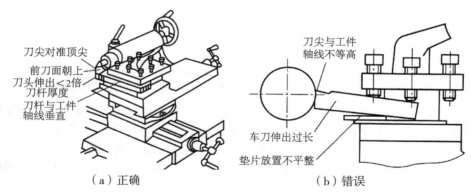

（a）正确　　　　　　　　　（b）错误

图 9-6　车刀的安装

车刀安装的基本要求如下：

① 车刀刀杆应与工件的轴线垂直，其底面应平放在方刀架上。

② 刀尖应与车床主轴轴线等高，装刀时只要使刀尖与尾座顶尖对齐即可。

③ 刀头伸出刀架的距离一般不超过刀杆厚度的 2 倍。如果伸出太长，刀杆刚度减小，切削时容易产生振动，影响加工质量。

④ 刀杆下面的垫片应平整，且片数不宜太多（少于 3 片）。

⑤ 车刀位置装正后，应用刀架螺钉压紧，一般用 2 个螺钉并交替拧紧。

## 9.3 工件的安装及所用附件

车床常备有一定数量的附件（主要是夹具），用来满足各种不同的车削工艺需求。普通车床常用的附件有三爪自定心卡盘、四爪单动卡盘、顶尖、心轴、中心架、跟刀架、花盘、弯板等。

车削时，工件旋转的主运动是由主轴通过夹具来实现的。安装的工件应使被加工表面的回转中心和车床主轴的回转中心重合，以保证工件有正确的位置。切削过程中，工件会受到切削力的作用，所以必须夹紧，以保证车削时的安全。由于工件的形状、大小等不同，用的夹具及安装方法也不一样。

### 9.3.1 三爪自定心卡盘安装

这是车床上最常用的安装方法。三爪自定心卡盘的构造如图 9-7 所示，将方头扳手插入卡盘的任一方孔内转动时，小锥齿轮带动大锥齿轮转动，它背面的平面螺纹使三个卡爪同时作径向移动，卡紧或松开工件。

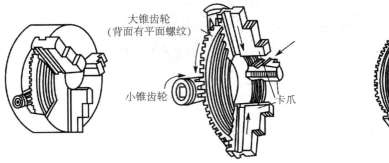
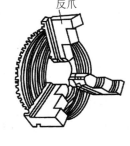

图 9-7　三爪自定心卡盘

用三爪自定心卡盘安装工件简便，能自动定心，但定位精度不高（出厂精度为 0.05 ~ 0.15 mm）。它适合于安装短棒料、盘套类零件及三面或六面体零件。

三爪自定心卡盘最适合装夹圆形截面的中小型工件，但也可装夹截面为正三边形或正六边形的工件。当工件直径较小时，工件置于三个卡爪之间装夹，如图 9-8a 所示；当工件孔径较大时，可将三个卡爪伸入工件内孔中，利用长爪的径向张力装夹盘、套、环状零件，如图 9-8b 所示；当工件直径较大时，可将三个顺爪换成三个反爪进行装夹，如图 9-8c 所示。

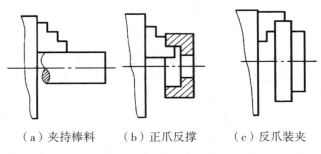

（a）夹持棒料　　（b）正爪反撑　　（c）反爪装夹

图 9-8　用三爪自定心卡盘装夹工件的方法

### 9.3.2 四爪单动卡盘安装

四爪单动卡盘的结构如图 9-9 所示。四个卡爪可独立移动，它们分别装在卡盘体的四个径向滑槽内。卡爪背面是半个螺母，与槽内的螺杆相旋合。螺杆一端有方孔，当扳手插入方孔内转动时，螺杆就带动该卡爪作径向移动。

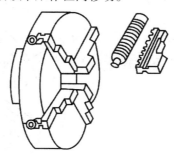

图 9-9 四爪单动卡盘

四爪单动卡盘装夹的特点是卡紧力大，用途广泛。它虽不能自动定心，但通过校正后，安装精度较高。四爪单动卡盘不但适于装夹圆形工件，还可装夹方形、长方形、椭圆或其他形状不规则的工件，适用于单件小批量生产。

由于四爪卡盘的四个爪是独立移动的，可加工偏心工件，如图 9-10a 所示。在安装工件时必须进行仔细地找正工件。一般用划针盘按工件外圆表面或内孔表面找正，也常按预先在工件上已画好的线找正，如图 9-10b 所示。如果零件的安装精度要求很高，三爪自定心卡盘不能满足要求，也往往在四爪卡盘上安装，此时须用百分表找正，如图 9-10c 所示，安装精度可达 0.01 mm 。

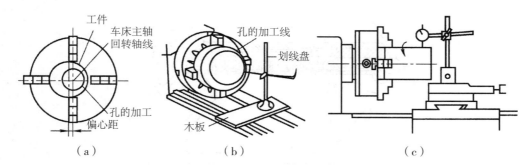

（a） （b） （c）

图 9-10 用四爪卡盘安装工件时的找正

### 9.3.3 花盘和弯板安装

加工某些形状不规则的工件时，为保证工件上需加工的表面与安装基准面平行或外圆、孔的轴线与安装基准面垂直，可以把工件直接压紧在花盘上加工。花盘的结构如图 9-11 所示。花盘是一个直接装在车床主轴上的铸铁大圆盘，盘面上有许多长短不等的径向槽，用来穿放压紧螺栓。花盘端平面的平面度较高，并与车床的主轴轴线垂直，所用垫铁高度和压板位置要有利于夹紧工件。用花盘安装工件时要仔细找正。

弯板多为 90° 角铁块，如图 9-12 所示，其上也有长短不等的直槽，用以穿放紧固螺栓。弯板要有较高的刚度，它可装夹形状复杂且要求孔的轴线与安装面平行或要求两孔的轴线垂直的工件。用花盘、弯板安装工件也要仔细找正。

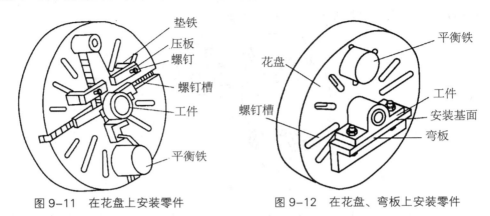

图 9-11　在花盘上安装零件　　　　图 9-12　在花盘、弯板上安装零件

用花盘、弯板安装形状不规则的工件，重心往往偏向一边，需要在另一边加平衡铁予以平衡，以保证旋转时平稳。一般在平衡铁装好后，用手多次转动花盘，如果花盘能在任意位置上停下来，说明已平衡，否则必须重新调整平衡铁在花盘上的位置或增减重量，直至平衡为止。

### 9.3.4　顶尖安装

对同轴度要求比较高且需要调头加工的轴类工件，常用顶尖装夹工件。顶尖安装于尾座，如图 9-13 所示。

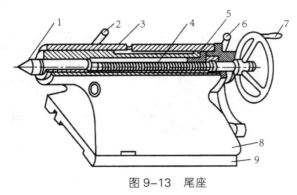

图 9-13　尾座

1- 顶尖；2- 套筒锁紧手柄；3- 顶尖套筒；4- 丝杆；5- 螺母；6- 尾座锁紧手柄；7- 手轮；8- 尾座体；9- 底座

顶尖装夹又分为一夹一顶安装（图 9-14）和双顶针安装（图 9-15）。

常用的顶尖有固定顶尖和回转顶尖两种，如图 9-16 所示。前者不随工件一起转动，会因摩擦发热烧损、研坏顶尖或中心孔，但安装工件比较稳固，精度较高；后者随工件一起转动，克服了固定顶尖的缺点，但安装工件不够稳固，精度较低。故一般粗加工、半精加工可用回转顶尖，精加工用淬火的固定顶尖，且应合理选择切削速度。

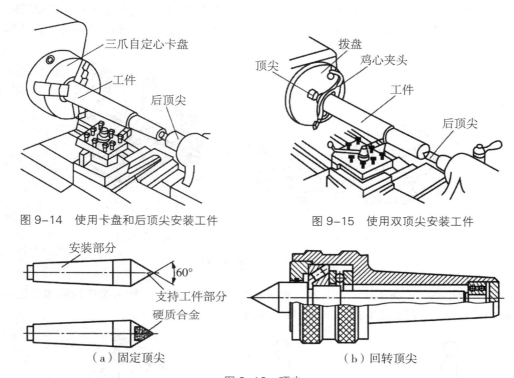

图 9-14  使用卡盘和后顶尖安装工件

图 9-15  使用双顶尖安装工件

图 9-16  顶尖

用顶尖安装工件前，要先车工件端面，用中心钻在两端面上加工出中心孔，如图 9-17 所示。图 9-17a 中心钻为不带护锥，中心孔 60° 为 A 型，锥面和顶尖的锥面相配合，前端的小圆柱孔是为保证顶尖与锥面紧密接触，并可贮存润滑油。图 9-17b 中心钻为带护锥，双锥面中心孔为 B 型，120° 锥面用于防止 60° 锥面被碰坏。

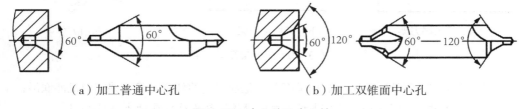

（a）加工普通中心孔              （b）加工双锥面中心孔

图 9-17  中心孔及中心钻

用顶尖安装工件应注意：

① 由于靠卡箍传递扭矩，所以车削工件的切削用量要小。

② 钻两端中心孔时，要先用车刀把端面车平，再用中心钻钻中心孔。

### 9.3.5  中心架和跟刀架的使用

当车削细长轴（长度与直径之比大于 10）时，由于工件本身的刚度不足，为防止工件在切削力作用下产生弯曲变形而影响加工精度，常用辅助支承——中心架或跟刀架。

图9-18所示为中心架的应用。中心架固定在车床导轨上，以缩短切削时工件支承跨距，三个支承爪支承于预先加工的外圆面上。中心架一般适于长轴、阶梯轴、中心孔和内孔等的加工。

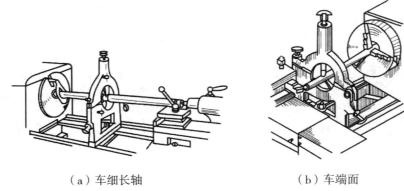

（a）车细长轴　　　　　　　　　　（b）车端面

图9-18　中心架的应用

跟刀架是被固定在车床床鞍上的，如图9-19所示。车削时，跟刀架随床鞍和刀架一起纵向移动，适于精车或半精车细长光轴工件的支承。

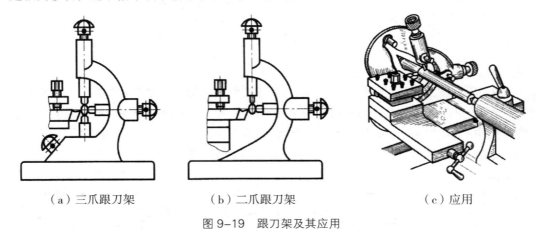

（a）三爪跟刀架　　　　（b）二爪跟刀架　　　　（c）应用

图9-19　跟刀架及其应用

用中心架和跟刀架时，工件被支承部分应是加工过的外圆表面，并应加机油润滑；工件的转速不能过高，以防止工件与支承爪之间摩擦过热而烧坏或使支承爪磨损。

### 9.3.6　心轴安装

盘套类零件的外圆面和端面对内孔常有同轴度和垂直度的要求，如果在三爪卡盘的一次装夹中，不能完成全部相关外圆面、端面和内孔的精加工，则应先精加工内孔，再以内孔定位，将工件装到心轴上再加工其他有关表面。心轴的种类很多，最常用的有圆柱心轴和锥度心轴两种，如图9-20所示。

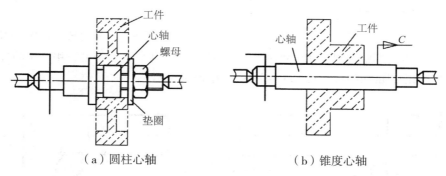

（a）圆柱心轴　　　　　　　（b）锥度心轴

图 9-20　心轴装夹工件

## 9.4　车削操作方法

### 9.4.1　刻度盘的使用

在车削加工中，为了迅速而准确地控制尺寸，必须正确掌握中滑板和小滑板刻度盘的使用，并熟悉其刻度值。以中滑板为例，当用手转动手柄，带动刻度盘转一周时，丝杠也转动一周，此时，丝杠螺母带动中滑板和刀架横向移动一个导程的距离。

对于 C6132 型卧式车床，其中滑板丝杠导程为 4 mm，刻度盘圆周等分成 200 格，则刻度盘每转 1 格，中滑板和刀架横向移动的距离为 4/200=0.02 mm，工件的直径变化量为 0.04 mm。

加工零件外表面时，车刀向零件中心移动为进刀，远离中心为退刀，而加工内表面时则与其相反。进刀时，必须慢慢转动刻度盘手柄使刻线转到所需要的格数。调整刻度时，如果刻度盘手柄摇过头或试切后发现尺寸不对，不能直接将刻度盘退回至所需刻度值位置，因为丝杠与螺母之间存在间隙，会产生空行程（即刻度盘转动而溜板并未移动）。此时一定要向相反方向全部退回，以消除空行程，然后再转到所需要的格数。按如图 9-21 所示的方法进行纠正，以消除传动的反向间隙。

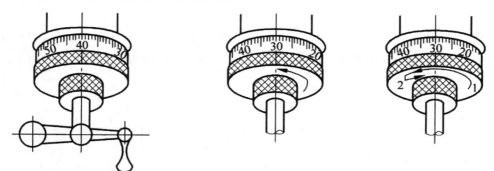

（a）要求手柄转至 30，但摇到了 40　（b）错误：直接退回到 30　（c）准确：反转约 1 周后再转至 30

图 9-21　刻度盘手柄摇过头的纠正方法

### 9.4.2 试切的方法与步骤

工件装夹在车床上以后，需要根据加工余量和精度要求确定走刀次数和每次走刀的背吃刀量。靠刻度盘调整控制工件尺寸往往不能满足加工要求，这就需要采用试切的方法。以车外圆为例说明试切的方法与步骤，如图 9-22 所示。

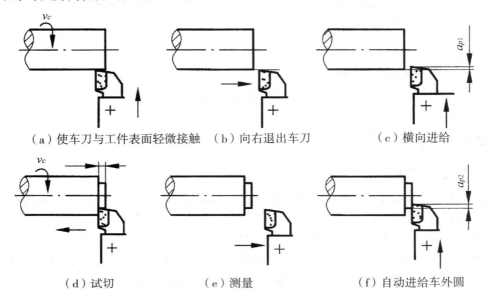

（a）使车刀与工件表面轻微接触 （b）向右退出车刀 （c）横向进给

（d）试切 （e）测量 （f）自动进给车外圆

图 9-22 试切的方法与步骤

试切到合格尺寸后，扳上自动手柄，可以用自动方式切削。加工好的零件要进行测量检查，以确保零件质量。

## 9.5 车削基本工艺

### 9.5.1 车削运动和车削用量

（1）车削运动

车床的切削运动是指工件的旋转运动（图 9-23）和车刀的移动（图 9-24）。工件的旋转运动为主运动，车刀的移动为进给运动，进给运动分为横向进给和纵向进给。

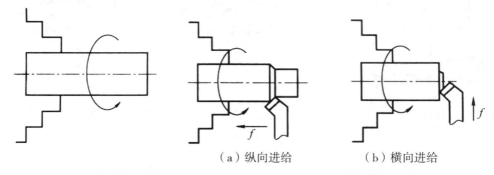

（a）纵向进给 （b）横向进给

图 9-23 车床主运动 　　图 9-24 车床进给运动

（2）车削用量

车削用量包括切削速度、进给量和背吃刀量，具体可参见第六章切削加工的基本知识中的第 6.1.2 节切削用量。

### 9.5.2 粗车和精车

工件切削表面的加工余量一般需要经过几次走刀才能切除，为了提高生产率，保证加工质量，一般将车削加工分为粗车和精车。先粗车，后精车。

粗车的目的是尽快去除被切削表面的大部分加工余量，使之接近最终的形状和尺寸，留精车余量 0.5 ~ 5.0 mm。选择中等或中等偏低的切削速度，一般背吃刀量取 1 ~ 3 mm，进给量取 0.3 ~ 1.5 mm/r。

精车的目的是去除粗车后的加工余量，保证零件的加工精度和表面粗糙度。一般取较高的切削速度，背吃刀量取 0.3 ~ 0.5 mm，进给量取 0.1 ~ 0.3 mm/r。也可以采用低速精车，此时的背吃刀量和进给量小于高速精车。

有时，可以根据需要在粗车和精车之间加入半精车，其切削参数介于粗车和精车之间。

### 9.5.3 车外圆和台阶

（1）车外圆

将工件车削成圆柱形表面的加工称为车外圆。车削外圆及台阶是车床上旋转表面加工最基本、最常见的操作。车外圆时常用图 9-25 所示的各种车刀，75° 外圆车刀可用来加工无台阶的光滑轴和盘套类的外圆；45° 外圆车刀不仅可用来车削外圆，而且可车端面和倒角；90° 外圆车刀可用于加工有台阶的外圆和细长轴。此外，直头和弯头车刀的刀头部分强度好，一般用于粗加工和半精加工，而 90° 外圆车刀常用于精加工。

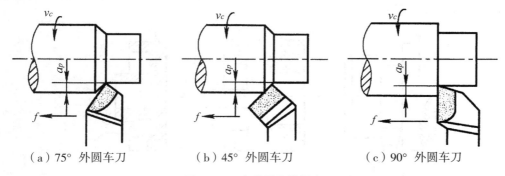

（a）75° 外圆车刀 　　　（b）45° 外圆车刀 　　　（c）90° 外圆车刀

图 9-25　车外圆及常用车刀

（2）车台阶

轴类、盘类、套类零件上的台阶面，高度小于 5 mm 的为低台阶，加工时可在车外圆时同时车出；高度大于 5 mm 的为高台阶，车刀分层切削，在最后一次纵向进给时横向退刀车出台阶，如图 9-26 所示。

### 9.5.4 车端面

对工件的端面进行车削的方法叫车端面。常用端面车削时的几种情况如图 9-27 所示。

车端面常用的车刀是偏刀和弯头车刀。

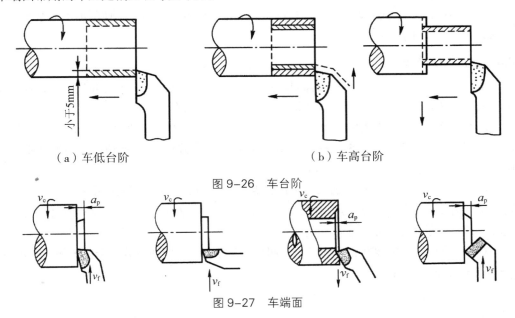

（a）车低台阶　　　　　　　　　　　（b）车高台阶

图 9-26　车台阶

图 9-27　车端面

### 9.5.5　车槽和切断

（1）车槽

在工件表面上车沟槽的方法叫车槽。槽的形状有外槽、内槽和端面槽，如图 9-28 所示。车槽时，主切削刃宽度等于槽宽，在横向进刀中一次切出；切宽槽时，主切削刃宽度可小于槽宽，需经几次车出。

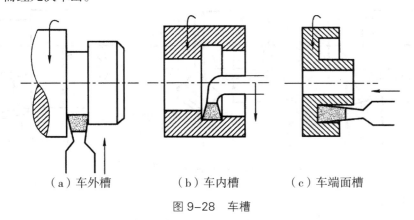

（a）车外槽　　　　　（b）车内槽　　　　　（c）车端面槽

图 9-28　车槽

（2）切断

切断要用切断刀。其主切削刃较窄，刀头较长。安装时，主切削刃应平行于工件轴线，并与工件轴线等高。切削用量取得低些，以防止刀头振动和折断。常用的切断方法有直进法和左右借刀法两种，如图 9-29 所示。直进法常用于切断铸铁等脆性材料；左右借刀法常用于切断钢等塑性材料。

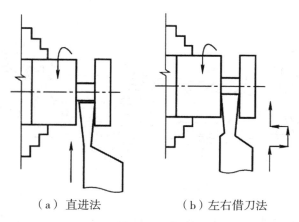

（a）直进法　　　　（b）左右借刀法

图 9-29　切断

切断时应注意以下几点：

① 切断一般在卡盘上进行，如图 9-30 所示。工件的切断处应距卡盘近些，避免在顶尖安装的工件上切断。

② 切断刀的刀尖必须与工件中心等高，否则切断处将剩有凸台，且刀头也容易损坏，如图 9-31 所示。

③ 切断刀伸出刀架的长度不要过长，进给要缓慢均匀。将切断时，必须放慢进给速度，以免刀头折断。

④ 切断钢件时需要加切削液进行冷却润滑，切铸铁时一般不加切削液，但必要时可用煤油进行冷却润滑。

图 9-30　在卡盘上切断　　　　图 9-31　切断刀刀尖必须与工件中心等高

### 9.5.6　钻孔与镗孔

在车床上可用钻头、铰刀、镗刀进行钻孔、铰孔和镗孔，应用最多的是钻孔和镗孔。

（1）钻孔

利用钻头将工件钻出孔的方法称为钻孔。在车床上钻孔大都用麻花钻头装在尾座套筒锥孔中进行，如图 9-32 所示。钻削时，工件旋转为主运动，钻头只作纵向进给运动，钻孔精度达 IT11 ~ IT10，表面粗糙度 $Ra$ 为 12.5 ~ 6.3 μm，多用于粗加工孔。工件装夹在卡盘上，钻头安装在尾架套筒锥孔内。钻孔前，一般要先将工件端面车平，用中心钻在端面钻出中心孔作为钻头的定位孔，以防引偏钻头。钻削时，要加注切削液；孔较深时，应经常退出钻头，以利冷却和排屑。

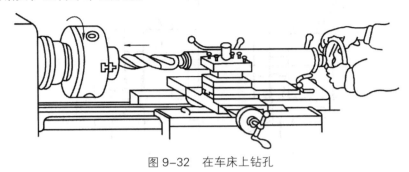

图 9-32　在车床上钻孔

带锥柄的钻头装在尾座套筒的锥孔中，如图 9-33a 所示。如果钻头锥柄号数小，可加过渡套筒，如图 9-33b 所示。直柄钻头用钻夹头夹持，钻夹头安装于尾座套筒中，如图 9-33c 所示。

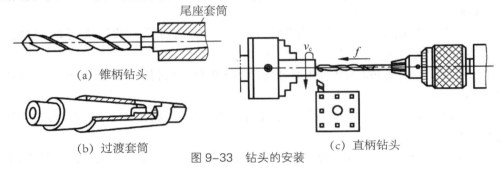

(a) 锥柄钻头

(b) 过渡套筒

(c) 直柄钻头

图 9-33　钻头的安装

（2）铰孔

用铰刀（图 9-34）从工件孔壁上切除微量金属层，可以提高孔的精度和减小表面粗糙度。铰孔是铰刀对半精车孔的精加工。铰孔余量一般为 0.05 ～ 0.25 mm，尺寸精度为 IT8 ～ IT7，表面粗糙度 $Ra$ 为 1.6 ～ 0.8 μm。

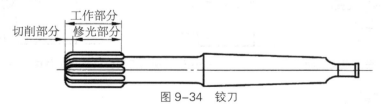

图 9-34　铰刀

钻孔—铰孔是在车床上加工直径较小、精度较高、表面粗糙度较小的孔的主要加工方法。

（3）镗孔

钻出的孔或铸孔、锻孔若需进一步加工，可进行镗孔。在车床上对工件的孔进行车削的方法叫镗孔（又叫车孔）。镗孔分为镗通孔和镗不通孔，如图 9-35 所示。镗孔是对已有的孔作进一步加工，以扩大孔径，提高精度，降低表面粗糙度，纠正原孔的轴线偏差。镗孔可以作为粗加工，也可以作为精加工。镗孔余量一般为 0.05 ～ 0.25 mm，尺寸精度为 IT8 ~ IT7，表面粗糙度 $Ra$ 为 1.6 ~ 0.8 μm。镗通孔基本上与车外圆相同，只是进刀和退刀方向相反。

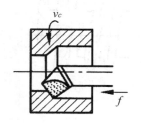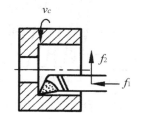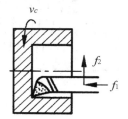

图 9-35　车床镗孔及所用的镗刀

### 9.5.7　车圆锥面

将工件车削成圆锥表面的方法称为车圆锥。在普通车床上车圆锥面的常规方法有：宽刀法、转动小刀架法、偏移尾座法、靠模法。如图 9-36 所示，锥度计算公式为：

圆锥角为 $\alpha$，圆锥斜角为 $\dfrac{\alpha}{2}$；

大端直径 $D = d + 2L \times \tan\dfrac{\alpha}{2}$；

小端直径 $d = D - 2L \times \tan\dfrac{\alpha}{2}$；

锥度 $C = \dfrac{D-d}{L} = 2\tan\dfrac{\alpha}{2}$。

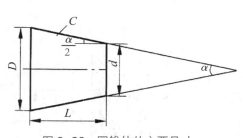

图 9-36　圆锥体的主要尺寸

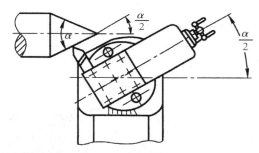

图 9-37　转动小刀架车圆锥

在普通车床上加工圆锥面最常用的方法是转动小刀架法，如图 9-37 所示。使小刀架导轨与主轴轴线成圆锥斜角 $\dfrac{\alpha}{2}$，再紧固其转盘，摇进给手柄车出锥面。此法调整方便，操作简单，加工质量较好，可加工任意锥角的内外圆锥面。但受小刀架行程长度的限制，只能车削较短的圆锥面，且只能手动进给，劳动强度较大。所以，它多用于单件小批量生产中加工较短的圆锥面。此法加工的工件表面粗糙度 $Ra$ 为 12.5 ~ 3.2 μm。

### 9.5.8　车削螺纹

（1）螺纹概述

螺纹加工方法很多，车削方法加工螺纹应用较广。将工件表面车削成螺纹的方法称为车螺纹。螺纹按牙型分为三角螺纹、方牙螺纹、梯形螺纹等，如图 9-38 所示。三角螺纹作连接和紧固之用，方形螺纹和梯形螺纹作传动之用。各种螺纹又有右旋和左旋之分以及单线和多线之分。按螺距大小，又可分为公制、英制、模数制及径节制螺纹，其中以单线、右旋的公制三角螺纹（普通螺纹）应用最为广泛。

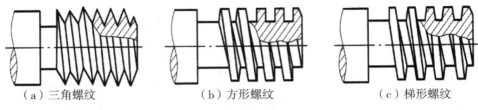

（a）三角螺纹　　　　　　（b）方形螺纹　　　　　　（c）梯形螺纹

图 9-38　螺纹的种类

普通螺纹的基本牙型和各直径所处位置如图 9-39 所示。普通螺纹的牙型为三角形对称牙型，牙型角为 60°。$D$ 为内螺纹的基本大径（公称直径），$d$ 为外螺纹的基本大径（公称直径）。$D_1$ 为内螺纹的基本小径，$d_1$ 为外螺纹的基本小径；$D_2$ 为内螺纹的基本中径，$d_2$ 为外螺纹的基本中径。中径是一个假想圆柱的直径，为该圆柱的母线通过螺纹牙厚与槽宽相等处。$P$ 为螺距，螺距是相邻两牙在中径线上对应两点之间的轴向距离。螺纹形状尺寸由牙型、中径和螺距三个基本要素决定，称为螺纹三要素。粗牙普通螺纹的标记用"字母 M ＋公称直径"表示；细牙普通螺纹的标记用"字母 M ＋公称直径 × 螺距"表示。普通螺纹各参数之间有如下关系：

$$d = D$$
$$d_1 = D_1 = d - 1.08P$$
$$d_2 = D_2 = d - 0.65P$$

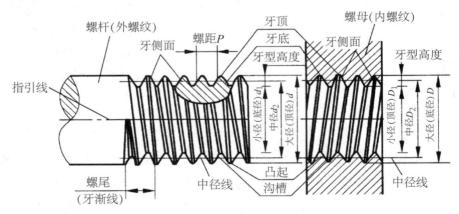

图 9-39　普通螺纹的结构要素

（2）螺纹车削加工

装刀时，刀具的前刀面应与工件轴线共面（即刀尖与工件轴线等高），且牙型角的角平分线应与工件轴线垂直，用样板对刀校正，如图 9-40 所示。车螺纹前，应先车好外圆（或内孔）并倒角，常用方法为正反车法，适用于加工各种螺纹。

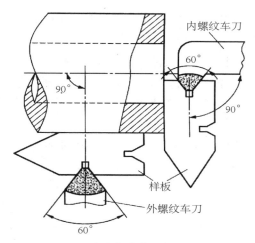

图 9-40 内外螺纹车刀的对刀方法

螺纹车削加工步骤如下：

① 确定车螺纹切削深度的起始位置。将中滑板刻度调到零位，开车，使刀尖轻微接触工件表面，然后迅速将中滑板刻度调至零位，以便于进刀记数。

② 试切第一条螺旋线并检查螺距。将床鞍摇至离工件端面 8 ~ 10 牙处，横向进刀 0.05 mm 左右。开车，合上开合螺母，在工件表面车出一条螺旋线，至螺纹终止线处退出车刀；开反车把车刀退到工件右端，停车；用钢尺检查螺距是否正确，如图 9-41a 所示。

③ 用刻度盘调整背吃刀量，开车切削，如图 9-41b 所示。螺纹的总背吃刀量 $a_p$ 按其与螺距的关系以经验公式 $a_p \approx 0.65P$ 确定，每次的背吃刀量约 0.1 mm。

④ 车刀将至终点时，应做好退刀停车准备，先快速退出车刀，然后开反车退出刀架，如图 9-41c 所示。

⑤ 再次横向进刀，继续切削至车出正确的牙型，如图 9-41d 所示。

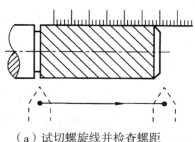

（a）试切螺旋线并检查螺距

（b）用刻度盘调整背吃刀量，开车切削

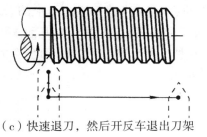

（c）快速退刀，然后开反车退出刀架

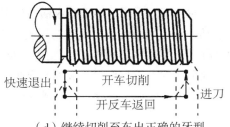

（d）继续切削至车出正确的牙型

图 9-41 螺纹切削方法与步骤

在车床上车削螺纹的实质就是使车刀的进给量等于工件的螺距。为保证螺距的精度，应使用丝杠与开合螺母的传动来完成刀架的进给运动。车螺纹要经过多次走刀才能完成。在多次走刀过程中，必须保证车刀每次都落入已切出的螺纹槽内，否则就会发生"乱扣"。当丝杠的螺距是工件螺距的整数倍时，可任意打开、合上开合螺母，车刀总会切入原已切出的螺纹槽内，不会发生"乱扣"；若不为整数倍时，多次走刀和退刀时，均不能打开开合螺母，否则将发生"乱扣"。

在车床上也可以用圆板牙加工普通外螺纹，用丝锥加工普通内螺纹，具体加工操作可参照钳工套螺纹和攻螺纹。

（3）螺纹的检测

螺纹检测主要是测量螺距、牙型角和中径。螺距由车床的传动关系保证，用钢直尺测量；牙型角由车刀的刀尖角和正确装夹保证，用螺纹样板测量；外螺纹中径用螺纹千分尺测量。大批量生产时，常用螺纹量规综合测量。螺纹量规如图9-42所示，测量内螺纹用塞规，测量外螺纹用环规。塞规和环规都具有通端和止端。测量时，如果被测螺纹能够与螺纹量规通端旋合通过，且与止端旋合量不超过2个螺距，则被测螺纹中径合格，否则不合格。在工程训练教学中，有时也用与被加工螺纹相配合的螺母或螺栓来检验。

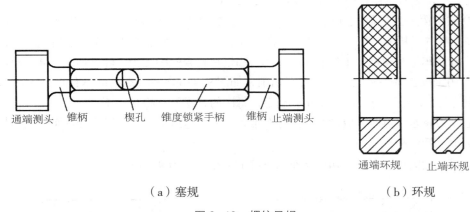

（a）塞规     通端测头　锥柄　楔孔　锥度锁紧手柄　锥柄　止端测头

（b）环规     通端环规　止端环规

图9-42　螺纹量规

### 9.5.9　车成形面

以一条曲线为母线绕以固定轴线旋转而成的表面称为成形面（回转成形面），如卧式车床上小刀架的手柄、变速箱操纵杆上的圆球、滚动轴承内外圈的圆弧滚道等。车成形面有双手控制法、成形车刀法、靠模法等方法，下面以双手控制法为例介绍。

车削时，用双手同时转动操纵横刀架和小刀架的手柄，把纵向和横向的进给运动合成一个运动，使切削刃的运动轨迹与回转成形面的母线尽量一致，如图9-43所示。加工过程中往往需要多次用样板度量，如图9-44所示。这种方法不需要特殊设备和复杂的专用刀具，成形面的大小和形状一般不受限制，但因手动进给，加工精度不高，故此法只适宜于单件小批生产中加工精度不高的成形面，但适合工程训练教学。

图 9-43 双手控制法车成形面

图 9-44 用样板度量成形面

### 9.5.10 滚花

许多工具和机器零件的手柄部分，为了便于握持和增加美观，常在其表面上滚压出不同的花纹，如螺纹量规、绞杠扳手和百分尺套管等。滚花是在车床上用滚花刀挤压工件，使其表面产生塑性变形而形成花纹，如图 9-45 所示。滚压时，工件低速旋转，滚压刀径向挤压后再作纵向进给。滚花的径向压力很大，所以工件要有足够的刚度，而且转速要低些。同时还要充分供给切削液，以免磨坏滚花刀，并可防止细屑滞塞在滚花刀内产生乱纹。

滚花刀按花纹的式样分为直纹和网纹两种，每种又分为粗纹、中纹和细纹。按滚花轮的数量又可分为单轮（滚直纹）、双轮（滚网纹，两轮分别为左旋和右旋斜纹）和六轮（由三组粗细不等的斜纹轮组成，以备选用）滚花刀，如图 9-46 所示。

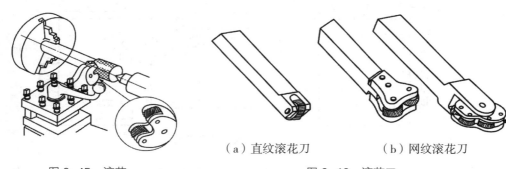

（a）直纹滚花刀　　　　（b）网纹滚花刀

图 9-45 滚花　　　　　　　图 9-46 滚花刀

【复习题】

（1）简述车削加工的特点。

（2）车床的主运动和进给运动分别是什么？

（3）简述车削用量。

（4）解释 CA6140 车床编号的含义。

（5）简述车刀的组成以及车刀切削部分的组成。

（6）车刀的安装有哪些基本原则？

（7）车床上常用的工件装夹方法有哪些，如何选用？

（8）简述螺纹的基本三要素。

# 第十章  数控车削

## 10.1  数控车削概述

### 10.1.1  数控车床的组成

（1）数控车床的结构组成

数控车床是目前使用最广泛的数控机床之一，主要用于加工轴类、盘类等回转体零件，其结构如图 10-1 所示。通过数控加工程序的运行，可自动完成内外圆柱面、圆锥面、成形表面、螺纹和端面等形状的切削加工，并能进行车槽、钻孔、扩孔、绞孔等工作。

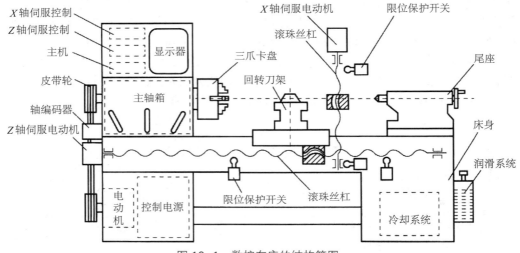

图 10-1  数控车床的结构简图

数控车床与普通卧式车床相比较，其结构上仍然是由主轴箱、刀架、进给传动系统、床身、液压系统、冷却系统、润滑系统等部分组成，只是数控车床的进给系统与普通卧式车床的进给系统在结构上存在着本质上的差别。普通卧式车床主轴的运动经过挂轮架、进给箱、溜板箱传到刀架实现纵向和横向进给运动。而数控车床是采用伺服电动机，经滚珠丝杠传到滑板和刀架，实现 Z 向（纵向）和 X 向（横向）进给运动。数控车床也有加工各种螺纹的功能，主轴旋转与刀架移动间的运动关系通过数控系统来控制。数控车床主轴箱内安装有脉冲编码器，主轴的运动通过同步齿形带 1:1 地传到脉冲编码器。当主轴旋转时，脉冲编码器便发出检测脉冲信号给数控系统，使主轴电动机的旋转与刀架的切削进给保持加工螺纹所需的运动关系，即实现加工螺纹时主轴转 1 转，刀架 Z 向移动工件 1 个导程。

（2）数控车床的布局

数控车床的主轴、尾座等部件相对床身的布局形式与卧式车床基本一致，而刀架和导轨的布局形式发生了根本的变化，这是因为刀架和导轨的布局形式直接影响数控车床的使用性能及机床的结构和外观所致。另外，数控车床上都设有封闭的防护装置。数控车床床身和导轨的布局共有4种形式：平床身、斜床身、平床身斜滑板和立床身，如图10-2所示。

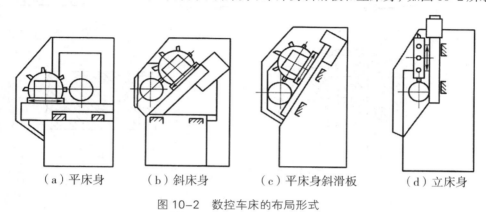

（a）平床身　　　（b）斜床身　　　（c）平床身斜滑板　　　（d）立床身

图 10-2　数控车床的布局形式

## 10.1.2　数控车刀

随着机床向高速、高刚度和大功率发展，目前数控车床和车削中心的主轴转速都在8 000 r/min 以上，因此刀具必须具有能够承受高速切削和强力切削的性能。在数控机床上多使用涂层硬质合金刀具、超硬刀具和陶瓷刀具。

为了方便对刀和减少换刀时间，便于实现机械加工的标准化，数控车削加工时应尽量采用机夹刀和机夹刀片。数控车床一般选用可转位车刀，如图10-3所示。

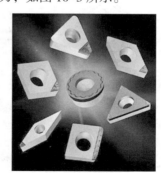

（a）螺钉上压式夹紧　　　　　　（b）常见可转位车刀刀片

图 10-3　可转位车刀

把经过研磨的可转位多边形刀片用夹紧组件夹在刀杆上，其夹紧方式如图10-4所示。可转位车刀刀片类型如图10-5所示，车刀刀片每边都有切削刃，当某切削刃磨损钝化后，只需松开夹紧元件，将刀片转一个位置，即可用新的切削刃继续切削，只有当多边形刀片所有的刀刃都磨钝后，才需要更换刀片。

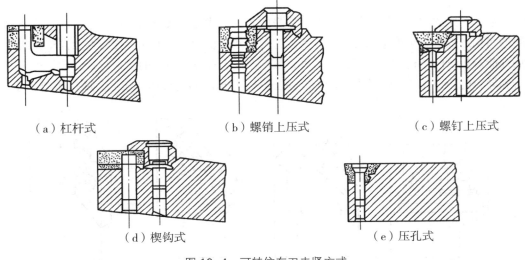

（a）杠杆式　　　　　（b）螺销上压式　　　　　（c）螺钉上压式

（d）楔钩式　　　　　　　　　（e）压孔式

图 10-4　可转位车刀夹紧方式

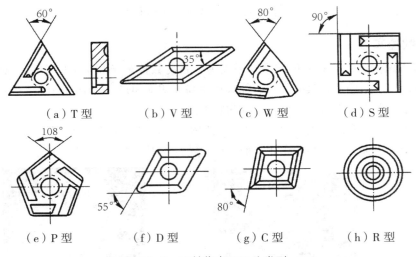

（a）T 型　　　　（b）V 型　　　　（c）W 型　　　　（d）S 型

（e）P 型　　　　（f）D 型　　　　（g）C 型　　　　（h）R 型

图 10-5　可转位车刀刀片类型

可转位刀具有如下优点：

① 避免了硬质合金钎焊时容易产生裂纹的缺点。

② 可转位刀片适合用气相沉积法在硬质合金刀片表面沉积薄层更硬的材料（碳化钛、氮化钛等），以提高切削性能。

③ 换刀时间较短。

④ 由于可转位刀片是标准化和集中生产的，刀片几何参数一致，切屑控制稳定。

### 10.1.3　数控车床坐标系

常见数控车床坐标系如图 10-6 和图 10-7 所示。

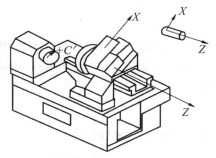
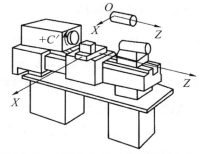

图 10-6　斜床身后置刀架数控车床坐标系　　图 10-7　水平床身前置刀架数控车床坐标系

机床通电后，必须进行返回参考点的操作。当完成返回参考点的操作后，显示器上则立即显示出此时刀架中心（对刀参考点）在机床坐标系中的位置，这就相当于在数控系统内部建立了一个以机床原点为坐标原点的机床坐标系。刀具移动才有了依据，否则不仅加工无基准，而且还会发生碰撞等事故。后置刀架与前置刀架的机床坐标系如图 10-8 所示。

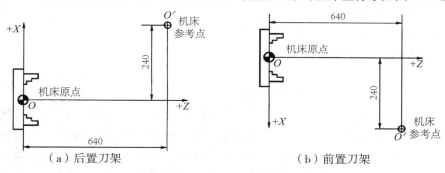

（a）后置刀架　　　　　　　　　（b）前置刀架

图 10-8　数控车床原点与参考点

车床工件坐标系是编程人员在程序编制中使用的坐标系，程序中的坐标值均以此坐标系为依据，因此又称为编程坐标系。在进行数控程序编制时，必须首先确定工件坐标系和坐标原点。编程时，工件的各个尺寸坐标都是相对于工件原点而言的。因此，数控车床的工件原点也称为程序原点，如图 10-9 所示。

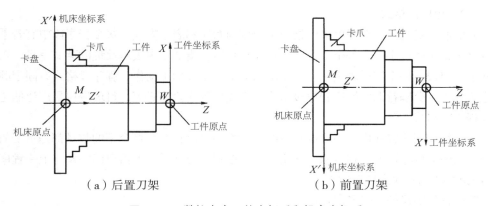

（a）后置刀架　　　　　　　　　（b）前置刀架

图 10-9　数控车床工件坐标系和机床坐标系

181

## 10.2 数控车削编程基础

目前，数控机床常用的控制系统主要有 FANUC、SIEMENS、OKUMA、MITSUBISHI、MAZAK、华中数控、广州数控等系统，其代码、编程语言相近，但各系统也有不同之处。下面以 FANUC 数控系统为例，介绍数控车削编程。

### 10.2.1 数控程序的格式

数控加工程序是根据数控系统规定的语言规则及程序格式来编制的。

（1）程序结构

数控程序的结构由程序名（程序号）、程序内容和程序结束三部分组成，具体程序举例如下：

O0001；　　　　　　　　　　　　　程序名（程序号）

N001 G99 M03 T0101；

N002 G00 X20.0Z1.0；

N003 G01Z−10.0F0.05；　　　　　程序内容

N004 G00 X30.0；

N005 Z50.0；

…

N100 M30；　　　　　　　　　　　程序结束

① 程序名（程序号）。程序名为程序的开始部分，由英文字母"O"和4位阿拉伯数字组成（例如：O0001）。一个完整的程序必须有一个程序名，作为识别、检索和调用该程序的标志。程序名的第一位字符为程序编号的地址，不同的数控系统，程序编号地址有所不同，例如在 FANUC 系统中，用英文字母"O"作程序编号地址，而有的系统采用"P"或"%"等。

② 程序内容。程序内容是整个程序的核心部分，由若干个程序段构成，每个程序段由一个或多个指令构成，每个程序段一般占一行，用"；"作为每个程序段的结束代码，表示数控机床要完成的全部动作。

③ 程序结束。程序结束指令通常为 M30、M02 或者 M99（子程序结束）。

（2）程序段格式

程序段格式是指一个程序段中指令字的排列顺序和表达方式。每个程序段中有若干个指令字（也称功能字），每个指令字表示一种功能，指令字由表示地址的英文字母、正负号和数字组成。一个程序段表示一个完整的加工工步或加工动作。程序段格式有固定顺序程序段格式、分隔符固定顺序程序段格式、字地址程序段格式等，目前应用最广泛的是字地址程序段格式。

字地址程序段格式由一系列指令字组成，程序段的长短、指令字的数量都是可变的，指令字的排列顺序没有严格要求。各指令字可根据需要选用，不需要的字及与上一程序段相同的续效程序字可以省略不写。

字地址程序段的一般形式为：

N＿G＿X＿Y＿Z⋯S＿T＿M＿F＿；

其中，N为程序段号，G为准备功能，X、Y、Z为坐标功能字，S为主轴转速功能，T为刀具功能，M为辅助功能，F为进给功能。

（3）常用的数控指令

①N程序段号

程序段号又称顺序号或程序段序号。程序段号位于程序段之首，由顺序号字N和后续数字组成。顺序号字N是地址符，后续数字一般为1～4位的正整数。数控加工程序中的程序段号实际上是程序段的名称，与程序执行的先后次序无关。数控系统不是按顺序号的次序来执行程序的，而是按照程序段编写时的排列顺序逐段执行的。

程序段号的作用：方便对程序的校对、检索及修改；作为转向目的程序段的名称。有程序段号的程序段还可以进行复归操作，这是指加工可以从程序的中间开始，或回到程序中断处开始。

使用方法：编程时往往将N10作为程序段序号的开始，以后以间隔10递增的方法设置顺序号。这样，在调试修改程序时，如果需要在N10和N20之间插入程序段时，就可以使用N11、N12等程序段号。

②G准备功能指令

准备功能字是使数控机床做好某种操作准备的指令，又称G代码或G功能，用地址G和2位数字来表示，从G00到G99共有100种。不同的数控系统，G指令的功能可能不一样，即使是同一种数控系统，数控车床和数控铣床某些G指令的功能也会有区别。

准备功能指令分为非模态指令和模态指令。准备功能指令中一小部分为非模态指令，又称程序段式指令，该类指令只在它指定的程序段中有效，如果下一程序段还需使用，则应重新写入程序段中。例如FANUC车床数控系统中G70精加工循环、G04暂停；FANUC铣床数控系统中G92设定工件坐标系、G04暂停。准备功能指令中绝大部分是模态指令，又称续效指令，这类指令一旦被应用就会一直有效，直到出现同组的其他指令时才被取代。后续程序段中如果还需要使用该指令则可以省略不写。

③坐标功能字

坐标功能字用于确定机床上刀具运动终点的坐标位置。常用X、Y、Z表示终点的直线坐标尺寸，用U、V、W分别表示终点在X、Y、Z轴方向的增量坐标，用A、B、C、D表示终点的角度坐标尺寸。在一些数控系统中，还可以用P指令确定暂停时间，用R指令确定圆弧的半径等。

④M辅助功能指令

辅助功能指令又称M指令或M代码，其作用是控制机床或系统的辅助功能动作，如冷却泵的开、关，主轴的正转、反转，程序的走向等。M指令由字母M和其后2位数字组成，从M00到M99共有100种。在FANUC系统中，一个程序段只能有一个M指令有效，如果指定了一个以上时，则最后的一个M代码有效。

（4）脉冲数编程和小数点编程

数控车床采用直径编程方式，编程时直接输入直径值即可。$X$轴的最小设定单位为0.001 mm。因$X$轴为直径编程，所以$X$轴的最小移动单位为0.000 5 mm。$Z$轴的最小设定单位为 0.001 mm，Z 轴的最小移动单位为 0.001 mm。

数控编程时，可以使用脉冲数编程，也可以使用小数点编程。当使用脉冲数编程时，与数控系统最小设定单位（脉冲当量）有关。当脉冲当量为 0.001 时，表示一个脉冲，运动部件移动 0.001 mm。程序中移动距离数值以 μm 为单位，例如 X60000 表示移动 60 000 μm，即移动 60 mm。

一般数控机床数值的最小输入增量单位为 0.001 mm。当输入数字值是距离、时间或速度时可以使用小数点，称为小数点编程。当使用小数点输入编程时，以 mm 为单位，要特别注意小数点的输入。例如，X60.0 表示采用小数点编程移动距离为 60 mm；而 X60 则表示采用脉冲数编程，移动距离为 60 μm（0.06 mm）。小数点编程时，小数点后的零可省略，如 X60.0 与 X60. 是等效的。下面地址可以指定小数点：X、Y、Z、U、V、W、A、B、C、I、J、K、Q 和 R。

FANUC 系统程序中如没有小数点的数值，其单位是"μm"，如坐标尺寸字"X200"，表示 X 值为 200 μm。如果数值中有小数点，其数值单位是"mm"，如 X0.2，表示 X 值为 0.2 mm，即 X0.2 与 X200 等效。例如，坐标尺寸字 X 值为 30.012 mm、Z 值为 −9.8 mm 时，以下几种表达方式是等效的。

① X30.012 Z−9.8　　　　　（单位是 mm）。

② X30012 Z−9800　　　　　（单位是 μm）。

③ X30.012 Z−9800　　　　　（X 值单位是 mm，Z 值单位是 μm）。

参加数控机床工程实训的学生初学时应养成良好的编程习惯。编程时，整数一律编写成"整数 + 点零"，不要写成"整数 + 点"。即使对，程序多了，容易出错，不要怕麻烦。例如：尽量写成 G00 X5.0 Z20.0，不要写成 G00 X5. Z20.。

## 10.2.2 FANUC 系统数控车床常用功能指令表

表 10-1 为以 FANUC 为系统的数控车床常用准备功能指令，00 组指令为非模态指令，其他的指令均为模态指令。表 10-2 为 FANUC 系统常用辅助功能指令。

表 10-1　FANUC 系统数控车床常用准备功能指令

| 代码 | 组别 | 功　能 | 代码 | 组别 | 功　能 |
|------|------|--------|------|------|--------|
| G00 | | 快速移动 | G70 | | 精加工循环 |
| G01 | 01 | 直线插补 | G71 | | 外圆、内圆粗车循环 |
| G02 | | 顺时针圆弧插补 | G72 | | 端面粗车循环 |
| G03 | | 逆时针圆弧插补 | G73 | 00 | 封闭切削循环 |
| G04 | 00 | 暂停 | G74 | | 端面切削循环 |
| G20 | 06 | 英制单位输入 | G75 | | 外圆、内圆切槽循环 |
| G21 | | 公制单位输入 | G76 | | 复合型螺纹切削循环 |
| G27 | 00 | 返回参考点检测 | G90 | 01 | 轴向切削固定循环 |
| G28 | | 返回至参考点 | G92 | | 螺纹切削循环 |
| G32 | 01 | 螺纹切削 | G94 | | 径向切削固定循环 |

（续表）

| | | | | | | |
|---|---|---|---|---|---|---|
| G40 | | 刀尖圆弧半径补偿取消 | | G96 | | 主轴恒线速控制 |
| G41 | 07 | 刀尖圆弧半径左补偿 | | G97 | 02 | 主轴恒转速控制 |
| G42 | | 刀尖圆弧半径右补偿 | | G98 | | 每分钟进给 |
| G50 | 00 | 编程坐标系设定或者主轴最大转速设定 | | G99 | 02 | 每转进给 |
| G53 | 00 | 取消可设定的零点偏置（选择机床坐标系） | G54 ~ G59 | | 14 | 工作坐标系选择 |

表 10-2　FANUC 系统常用辅助功能指令

| 代码 | 功能 | 说　明 |
|---|---|---|
| M00 | 程序暂停 | 当执行行 M00 指令的程序段后，主轴旋转、进给、切削液都停止，重新按下（循环启动）键，继续执行后面程序段 |
| M01 | 选择停止 | 功能与 M00 相间，但只有在机床操作面板上的（选择停止）键处于"ON"状态时，M01 才执行 |
| M02 | 程序结束 | 放在程序的最后一个程序段。执行该指令后，主轴停、切削液关、自动运行停，机床处于复位状态 |
| M03 | 主轴正转 | 用于主轴顺时针方向转动 |
| M04 | 主轴反转 | 用于主轴逆时针方向转动 |
| M05 | 主轴停止 | 停止主轴转动 |
| M06 | 换刀 | 用于加工中心的自动换刀 |
| M08 | 打开冷却液 | 用于打开冷却液 |
| M09 | 关闭冷却液 | 用于关闭冷却液 |
| M10 | 液压卡盘松开 | 用于卡盘松开动作 |
| M11 | 液压长盘夹紧 | 用于卡盘夹紧动作 |
| M30 | 程序结束 | 放在程序的最后一个程序段。除了执行 M02 的内容外，还返回到程序的第一段，准备下一个工件的加工 |
| M98 | 子程序调用开始 | 开始调用子程序 |
| M99 | 子程序调用结束 | 子程序调用结束并返回主程序 |

## 10.2.3　功能指令简介

（1）F、S、T 部分 M 功能

① F 功能

该指令用于控制切削进给量。在程序中有两种使用方法。

（a）每转进给量。指令格式：G99 F _ ；

F 后面的数字表示的是主轴每转进给量，单位为 mm/r。例如：G99 F0.2 表示进给量为 0.2 mm/r。

（b）每分钟进给量。指令格式：G98 F _ ；

F 后面的数字表示的是每分钟进给量，单位为 mm/min。例如：G98 F100 表示进给量为 100 mm/min。

G98、G99 可和 F 分开写，F 一般与 G01 连用。例如：

G98;

G01 X50.0 Z100.0 F100;

②S 功能

（a）S 功能指令用于控制主轴转速（恒转速）。指令格式：S _ ;

S 后面的数字表示主轴转速，单位为 r/ min。

（b）恒线速度控制。指令格式：G96 S _ ;

S 后面的数字表示的是恒定的线速度（m/min）。例如，G96 S150 表示切削点的线速度控制在 150 m/min，可以保证车削后工件的表面粗糙度一致。

（c）最高转速限制。指令格式：G50 S _ ;

为防止主轴转速过快使工件从卡盘中飞出，发生危险，有时在用 G96 之前要限定主轴最高转速。S 后面的数字表示的是最高限速（r/min）。例如：G50 S3000；表示限制最高转速为 3 000 r/min。

（d）恒线速取消或恒转速设定。指令格式：G97 S _ ;

S 后面的数字表示恒线速度控制取消后的主轴转速。例如：G97 S300；表示恒线速控制取消后主轴转速为 300 r/ min。

③T 功能

T 功能指令用于选择加工所用刀具。指令格式：T _ _ _ _ ;

T 后面的 4 位数字，前 2 位是刀具号，后 2 位为刀具补偿号（包括刀具偏置补偿、刀具磨损补偿、刀尖圆弧补偿、刀尖刀位号等）。通常使用的刀具序号应与刀架上的刀位号相对应，以免出错。例如，T0303 表示选用 3 号刀及调用 03 号里面存储的刀尖圆弧半径补偿值。T0300 表示取消刀具补偿。

④ 主轴正（反）转功能指令 M03、M04

代码及功能：M03（或 M3）：表示主轴正转；M04（或 M4）：表示主轴反转。

对于后置刀架，从尾座向主轴端方向看去，顺时针方向为正转，逆时针方向为反转；对于前置刀架，从尾座向主轴端方向看去，逆时针方向为正转，顺时针方向为反转。

M03、M04 指令一般与 S 功能指令结合在一起使用。例如：G97 M03 S1000 表示主轴正转，转速为 1 000 r/min。

（2）刀具快速定位指令 G00（或 G0）

① 指令功能

指刀具以机床规定的速度从所在的位置快速移动到目标点，移动速度由机床系统设定，无需在程序中指定。

② 指令格式

G00 X（U）_ Z（W）_ ;

其中，X、Z 表示目标点的坐标（U、W 表示相对增量）。

用 G00 编程时，也可以写作 G0。例：如图 10-10 所示，刀具要快速移到指定位置，用 G00 编写程序段。

绝对值方式编程：G00 X50.0 Z6.0；

增量值方式编程：G00 U-70.0 W-84.0；

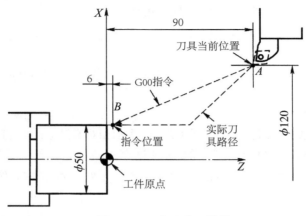

图 10-10　G00 走刀路径

③ 指令说明

（a）在一个程序段中，绝对坐标和增量坐标可以混用编程，如 G00 X_W_。

（b）X 和 U 采用直径编程。

（c）移动速度由参数来设定，指令执行开始后，刀具沿着各个坐标方向同时按参数设定的速度移动，最后减速到达终点；移动速度也可以通过控制面板上的倍率开关来调节。

（d）用 G00 指令快速移动时，地址 F 下编程的进给速度无效。

（e）G00 为模态有效代码，一经使用持续有效，直到被同组 G 代码取代为止。

（f）G00 指令的目标点不可设置在工件上，一般应与工件有 2 ~ 5 mm 的安全距离，也不能在移动过程中碰到机床、夹具等。

G00 快速定位指令使用注意事项：利用 G00 使刀具快速移动，在各坐标方向上刀具有可能不是同时到达终点。刀具移动轨迹是几条线段的组合，通常不是一条直线，而是折线。如图 10-11 所示，执行该段程序时，刀具首先以快速进给速度运动到（60，60）后再运动到（60，100）。

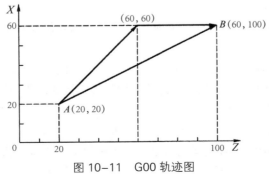

图 10-11　G00 轨迹图

G00 指令用于定位，其唯一目的就是节省非加工时间。刀具以快速进给速度移动到指令位置，接近终点位置时进行减速，当确定到达指令位置，即定位后，开始执行下一个程序段。由于速度快，只能用于空行程，不能用于切削。快速运动操作通常包括以下四种类型的运动：（Ⅰ）从换刀位置到工件的运动；（Ⅱ）从工件到换刀位置的运动；（Ⅲ）绕过障碍物的运动；（Ⅳ）工件上不同位置间的运动。

（3）刀具直线插补指令 G01（或 G1）

① 指令功能

指刀具以进给功能 F 下编程的进给速度沿直线从起始点加工到目标点。

② 指令格式

G01 X（U）_ Z（W）_ F _ ；

其中，X、Z 表示直线插补目标点的坐标（U、W 表示相对增量）；F 为直线插补时的进给速度，F 的单位由 G98、G99 所确定，单位一般设为 mm/r。

例，如图 10-12 所示，刀具起始点为 $P_0$ 点，经 $P_1$、$P_2$ 切削至 $P_3$ 外圆处。

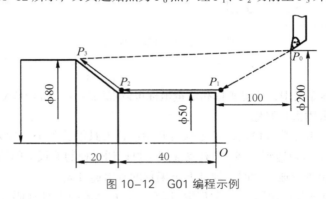

图 10-12　G01 编程示例

加工程序参考：

N10 G99 G00 X50.0 Z2.0；

N20 G01 X50.0 Z-40.0 F0.2；

N30 G01 X80.0 Z-60.0；

③ 指令说明

（a）G01 为直线插补指令，又称直线加工指令，是模态指令，一经使用持续有效，直到被同组 G 代码取代。

（b）G01 用于直线切削加工，必须给定刀具进给速度，且程序中只能指定一个进给速度。

（c）F 为进给速度，模态值，可为每分钟进给量或主轴每转进给量。在数控车床上通常指定为主轴每转进给量。该指令是轮廓切削进给指令，移动的轨迹为直线。F 是沿直线移动的速度。如果没有指定进给速度，就认为进给速度为零。进给时，直线各轴的分速度与各轴的移动距离成正比，以保证刀具在各轴同时到达终点。

（d）直线插补指令是直线运动指令，刀具按地址 F 编程的进给速度，以直线方式从起始点移动到目标点位置。所有坐标轴可以同时运行，在数控车床上使用 G01 指令可以实现纵切、横切、锥切等直线插补运动。

（4）圆弧插补指令（G02、G03）

① 指令功能

使刀具在指定平面内按给定的进给速度作圆弧插补运动，切削出圆弧曲线。

② 指令格式

（a）用 I、K 指定圆心位置编程

G02（G03）X（U）_Z（W）_I_K_F_ ；

其中，$X$、$Z$ 为绝对编程时圆弧终点的坐标值；$U$、$W$ 为增量编程时圆弧终点相对于起点的位移量；$I$、$K$ 表示圆弧起点到圆弧圆心矢量值在 $X$、$Z$ 方向的投影值，即圆心的坐标值减去圆弧起点的坐标值；$F$ 为进给速度。

（b）用 R 编程

圆弧顺时针插补指令：G02 X（U）_Z（W）_R_F_ ；

圆弧逆时针插补指令：G03 X（U）_Z（W）_R_F_ ；

其中，$X$、$Z$ 为绝对编程时圆弧终点的坐标值；$U$、$W$ 为增量编程时圆弧终点相对于圆弧起点的位移量；$R$ 为圆弧半径；$F$ 为进给速度。

圆弧插补的顺逆方向判断原则：沿着圆弧所在平面（$XZ$ 平面）的垂直坐标轴的负方向看去，顺时针方向为 G02，逆时针方向为 G03。另外，数控车床的刀架有前置和后置之分，这两种形式的车床 $X$ 轴正方向刚好相反，因此圆弧插补的顺逆方向也相反。图 10-13 所示为如何根据刀架的位置判断圆弧插补的顺逆。

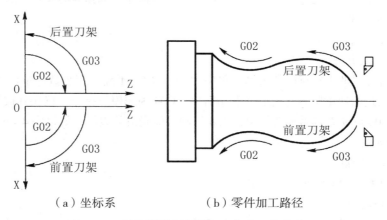

（a）坐标系 （b）零件加工路径

图 10-13 圆弧插补的顺逆与刀架位置的关系

③ 指令说明

（a）$K$ 方向是从圆弧起点指向圆心，其正负取决于该方向与坐标轴方向的异同，如图 10-14 所示。

（b）用半径 $R$ 指定圆心时，规定大于 180° 的圆弧，$R$ 前加负号 "-"。

（c）用 $R$ 方式编程只使用非整圆的圆弧插补，不适用于整圆加工。

（d）若在程序中同时出现 $I$、$K$ 和 $R$ 时，以 $R$ 优先，$I$、$K$ 无效。

（e）圆弧插补指令用来控制刀具按顺时针（CW）或逆时针（CCW）进行圆弧加工。

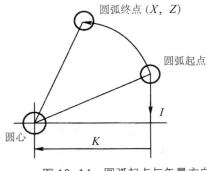

图 10-14　圆弧起点与矢量方向

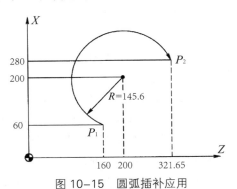

图 10-15　圆弧插补应用

在图 10-15 中，当圆弧 A 的起点为 $P_1$、终点为 $P_2$ 时，圆弧插补程序段为：

G02 X280.0 Z321.65 I140.0 J40.0 F50；

或 G02 X280.0 Z321.65 R-145. 6 F50；

当 A 的起点为 $P_2$、终点为 $P_1$ 时，圆弧插补程序段为：

G03 X60.0 Z160.0 I-80.0 J-121.65 F50；

或 G03 X60.0 Z160.0 R-145.6 F50；

（5）暂停指令 G04

① 指令功能

使刀具做短暂的无进给光整加工，用于车槽、钻孔、锪孔等场合。

② 指令格式

G04  X/P ＿ ；

③ 指令说明

X 后面可用带小数点的数表示，单位为 s；P 后面不允许用小数，单位为 ms；G04 在前程序段的进给速度降到零之后才开始暂停；G04 为非模态指令，仅在其被规定的程序段中有效；G04 可使刀具做短暂停留，以获得圆整而光滑的表面。如暂停 4 s 可写为：

G04 X4.0；

或 G04 P4000。

（6）内外径粗车循环指令 G71

① 指令功能

该指令将工件切削到精加工之前的尺寸，精加工前工件形状及粗加工的刀具路径由系统根据精加工尺寸自动设定。主要用于切除棒料毛坯大部分加工余量。

② 指令格式

G71 U（△d）R（r）P（ns）Q（nf）X（△x）Z（△z）F（f）S（s）T（t）；

③ 指令说明

△d 为背吃刀量，半径值；r 为每次退刀量；ns 为精加工路径第一程序段的顺序号；nf 为精加工路径最后程序段的顺序号；△x 为 X 方向精加工余量，直径值；△z 为 Z 方向精加工余量；f、s、t 为粗加工时 G71 程序段中编程的 F、S、T 有效。

G71 指令刀具循环路径：如图 10-16 所示，$C$ 点为粗加工循环起点，程序执行时刀具由 $C$ 点沿 $X$ 方向快进一个背吃刀量△d，然后沿着 $Z$ 方向车削循环。最后一次粗车循环后，零件各表面留有 X 方向精车余量△x，Z 方向精车余量△z。端面粗车循环指令 G72、封闭轮廓粗车循环指令 G73 可参考 G71 指令。

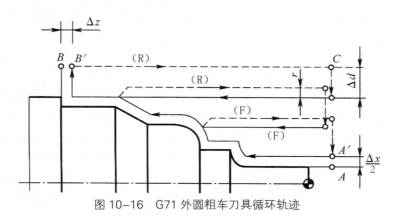

图 10-16　G71 外圆粗车刀具循环轨迹

（7）精车循环指令 G70

①指令功能

当用 G71、G72、G73 指令粗车后，可使用 G70 按粗车循环指定的精加工路线去除余量。

②指令格式

G70　P（ns）Q（nf）；

③指令说明

ns 为精加工程序第一个程序段顺序号；nf 为精加工程序最后一个程序段顺序号。在精加工循环 G70 状态下，G71、G72、G73 程序段中指定的 F、S、T 功能无效，但在执行 G70 时顺序号 ns 和 nf 之间程序段中指定的 F、S、T 功能有效。当 G70 循环加工结束时，刀具返回到循环起始点并读入下一个程序段。在 G70 到 G73 中 ns 至 nf 之间的程序段不能调用子程序。如图 10-17 所示为 G71 循环编程实例。

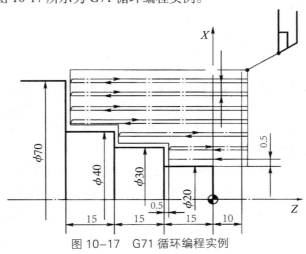

图 10-17　G71 循环编程实例

程序如表 10-3 所示。

表 10-3　G71 循环加工参考程序

| 程序内容 | 程序说明 |
|---|---|
| O0001； | 程序名 |
| N10 G99 M03 T0101 S800； | 选用 1 号刀，引入 1 号刀补，主轴正转，转速 800 r/min |
| N20 G00 X120.0 Z12.0； | 快速到达循环起点 |
| N30 G71 U4.0 R1.0； | |
| N40 G71 P50 Q120 U0.3 W0.001 F0.3 S500； | 外径粗车循环，设定循环参数 |
| N50 G00 X20.0 S800； | /ns |
| N60 G01 Z−15.0 F0.15； | |
| N70 X30.0； | |
| N80 Z−30.0； | |
| N90 X40.0； | |
| N100 Z−45.0； | |
| N110 X70.0； | |
| N120 X75.0； | /nf |
| N130 G70 P50 Q120； | |
| N140 G00 X100.0； | 快速返回 |
| N150 Z100.0； | |
| N160 M05； | |
| N170 M30； | 程序结束 |

（8）螺纹切削指令 G32

① 指令功能

在数控机床上车螺纹是采用直进切削法进刀。当采用硬质合金车刀高速车削螺纹时，切削速度为 0.83 ～ 1.67 m/ s 。

② 指令格式

G32 X（U）_Z（W）_R_E_P_F_；

③ 指令说明

$X$、$Z$ 为螺纹切削终点的坐标值，$U$、$W$ 为终点相对于螺纹切削起点的位移量。$R$ 为 $Z$ 向退尾量，一般取 0.75 ～ 1.75 倍螺距；$E$ 为 $X$ 向退尾量，取螺纹的牙型高，约为 0.65 倍螺距；$F$ 为螺纹的导程，单线螺纹导程＝螺距，多线螺纹导程＝螺距 × 螺纹线数。$P$ 为主轴基准脉冲处距离螺纹切削起始点的主轴转角。

用 G32 指令可加工固定导程的圆柱螺纹或圆锥螺纹，也可用于加工端面螺纹。但是刀具的切入、切削、切出、返回都靠编程来完成，所以加工程序较长，多用于小螺距螺纹的加工。

G32 加工圆柱螺纹路径如图 10-18a 所示，每一次加工分四步：进刀（$AB$）→切削（$BC$）→退刀（$CD$）→返回（$DA$）。

G32 加工锥螺纹路径如图 10-18b 所示，切削斜角 $\alpha$ 小于 45° 的圆锥螺纹时，螺纹导程以 $Z$ 方向指定，大于 45° 时，螺纹导程以 $X$ 方向指定。

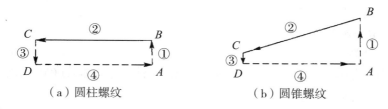

（a）圆柱螺纹　　　　　　　（b）圆锥螺纹

图 10-18　单行程螺纹切削指令 G32 进刀路径

由于车螺纹起始时有一个加速过程，结束前有一个减速过程。在这段距离中，螺距不可能保持均匀，因此，车螺纹时，两端必须设置足够的升速进刀段（空刀导入量 $\delta_1$）和减速退刀段（空刀导出量 $\delta_2$），如图 10-19 所示。$\delta_1$、$\delta_2$ 一般按下式选取：$\delta_1 \geq 2$ 导程；$\delta_2 \geq (1 \sim 1.5)$ 导程。

当退刀槽宽度小于上面计算的 $\delta_2$ 时，$\delta_2$ 取 1/2 ~ 2/3 槽宽；如果没有退刀槽 $\delta_2$，则不必考虑，可利用复合循环指令中的退尾功能。

图 10-19　空刀导入量与空刀导出量

如果螺纹牙型较深，螺距较大，可分几次进给。每次进给的背吃刀量用螺纹深度减精加工背吃刀量所得的差按递减规律分配。常用螺纹切削的进给次数与背吃刀量可参考表 10-4 选取。

表 10-4　常用螺纹加工的进给次数与背吃刀量（米制螺纹）

| 螺距 /mm | | 1.0 | 1.5 | 2.0 | 2.5 | 3.0 | 3.5 | 4.0 |
|---|---|---|---|---|---|---|---|---|
| 牙深 /mm | | 0.650 | 0.975 | 1.300 | 1.625 | 1.950 | 2.275 | 2.600 |
| 双边切深 /mm | | 1.30 | 1.95 | 2.60 | 3.25 | 3.90 | 4.55 | 5.20 |
| 进给次数及每次进给量 /mm | 第 1 次 | 0.7 | 0.8 | 0.9 | 1.0 | 1.2 | 1.5 | 1.5 |
| | 第 2 次 | 0.4 | 0.5 | 0.6 | 0.7 | 0.7 | 0.7 | 0.8 |
| | 第 3 次 | 0.2 | 0.5 | 0.6 | 0.6 | 0.6 | 0.6 | 0.6 |
| | 第 4 次 | | 0.15 | 0.4 | 0.4 | 0.4 | 0.6 | 0.6 |
| | 第 5 次 | | | 0.1 | 0.4 | 0.4 | 0.4 | 0.4 |
| | 第 6 次 | | | | 0.15 | 0.4 | 0.4 | 0.4 |
| | 第 7 次 | | | | | 0.2 | 0.2 | 0.4 |
| | 第 8 次 | | | | | | 0.15 | 0.3 |
| | 第 9 次 | | | | | | | 0.2 |

外螺纹尺寸计算

实际切削螺纹外圆直径：$d_{实际} = d-0.1P$

螺纹牙型高度：$h = 0.65P$

螺纹小径：$d_1 = d-1.3P$

内螺纹尺寸计算：

实际切削内孔直径：塑性材料 $D_{实际} = D-P$；脆性材料 $D_{实际} = D-(1.05 \sim 1.1)P$

螺纹牙型高度：$h = 0.65P$

螺纹大径：$D = M$

图 10-20 所示为待加工螺纹，M18 螺纹外径已车至 $\phi$17.85 mm，4 mm × 2 mm 的退刀槽已加工。用 G32 指令为其编制螺纹加工程序。

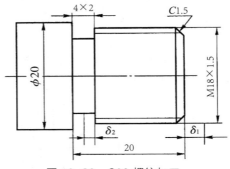

图 10-20　G32 螺纹加工

在编制螺纹加工程序时，应首先考虑螺纹程序起刀点的位置及螺纹程序收尾点的位置。取 $\delta_1 = 5$ mm，$\delta_2 = 2$ mm，所以如图 10-20 所示，螺纹底径尺寸：

$$d_1 = d-1.3P =18-1.3 \times 1.5 = 16.05 \text{ mm}$$

螺纹加工程序如表 10-5 所示：

表 10-5　螺纹加工参考程序

| 程序内容 | 程序说明 |
| --- | --- |
| O0002； | 程序名 |
| N10 G40 G97 S400 M03； | 主轴正转 |
| N20 T0404； | 选 4 号螺纹刀，4 号刀补 |
| N30 G00 X20.0 Z5.0； | 螺纹加工起点 |
| N40 X17.2； | 自螺纹大径 18 mm 进第一刀，切深 0.8 mm |
| N50 G32 Z-18.0 F1.5； | 螺纹车削第一刀，螺距为 1.5 mm |
| N60 G00 X20.0； | X 向退刀 |
| N70 Z5.0； | Z 向退刀 |
| N80 X16.7； | 进第二刀，切深 0.5 mm |
| N90 G32 Z-18.0 F1.5； | 螺纹车削第二刀，螺距为 1.5 mm |

（续表）

| | |
|---|---|
| N100 G00 X20.0； | X 向退刀 |
| N110 Z5.0； | Z 向退刀 |
| N120 X16.2； | 进第三刀，切深 0.5 mm |
| N130 G32 Z−18.0 F1.5； | 螺纹车削第三刀，螺距为 1.5 mm |
| N140 G00 X20.0； | X 向退刀 |
| N150 Z5.0； | Z 向退刀 |
| N160 X16.05； | 进第四刀，切深 0.15 mm |
| N170 G32 Z−18.0 F1.5； | 螺纹车削第四刀，螺距为 1.5 mm |
| N180 G00 X20.0； | X 向退刀 |
| N190 Z5.0； | Z 向退刀 |
| N200 X16.05； | 光一刀，切深为 0 |
| N210 G32 Z−18.0 F1.5； | 光一刀，螺距为 1.5 mm |
| N220 G00 X200.0； | X 向退刀 |
| N230 Z100.0； | Z 向退刀，返回换刀点 |
| N240 M30； | 程序结束 |

使用 G32 加工螺纹时需要多次进刀，程序较长，容易出错，因此用得很少。数控车床一般均在数控系统中设置了螺纹切削循环指令 G92。

（9）螺纹切削循环指令 G92

① 指令功能

螺纹切削循环指令把"切入—螺纹切削—退刀—返回"四个动作作为一个循环，用一个程序段来指令。

② 指令格式

指令格式：G92 X（U）_Z（W）_R_F_；

③ 指令说明

X、Z 为螺纹切削终点坐标值；U、W 为螺纹切削终点相对于循环起点的坐标增量；F 为螺纹的导程，单线螺纹时为螺距。R 为螺纹部分半径之差，即螺纹切削起始点与切削终点的半径差。加工圆柱螺纹时，R 为 0，可省略。加工圆锥螺纹时，当 X 向切削起始点坐标小于切削终点坐标时，R 为负，反之为正。

执行 G92 指令时，动作路线如图 10-21 所示：

（a）从循环起点快速至螺纹起点（由循环起点 Z 和切削终点 X 决定）。

（b）螺纹切削至螺纹终点。

（c）X 向快速退刀。

（d）Z 向快速回循环起点。

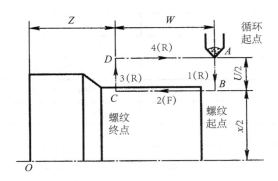

图 10-21　圆柱螺纹切削循环走刀路线

④ 编程举例

仍以图 10-20 零件为例，程序如表 10-6 所示。

表 10-6　螺纹循环加工参考程序

| 程序内容 | 程序说明 |
| --- | --- |
| O0003; | 程序名 |
| N10 G40 G97 M03 S600; | 主轴正转，转速为 600 r/ min |
| N20 T0303; | 选 3 号刀，3 号刀补 |
| N30 G00 X20.0 Z5.0; | 循环起点 |
| N40 G92 X17.2 Z−18.0 F1.5; | 螺纹切削循环 1，进 0.8 mm |
| N50 X16.7 Z−18.0; | 螺纹切削循环 2，进 0.5 mm |
| N60 X16.2 Z−18.0; | 螺纹切削循环 3，进 0.5 mm |
| N70 X16.05 Z−18.0; | 螺纹切削循环 4，进 0.15 mm |
| N80 G00 X200.0; | X 向退刀 |
| N90 Z100.0; | Z 向退刀，返回换刀点 |
| N100 M05; | 主轴停 |
| N110 M30; | 程序结束 |

（10）数控车床编程与坐标系有关的 G 指令

在加工过程中，数控机床是按照工件装夹好后所确定的加工原点位置和程序要求进行加工的。编程人员在编制程序时，只要根据零件图样就可以选定编程原点，建立工件坐标系，计算坐标数值，而不必考虑工件毛坯装夹的实际位置。对于加工人员来说，则应在装夹工件、调试程序时，将编程原点转换为加工原点，并确定加工原点的位置。工件各尺寸的坐标值都是相对于加工原点而言的，这样数控机床才能按照准确的加工坐标系位置开始加工。常用的设定工件坐标系的指令主要有下面二种。

① G50 设定工件坐标系

（a）指令格式：G50 X _ Z _ ;

（b）指令说明：X、Z 的值是起刀点在工件坐标系的坐标值。

如图 10-22 所示，工件坐标系设定指令为：G50 Xa Zb；其设定工件坐标系的原理是进行回参考点操作后，机床坐标系 XMZ 建立起来。刀具在机床坐标系中的位置为已知。通过对刀确定刀具在工件坐标系中的位置，那么通过刀具就可知道工件原点在机床坐标系中的位置，从而建立工件坐标系 XWZ。

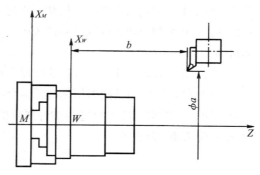

图 10-22　工件坐标系的设定

使用该指令设定工件坐标系时，应注意执行此指令之前必须先进行对刀，通过调整机床，将刀尖放在程序所要求的起刀点位置（a，b）上。G50 指令并不会产生机械移动，只是让系统内部用新的坐标值取代旧的坐标值，从而建立新的坐标系。

② G54 ~ G59 设定工件坐标系

（a）指令格式：G54 ~ G59；

（b）指令说明：加工之前，先通过 MDI（Manual Data Input，人工数据输入）方式设定这 6 个坐标系原点在机床坐标系中的位置，系统则将它们分别存储在 6 个寄存器中。当程序中出现 G54 ~ G59 中某一指令时，就相应地选择了这 6 个坐标系中的一个。

## 10.3　数控车床刀具补偿

（1）刀尖圆弧半径补偿概念

在编制数控车床加工程序时，通常将刀尖看作是一个点。然而实际的刀具头部是圆弧或近似圆弧，如图 10-23 所示。常用的硬质合金可转位刀片的头部都制成圆弧形，其圆弧半径规格有 0.2、0.4、0.8、1.2、1.6 等。对于有圆弧的实际刀头，如果以假想刀尖点 P 来编程数控系统控制 P 点的运动轨迹，而切削时实际起作用的切削刃是圆弧的各切点，如图 10-23b 所示。

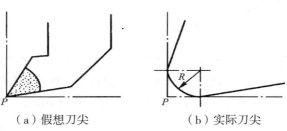

（a）假想刀尖　　　　　　　　（b）实际刀尖

图 10-23　数控车刀刀尖

（2）刀尖半径补偿的原理

① 具有刀尖圆弧半径补偿功能的车床，编程时可以不用计算刀尖圆弧中心轨迹，只按工件轮廓编程即可。

② 执行补偿指令后，数控系统自动计算刀具中心轨迹并运动。

③ 当刀具磨损或重磨，只需更改半径补偿值，不必修改程序。

④ 用同一把车刀进行粗、精加工，可用刀尖半径补偿功能实现。

⑤ 半径补偿值可通过手动输入从控制面板上输入到补偿表中。

（3）刀尖半径补偿的目的

当用按理论刀尖点编出的程序进行端面、外径、内径等与轴线平行或垂直的表面加工时，是不会产生误差的，但在进行倒角、锥面及圆弧切削时，则会产生少切或过切现象。圆头车刀若按假想刀尖作为编程点，则实际切削轨迹与工件要求的轮廓存在误差，如图10-24所示，所以要采用半径补偿功能消除误差。

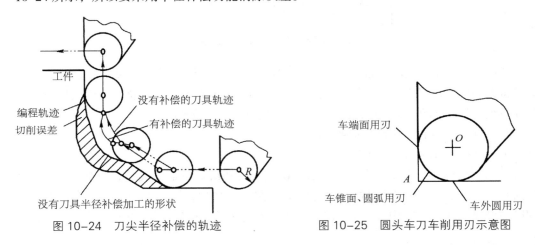

图10-24 刀尖半径补偿的轨迹　　　　图10-25 圆头车刀车削用刃示意图

（4）刀尖半径补偿的应用

车削端面和内外圆柱面时不需要补偿；车削锥面和圆弧面时，实际切削点与理想刀尖点 $A$ 之间在 $X$、$Z$ 轴方向都存在位置偏差，如图10-25所示，所以要采用刀尖圆弧半径补偿。

（5）刀尖半径补偿指令

① 刀尖半径补偿指令（G41，G42）

$$格式：\begin{Bmatrix} G41 \\ G42 \end{Bmatrix} - \begin{Bmatrix} G00 \\ G01 \end{Bmatrix} X\_Z\_;$$

其中，X、Z 是建立刀补的终点坐标值。

G41 半径左补偿：沿着刀具进给方向看，刀具位于工件轮廓左侧。

G42 半径右补偿：沿着刀具进给方向看，刀具位于工件轮廓右侧。

G41、G42 指令不带参数，其补偿号由 T 指定，例如 T0101。刀尖半径左补偿、右补偿如图10-26所示。

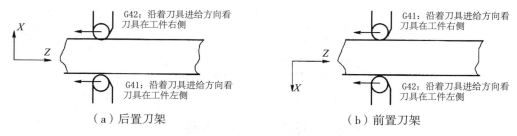

（a）后置刀架　　　　　　　　　（b）前置刀架

图 10-26　刀尖半径左补偿、右补偿

② 取消刀尖半径补偿指令 G40

格式：G40　G00(G01)　X _ Z _ ；

其中，X、Z 是取消刀尖半径补偿点的坐标值。

③ 刀尖半径补偿的编程实现

刀尖半径补偿的编程实现分为三个步骤：刀尖半径的引入（见图 10-27）、进行和取消（见图 10-28）。为保证加工精度和编程方便，在加工过程中必须进行刀具位置补偿。每一把刀具的补偿量需要在车床运行加工前输入到数控系统中，以便在程序的运行中自动进行补偿。

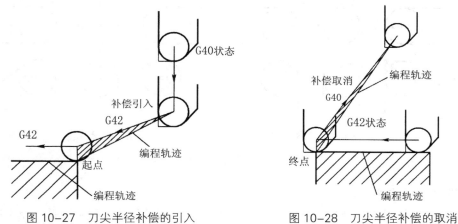

图 10-27　刀尖半径补偿的引入　　　　图 10-28　刀尖半径补偿的取消

（6）刀尖半径补偿的准备工作

在加工工件之前，要把刀尖圆弧半径补偿的有关数据输入到存储器中，以便使数控系统对刀尖的圆弧半径所引起的误差进行自动补偿。

① 刀尖半径

工件的形状与刀尖半径的大小有直接关系，必须将刀尖圆弧半径 R 输入到存储器中，如图 10-29 所示。

② 车刀的形状和位置参数

车刀的形状有很多，它能决定刀尖圆弧所处的位置，因此也要把代表车刀形状和位置的参数输入到存储器中，图 10-30 中参数 T 表示刀具刀位点与刀尖圆弧中心的位置关系。通常用参数 0 ~ 9 表示，A 点代表理论刀尖点，O 点代表刀尖圆弧圆心，如图 10-30 所示。

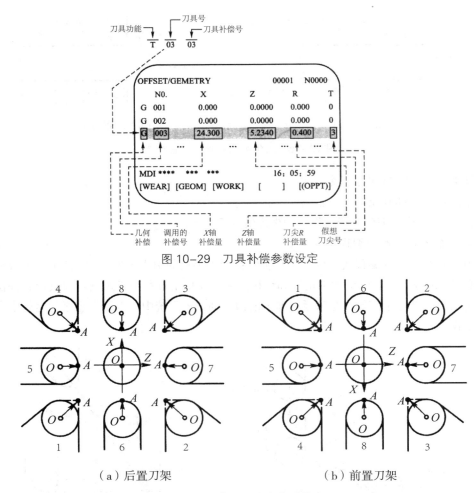

图 10-29　刀具补偿参数设定

（a）后置刀架　　　　　（b）前置刀架

图 10-30　车刀刀尖方位及代码

③ 参数的输入

与每个刀具补偿号相对应有一组 $X$ 和 $Z$ 的刀具位置补偿值、刀尖圆弧半径 $R$ 以及刀尖方位 $T$ 值，输入刀尖圆弧半径补偿值时，就是要将参数 $R$ 和 $T$ 输入到存储器中。例如某程序中编入下面的程序段：N100 G00 G42 X100.0 Z3.0 T0303，若此时输入刀具补偿号为 03 的参数，机床屏幕上显示如图 10-29 所示的内容：$X$ 轴、$Z$ 轴方向的补偿量分别为 24.300 mm、5.234 mm，刀尖圆弧半径 $R = 0.400$ mm，刀尖方位号为 3。在自动加工工件的过程中，数控系统将按照 03 刀具补偿栏内的 $X$、$Z$、$R$、$T$ 的数值，自动修正刀具的位置误差和自动进行刀尖圆弧半径的补偿。

（7）刀具补偿实例

例如图 10-31 所示轮廓，考虑刀尖圆弧半径补偿，加工程序如表 10-7 所示。

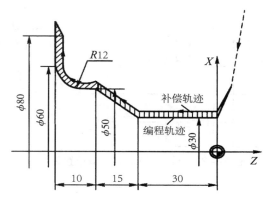

图 10-31　刀尖圆弧补偿实例

表 10-7　刀尖圆弧补偿加工参考程序

| 程序内容 | 程序说明 |
| --- | --- |
| O0004; | 程序名 |
| N10 S600 M03 T0101; | 启动刀补数据库 |
| N20 G00 X35.0 Z5.0; | |
| N30 G42 G00 X30.0 Z1.0; | 刀补引入 |
| N40 G01 Z−30.0 F0.1; | 刀补实施 |
| N50 X50.0 Z−45.0; | |
| N60 G02 X60.0 Z−55.0 R12.0; | |
| N70 G01 X80.0; | |
| N80 G40 G00 X90.0 Z5.0; | 取消刀补 |
| N90 Z10.0; | 返回 |
| N100 X100.0; | |
| N110 M05; | 主轴停 |
| N120 M02; | 程序结束 |

## 10.4　数控车床对刀

在数控车床上加工工件，要建立工件坐标系来对工件进行数控编程。另外，还要确定工件、刀具在机床中的位置，如图 10-32 所示。因此，要确定工件坐标系和机床坐标系之间的关系，这样才能正确加工零件，这种关系通过对刀操作来确立。一般数控车床的刀架换刀为四工位方刀架，故可以对四把刀。

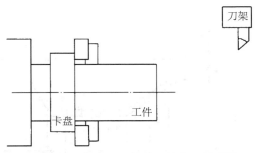

图 10-32 机床、工件、刀具位置关系图

（1）对刀的概念

所谓对刀是指使"刀位点"与"对刀点"重合的操作。车削加工一个零件时，往往需要几把不同的刀具，而每把刀具的安装位置、顺序是根据数控车床装刀要求安放的，当它们转至切削位置时，其刀尖所处的位置各不相同。但是数控系统要求在加工一个零件时，无论使用哪一把刀具，其刀尖位置在切削前均应处于同一点，否则，零件加工程序就缺少一个共同的基准点。为使零件加工程序不受刀具安装位置的影响，必须在加工程序执行前，调整每把刀的刀尖位置，使刀架转位后，每把刀的刀尖位置都重合在同一点，这一过程称为数控车床的对刀。

（2）确定对刀点或对刀基准点的一般原则

对刀点或对刀基准点可以设置在被加工工件上，也可以设置在与零件定位基准有关联尺寸的夹具的某一位置上，还可以设置在机床三爪自定心卡盘的前端面上。选择原则如下：

① 对刀点的位置容易确定。

② 能够方便地换刀，以便与换刀点重合。

③ 对刀点应与工件坐标系原点重合。

④ 批量加工时，为使得一次对刀可以加工一批工件，对刀点应该选取在定位元件上，并将编程原点与定位基准重合，以便直接按照定位基准对刀。

（3）对刀方法

为了计算和编程方便，我们通常将工件（程序）原点设定在工件右端面的回转中心上，尽量使编程基准与设计、装配基准重合。机床坐标系是机床唯一的基准，所以必须要弄清楚程序原点在机床坐标系中的位置。这通常在接下来的对刀过程中完成。FANUC 系统确定工件坐标系有三种方法。

① 通过对刀将刀偏值写入参数从而获得工件坐标系。这种方法操作简单，可靠性好，通过刀偏与机床坐标系紧密地联系在一起，只要不断电、不改变刀偏值，工件坐标系就会存在且不会变，即使断电，重启后回参考点，工件坐标系还在原来的位置。

② 用 G50 设定坐标系，对刀后将刀移动到 G50 设定的位置才能加工。对刀时先对基准刀，其他刀的刀偏都是相对于基准刀的。

③ MDI 参数，运用 G54 ~ G59 可以设定六个坐标系，这种坐标系是相对于参考点不变的，与刀具无关。这种方法适用于批量生产且工件在卡盘上有固定装夹位置的加工。

（4）常用对刀方法的具体操作

以通过对刀将刀偏值写入参数从而获得工件坐标系的对刀方法举例。采用 T 指令建立工件坐标系直接用刀具试切对刀（形状偏置对刀），如图 10-33 所示。

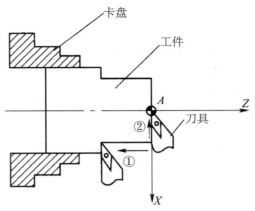

图 10-33　数控车床对刀原理图

①X 轴对刀。如图 10-33 所示，在机床上，手动车工件外圆后，刀具沿 Z 向退出（此时刀具不允许在 X 方向移动），停主轴，测得工件外径为 D。如图 10-34 所示，将光标移动到刀补号上，一般与刀号相对应。输入"XD 值"到刀偏表中 01 行 X 上，按 [ 测量 ] 软键（X 轴对刀完毕）。

②Z 轴对刀。如图 10-33 所示，在机床上，试车零件端面，车平，刀具沿 X 向退出（此时刀具不允许在 Z 方向移动）。如图 10-34 所示，将光标打到刀偏表中 01 行 Z 上，因端面设为编程坐标系原点，所以以输入 Z0 到刀偏表中 01 行，按 [ 输入 ] 软键（Z 轴对刀完毕）。

这样 1 号刀对刀完成。同样方法可完成其他刀具的对刀。每把刀独立坐标系，互不干扰，对刀比较方便。刀架可在任何位置都可以启动加工程序。

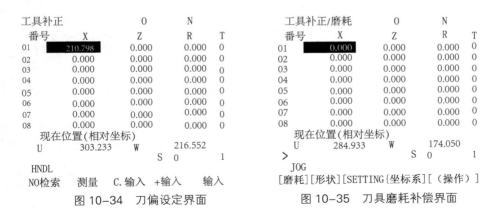

| 工具补正 | | O | N | |
|---|---|---|---|---|
| 番号 | X | Z | R | T |
| 01 | 210.798 | 0.000 | 0.000 | 0 |
| 02 | 0.000 | 0.000 | 0.000 | 0 |
| 03 | 0.000 | 0.000 | 0.000 | 0 |
| 04 | 0.000 | 0.000 | 0.000 | 0 |
| 05 | 0.000 | 0.000 | 0.000 | 0 |
| 06 | 0.000 | 0.000 | 0.000 | 0 |
| 07 | 0.000 | 0.000 | 0.000 | 0 |
| 08 | 0.000 | 0.000 | 0.000 | 0 |

现在位置(相对坐标)
U　　303.233　　W　　216.552
S　0　　　1
HNDL
NO检索　　测量　　C.输入　+输入　　输入

图 10-34　刀偏设定界面

| 工具补正/磨耗 | | O | N | |
|---|---|---|---|---|
| 番号 | X | Z | R | T |
| 01 | 0.000 | 0.000 | 0.000 | 0 |
| 02 | 0.000 | 0.000 | 0.000 | 0 |
| 03 | 0.000 | 0.000 | 0.000 | 0 |
| 04 | 0.000 | 0.000 | 0.000 | 0 |
| 05 | 0.000 | 0.000 | 0.000 | 0 |
| 06 | 0.000 | 0.000 | 0.000 | 0 |
| 07 | 0.000 | 0.000 | 0.000 | 0 |
| 08 | 0.000 | 0.000 | 0.000 | 0 |

现在位置(相对坐标)
U　　284.933　　W　　174.050
S　0　　　1
> 
JOG
[磨耗][形状][SETTING{坐标系][（操作）]

图 10-35　刀具磨耗补偿界面

（5）刀具的磨损补偿

刀具的磨损补偿用于刀具的磨损和对加工尺寸的调整。如图 10-35 所示，例如：1 号刀车外圆时，测得比实际要求尺寸大了 0.02 mm，就可在 1 号磨耗刀补 X 中输

入 −0.02 mm，使刀补值减小，这样在运行程序时就可以多切掉 0.02 mm；车端面时，测得比实际要求尺寸长了 0.02 mm，就可在 1 号磨耗刀补 Z 中输入 −0.02 mm，使刀补值减小，这样在运行程序时就可以多切掉 0.02 mm。

【复习题】

（1）比较数控车床与普通卧式车床的区别。

（2）简述数控车床的坐标系。

（3）简述可转位数控车刀的夹紧方式。

（4）简述数控车床刀尖半径补偿的目的。

（5）简述数控车床的对刀过程。

# 第十一章 铣 削

在铣床上利用铣刀的旋转和工件的移动对工件进行切削加工的过程称为铣削。工作时刀具旋转（作主运动），工件移动（作进给运动）；工件也可以固定，但此时旋转的刀具还必须移动（同时完成主运动和进给运动）。铣削用的机床有卧式铣床和立式铣床，也有大型的龙门铣床。这些机床可以是普通机床，也可以是数控机床。

铣削生产率较高，是金属切削加工中的常用方法之一。由于可以采用不同类型和形状的铣刀，配以铣床附件分度头、回转工作台等的应用，铣削加工范围很广泛，可用来加工平面、台阶、斜面、沟槽、成形表面、齿轮等，也可用来钻孔、镗孔、切断等，如图 11-1 所示。铣削加工的精度一般可达 IT9 ~ IT7，表面粗糙度 $Ra$ 值一般为 6.3 ~ 1.6 μm。

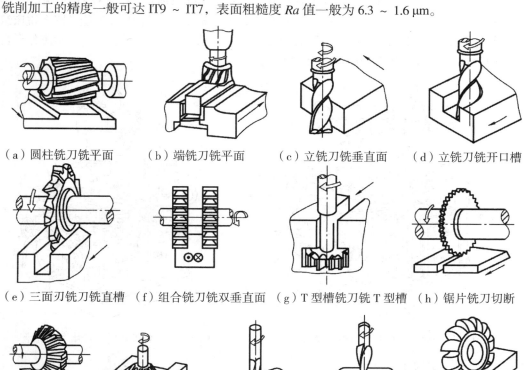

（a）圆柱铣刀铣平面　（b）端铣刀铣平面　（c）立铣刀铣垂直面　（d）立铣刀铣开口槽

（e）三面刃铣刀铣直槽　（f）组合铣刀铣双垂直面　（g）T 型槽铣刀铣 T 型槽　（h）锯片铣刀切断

（i）角度铣刀　（j）燕尾槽铣刀　（k）键槽铣刀　（l）球头铣刀　（m）半圆键槽铣刀
铣 V 型槽　　铣燕尾槽　　铣键槽　　铣成形面　　铣半圆键槽

图 11-1　铣削加工范围

由于铣刀是典型的多齿刀具，铣削时可以多个齿刃同时切削，利用硬质合金镶片刀具，可采用较大的切削用量，且切削运动连续，所以生产率高。铣削时，铣刀的每个齿刃轮流参与切削，齿刃散热条件好。但切入、切出时切削热的变化及切削力的冲击，将加速刀具的磨损及破损。由于铣刀齿刃的不断切入、切出，切削面积和切削力都在不断地变化，容易产生振动和打刀现象，影响加工精度和刀具使用寿命。

## 11.1 铣床

铣床的种类很多，最常用的是卧式铣床、立式铣床、工具铣床、龙门铣床、仿形铣床、数控铣床等，其中卧式铣床与立式铣床应用最广。

### 11.1.1 卧式万能升降台铣床

卧式万能升降台铣床简称卧式铣床，它是铣床中应用较多的一种。其主轴水平放置，与工作台面平行，故称为卧式铣床。卧式铣床具有功率大、转速高、刚性好、工艺范围广、操作方便等优点，主要适用于小批生产，也可用于成批生产。

以 X6132 型卧式铣床为例，铣床的外形及组成如图 11-2 所示。在型号 X6132 中，"X"为铣床类别代号（铣床类），"61"为万能升降台铣床的组、系代号（万能升降台铣床组系别），"6"表示卧式铣床，"1"表示万能铣床，"32"为主参数代号，表示工作台台面宽度的 1/10，即工作台台面宽度为 320 mm。

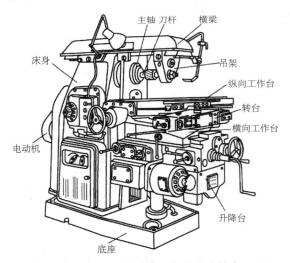
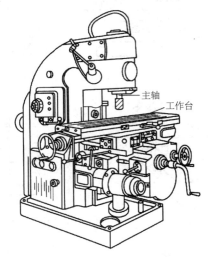

图 11-2　X6132 型卧式万能升降台铣床　　　　图 11-3　X5032 型立式升降台铣床

### 11.1.2 立式升降台铣床

立式升降台铣床简称立式铣床，立式铣床的主轴垂直于工作台面，没有横梁、吊架和转台。根据加工的需要，有时可以将立式升降台铣床的立铣头（主轴头架）偏转一定的角度，以加工斜面。X5032 型立式升降台铣床的外形如图 11-3 所示，在型号 X5032 中，"X"为铣床类别代号（铣床类），"50"为立式升降台铣床的组、系代号，"5"表示立式铣床，"0"表示普通铣床，"32"为主参数代号，表示工作台台面宽度的 1/10，即工作台台面宽度为

320 mm。

立式铣床是一种生产效率比较高的机床，可以利用立铣刀或端铣刀加工平面、台阶、斜面、键槽和T型槽等。另外，立式铣床操作时，观察检查和调整铣刀位置都比较方便，又便于安装硬质合金端铣刀进行高速铣削，故应用很广。

## 11.2　铣刀

### 11.2.1　铣刀的种类

铣刀是一种多刃刀具，常用的铣刀刀齿材料有高速钢和硬质合金钢两种。铣刀的种类很多，按其安装方法的不同可分为带孔铣刀和带柄铣刀两大类，如图11-4和图11-5所示。带孔铣刀多用于卧式铣床，带柄铣刀多用于立式铣床。带柄铣刀又可分为直柄铣刀和锥柄铣刀。

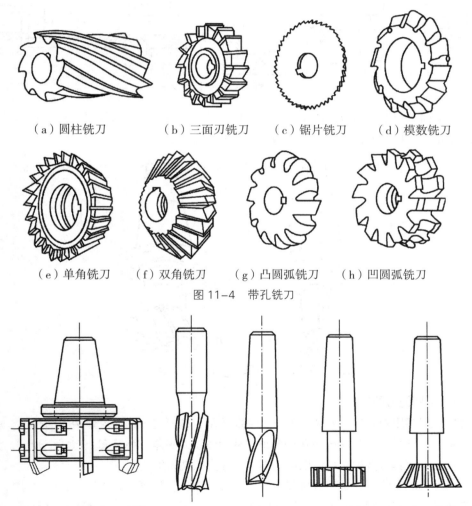

（a）圆柱铣刀　　　（b）三面刃铣刀　　（c）锯片铣刀　　　（d）模数铣刀

（e）单角铣刀　　（f）双角铣刀　　（g）凸圆弧铣刀　　（h）凹圆弧铣刀

图11-4　带孔铣刀

（a）硬质合金镶齿端铣刀　（b）立铣刀（c）键槽铣刀（d）T型槽铣刀（e）燕尾槽铣刀

图11-5　带柄铣刀

### 11.2.2 铣刀的安装

（1）带孔铣刀的安装

带孔圆柱铣刀多使用长刀杆安装，如图 11-6 所示。刀杆的一端有 7：24 的锥度与铣床主轴孔配合，并用拉杆穿过主轴将刀杆拉紧，以保证刀杆与主轴锥孔紧密配合。

安装时，铣刀应尽可能靠近铣床主轴或吊架，使铣刀有足够的刚性。套筒的端面与铣刀的端面必须擦干净，以减小铣刀的端面跳动。拧紧刀杆的压紧螺母前，必须先装好刀杆支架，以防刀杆受力弯曲。斜齿圆柱铣刀所产生的轴向切削力应指向主轴轴承。

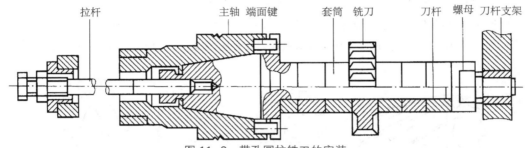

拉杆　　　　　　　　主轴 端面键　　　套筒 铣刀　　　刀杆 螺母 刀杆支架

图 11-6　带孔圆柱铣刀的安装

带孔端面铣刀多使用短刀杆安装，如图 11-7 所示。通过螺钉将铣刀装夹于刀杆上（由键传递扭矩），再将刀杆装入铣床主轴，并用拉杆拉紧。

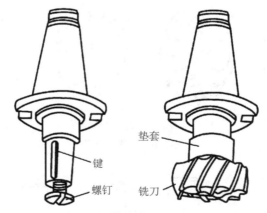

键

螺钉

垫套

铣刀

图 11-7　带孔端面铣刀的安装

（2）带柄铣刀的安装

直柄铣刀多用弹簧夹头安装，如图 11-8a 所示。铣刀的直柄插入弹簧套的孔内，用螺母压弹簧套的锥面，使其受压而孔径缩小，从而将铣刀夹紧。弹簧套上有 3 个开口，受压时能收缩。弹簧套有多种孔径，以适应不同尺寸直柄铣刀的安装。

锥柄铣刀的安装可将铣刀直接装入铣床主轴并用拉杆拉紧。如果铣刀锥柄尺寸与主轴孔内锥面尺寸不同，则应根据铣刀锥柄的大小选择合适的变锥套，将各配合表面擦干净，用拉杆将铣刀及变锥套一起拉紧在主轴锥孔内，如图 11-8b 所示。

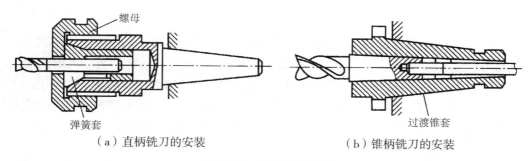

（a）直柄铣刀的安装　　　　　（b）锥柄铣刀的安装

图 11-8　带柄铣刀的安装

## 11.3　铣床的主要附件

铣床的主要附件有机用平口钳、回转工作台、分度头和万能铣头等。其中前三种附件用于工件装夹，万能铣头用于刀具装夹。

### 11.3.1　机用平口钳

机用平口钳是一种通用夹具，带转台的机用平口钳如图 11-9 所示。机用平口钳主要由底座、钳身、固定钳口、活动钳口、钳口铁和螺杆等部分组成。底座下镶有定位键，安装时，将定位键放入工作台的 T 型槽内，即可在铣床上获得正确的位置。松开钳身上的压紧螺母，扳转钳身可使其沿底座转过一定角度。工作时，应先校正机用平口钳在工作台上的位置，保证固定钳口与工作台台面的垂直度和平行度。机用平口钳适用于装夹尺寸较小、形状简单的支架、盘套类、板块和轴类工件，如图 11-10 所示。

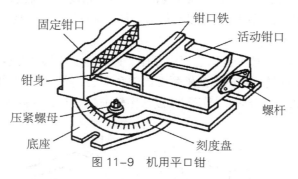

图 11-9　机用平口钳

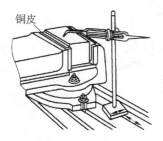

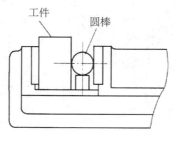

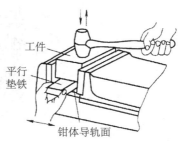

（a）垫铜皮装夹校正毛坯件　　（b）用圆棒夹持工件　　（c）用平行垫铁装夹工件

图 11-10　机用平口钳装夹

### 11.3.2 回转工作台

回转工作台如图 11-11 所示。回转工作台内部有蜗杆蜗轮机构，手轮与蜗杆同轴连接，回转台与蜗轮连接。转动手轮，通过蜗杆蜗轮传动，带动回转台转动。回转台周围标有刻度，用于观察和确定回转台位置。当回转工作台底座上的槽和铣床工作台的 T 型槽对正后即可用螺栓将回转工作台固定在铣床工作台上。回转工作台有手动和机动两种方式。回转工作台一般适于工件的分度工作和非整圆弧面的加工，如图 11-12 所示。

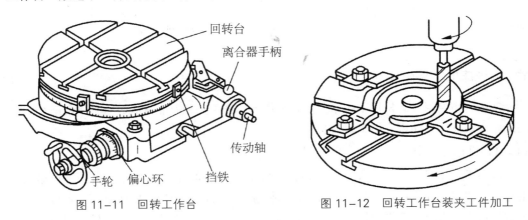

图 11-11　回转工作台　　　　　　图 11-12　回转工作台装夹工件加工

### 11.3.3 万能分度头

在铣削加工中，常会遇到铣齿轮、四方、六方、花键和刻线等工件。在这种情况下，工件每铣过一个平面或槽之后，需要绕轴线转过一定的角度再次铣削，这种工作称为分度。分度头是分度用的附件，其中万能分度头最为常见。根据加工的需要，万能分度头可以在水平、垂直和倾斜位置工作。

如图 11-13 所示，万能分度头主要由基座、回转体、主轴和分度盘等部分组成。主轴安装于回转体内，回转体用两侧的轴颈支承于底座上，并可绕其轴线转动，使主轴（工件）轴线相对于铣床工作台调整至所需角度。主轴前端装有三爪自定心卡盘或顶尖。

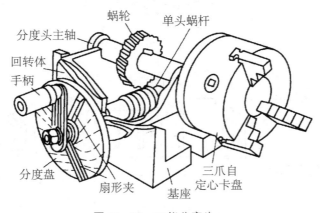

图 11-13　万能分度头

### 11.3.4 万能铣头

在卧式铣床上装上万能铣头，不仅能完成各种立铣的工作，而且还可以根据铣削的需要，将铣头主轴偏转成任意角度。万能铣头的底座用四个螺栓固定在铣床的垂直导轨上，铣床主轴的运动通过铣头内的两对锥齿轮传至铣头主轴，如图 11-14 所示。铣头壳体可绕铣床主轴轴线偏转任意角度，而铣头的主轴壳体还可在铣头壳体上偏转任意角度。

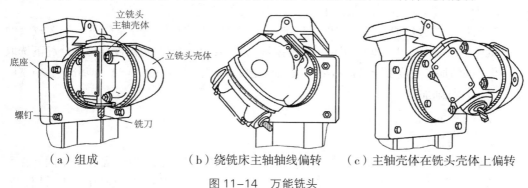

（a）组成　　　　　　（b）绕铣床主轴轴线偏转　　　（c）主轴壳体在铣头壳体上偏转

图 11-14　万能铣头

## 11.4　铣削基本工艺

### 11.4.1　铣削运动和铣削用量

（1）铣削运动

铣刀与工件之间的相对运动是铣削的切削运动。其中铣刀的旋转是主运动，工件的移动或转动是进给运动，如图 11-15 所示。

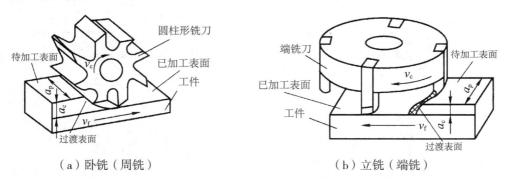

（a）卧铣（周铣）　　　　　　　　（b）立铣（端铣）

图 11-15　铣削运动

（2）铣削用量

铣削用量包括铣削速度、进给量、背吃刀量和侧吃刀量。

① 铣削速度。铣削速度一般是指铣刀最大直径处的线速度 $v_c$（m/s）。它与铣刀转速 $n$ (r/min)、铣刀直径 $D$（mm）的关系为：

$$v_c = \frac{\pi D n}{1\,000 \times 60} \text{（m/s）} \tag{11-1}$$

② 进给量 $v_f$（进给速度）。进给量是单位时间内铣刀与工件之间沿进给运动方向的相对移动量，它是工件沿进给方向每分钟移动的距离（mm/min）。

铣刀是多齿旋转刀具，在切入工件时有两个方向的吃刀深度，即背吃刀量 $a_p$ 和侧吃刀量 $a_c$，如图 11-15 所示。

③ 背吃刀量 $a_p$。背吃刀量是平行于铣刀轴线方向上切削层的尺寸（mm）。

④ 侧吃刀量 $a_c$。侧吃刀量是垂直于铣刀轴线方向上切削层的尺寸（mm）。

铣削用量的选用原则是：在保证铣削加工质量和工艺系统刚性条件下，先选较大的吃刀量（$a_c$ 或 $a_p$），再选取较大的 $v_f$，根据铣床功率，并在刀具耐用度允许的情况下选取 $v_c$。当工件的加工精度要求较高或要求表面粗糙度 $Ra$ 值小于 6.3 μm 时，应分粗、精铣两道工序进行铣削加工。

### 11.4.2 铣平面

（1）周铣

铣平面是铣削加工中最主要的工作之一，在卧式铣床或立式铣床上都能铣平面。在卧式铣床上用圆柱形铣刀铣平面，又称周铣。周铣由于其操作简便，经常在生产中采用，如图 11-15a 所示。

用圆柱铣刀铣平面（周铣）有顺铣和逆铣两种方式。在铣刀与工件已加工面的切点处，铣刀切削刃的运动方向与工件进给方向相同的铣削称为顺铣，反之称为逆铣，如图 11-16 所示。

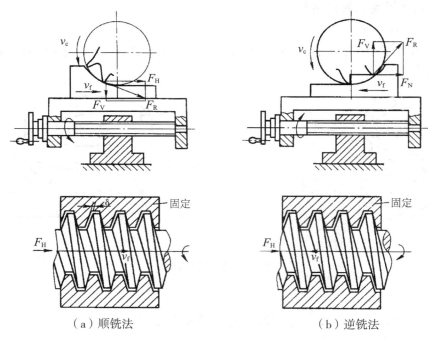

（a）顺铣法　　　　　　　　　　（b）逆铣法

图 11-16　顺铣与逆铣

顺铣时，刀齿切入的切削厚度由大变小，易切入工件，刀具磨损小。工件受铣刀向下压分力 $F_V$，减小了工件的振动，切削平稳，加工表面质量好，刀具耐用度高，有利于高速切削。但这时的水平分力 $F_H$ 的方向与进给方向相同，当工作台丝杠与螺母间有间隙时，会引起机床的振动甚至抖动，使切削不平稳甚至打刀，这就限制了顺铣法在生产中的应用。

逆铣时，刀齿切入切削厚度是由零逐渐变到最大，由于刀齿切削刃有一定的钝圆，所以刀齿要滑行一段距离才能切入工件，刀刃与工件摩擦严重，工件已加工表面粗糙度增大，且刀具易磨损。但其切削力始终使工作台丝杠与螺母保持紧密接触，工作台不会窜动，也不会打刀。因此在一般生产中多用逆铣进行铣削。

（2）端铣

端铣法是用铣刀端面上的切削刃来进行铣削加工的方法。在立式铣床上用端铣刀和立铣刀铣平面，如图 11-15b 所示。用端铣刀加工平面时，因同时参加切削的刀齿较多，切削比较平稳，并且端面刀齿的副切削刃有修光作用，所以切削效率高，刀具耐用，加工质量好。用端铣刀铣平面是平面加工的最主要方法。而用圆柱铣刀加工平面，则因其在卧式铣床上使用方便，单件小批量的小平面加工仍广泛使用。

端铣法分为对称削、不对称逆铣和不对称顺铣三种方式，如图 11-17 所示。

① 对称铣削。铣削过程中，端面铣刀轴线始终位于铣削弧长的对称中心位置，此铣削方式称为对称铣削，如图 11-17a 所示。此种铣削方式的特点是：由于铣刀直径大于铣削宽度，故刀齿切入和切离工件时切削厚度均大于零，这样可以避免下一个刀齿在前一个刀齿切过的冷硬层上工作。一般端铣多用此种铣削方式，尤其适用于铣削淬硬钢。

② 不对称逆铣。端面铣刀轴线偏置于铣削弧长对称中心的一侧，且逆铣部分大于顺铣部分，这种铣削方式称为不对称逆铣，如图 11-17b 所示。此种铣削方式的特点是：刀齿以较小的切削厚度切入，又以较大的切削厚度切出。这样，切入冲击较小，适用于端铣普通碳钢和高强度低合金钢。这时刀具耐用度较前者可提高一倍以上。此外，由于刀齿接触角较大，同时参加切削的齿数较多，切削力变化小，切削过程较平稳，加工表面粗糙度值较小。

③ 不对称顺铣。当端面铣刀轴线偏置于铣削弧长对称中心的一侧，且顺铣部分大于逆铣部分，这种铣削方式称为不对称顺铣，如图 11-17c 所示。此种铣削方式的特点是：刀齿以较大的切削厚度切入，而以较小的切削厚度切出。它适合于加工不锈钢等中等强度和高塑性的材料。这样可减小逆铣时刀齿的滑行、挤压现象和加工表面的冷硬程度，有利于提高刀具的耐用度。在其他条件一定时，只要偏置距离选取合适，刀具耐用度可比原来提高 2 倍。

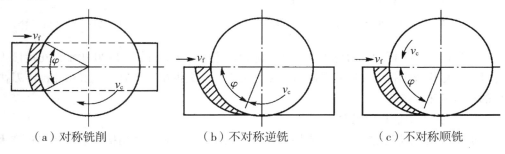

（a）对称铣削　　　　　（b）不对称逆铣　　　　　（c）不对称顺铣

图 11-17　端铣的三种铣削方式

### 11.4.3 铣斜面

铣斜面可采用斜装工件或利用万能铣头、分度头、角度铣刀等方法加工，如图11-18所示。

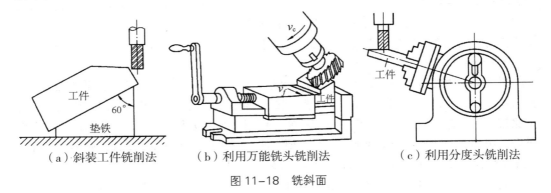

（a）斜装工件铣削法　　　（b）利用万能铣头铣削法　　　（c）利用分度头铣削法

图11-18　铣斜面

### 11.4.4 铣沟槽

在铣床上能加工各种沟槽，如键槽、直槽、角度槽、T型槽、半圆槽、螺旋槽等。

（1）铣键槽

常见的键槽有封闭键槽、开口键槽和花键槽三种。封闭键槽一般用键槽铣刀在立式升降台铣床上加工，如图11-19所示。铣削时，键槽铣刀一次轴向进给不能过大，切削时，应逐层切下。

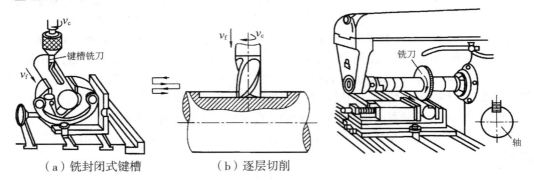

（a）铣封闭式键槽　　　　（b）逐层切削

图11-19　在立式铣床上铣封闭键槽　　　　图11-20　铣开口键槽

开口键槽一般用三面刃铣刀在卧式升降台铣床上加工，如图11-20所示。花键槽（外花键）一般用成形铣刀在卧式升降台铣床上加工。当大批量生产时，一般用花键滚刀在专用的花键铣床上加工。

（2）铣T型槽和燕尾槽

加工T型槽或燕尾槽，必须先用立铣刀或三面刃铣刀铣出直角槽，然后在立式铣床上用T型槽铣刀或燕尾槽铣刀加工成形，如图11-21所示。

### 11.4.5 铣齿轮

铣齿轮是用与被切齿轮的齿槽截面形状相符合的成形铣刀切出齿轮齿形的一种加工方

法（成形法）。所用铣刀为模数铣刀，用于卧式铣床的是盘状（模数）铣刀，用于立式铣床的是指状（模数）铣刀，如图 11-22 所示。当一个齿形（齿槽）铣好后，利用分度头进行一次分度，再铣下一个齿形，直至铣完所有齿形。铣齿深（即齿高）为工作台的升高量 $H$，$H = 2.25m$，$m$ 为模数（mm）。齿深不大时，可依次先粗铣完，约留 0.2 mm 作为精铣余量；齿深较大时，应分几次铣出整个齿槽。

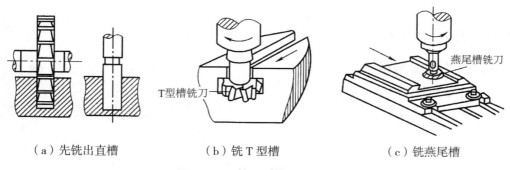

（a）先铣出直槽　　　　　（b）铣 T 型槽　　　　　（c）铣燕尾槽

图 11-21　铣 T 型槽和燕尾槽

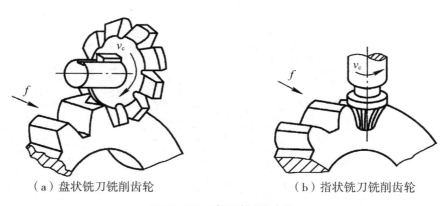

（a）盘状铣刀铣削齿轮　　　　　（b）指状铣刀铣削齿轮

图 11-22　成形法铣削齿轮

选择盘状铣刀时，除模数与被切齿形模数相同外，还应根据被切齿形齿数选用相应刀号铣刀。成形法铣齿一般多用于单件生产和修配工作中某些转速低、精度要求不高的齿轮。

【复习题】

（1）简述铣削加工的特点。

（2）铣床的主运动是什么？进给运动是什么？

（3）简述铣削用量。

（4）说明 X5032 型立式升降台铣床和 X6132 型卧式万能升降台铣床编号的含义。

（5）常见带孔的铣刀有哪些？并简述其装夹方法。

（6）简述常用铣床附件。

（7）简述顺铣和逆铣的加工特点。

（8）简述端铣法的对称铣削、不对称逆铣和不对称顺铣三种方式各自的加工特点。

# 第十二章　数控铣削

## 12.1　数控铣削概述

### 12.1.1　数控铣床的组成

（1）数控铣床的结构组成

数控铣床结构如图 12-1 所示。加工中心和柔性制造单元等都是在数控铣床的基础上迅速发展起来的。

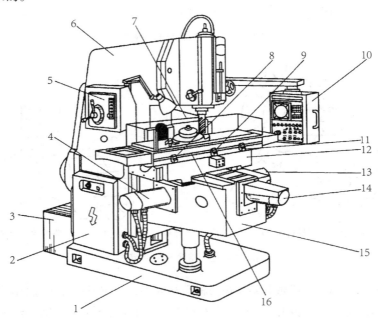

图 12-1　数控铣床的结构简图

1- 底座；2- 强电柜；3- 变压器箱；4- 垂直升降进给伺服电机；5- 按钮板；6- 床身；7- 数控柜；8、11- 保护开关；9- 挡铁；10- 操纵台；12- 横向溜板；13- 纵向进给伺服电机；14- 横向进给伺服电机；15- 升降台；16- 纵向工作台

与普通铣床相比，数控铣床的加工精度高，精度稳定性好，适应性强，操作劳动强度低，特别适用于板类、盘类、壳具类、模具类等复杂形状的零件或对精度保持性要求较高的中、小批量零件的加工。数控铣床能够进行外形轮廓铣削、平面或曲面型铣削及三维复杂面的铣削，如凸轮、模具、叶片、螺旋桨等。另外，数控铣床还具有孔加工的功能，通过特定的功能指令可进行一系列孔的加工，如钻孔、扩孔、铰孔、镗孔和攻螺纹等。

（2）数控铣床的典型布局

数控铣床一般分为立式和卧式两种，其典型布局有四种，如图 12-2 所示，不同的布局形式可以适应不同的工件形状、尺寸及重量。如图 12-2a 适应较轻工件，图 12-2b 适应较大尺寸工件，图 12-2c 适应较重工件，图 12-2d 适应更重、更大工件。

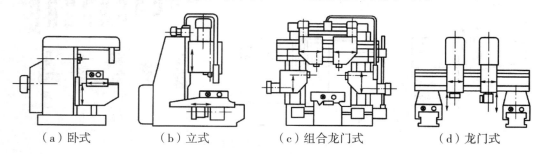

（a）卧式　　　　（b）立式　　　　（c）组合龙门式　　　　（d）龙门式

图 12-2　数控铣床的四种典型布局

## 12.1.2　数控工具系统

数控工具系统是数控铣床主轴至刀具之间的各种连接刀柄的总称。刀柄是数控铣刀与机床主轴之间的过渡部件，其一头连着机床主轴，一头连着刀具，主要用于夹持各种刀具等。数控工具系统的主要作用是连接主轴与刀具，使刀具达到所要求的位置与精度，传递切削所需的扭矩和保证刀具的快速更换。

以图 12-3 所示的弹性夹头刀柄为例，左端为 7∶24 刀柄，通过拉钉与机床主轴相连，右端为一套不同内径的弹性夹头与不同直径的直柄铣刀连接，适用于装夹 $\phi 16\ mm$ 以下的直柄立铣刀。其中弹性夹头的规格有多种，以适应不同直径刀具的装夹，其装夹力相对较小，一般用于切削力不大的场合。

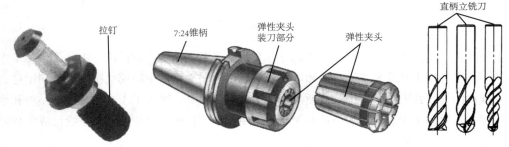

拉钉　　7∶24锥柄　　弹性夹头装刀部分　　弹性夹头　　直柄立铣刀

图 12-3　弹性夹头刀柄

（1）数控工具系统结构

数控工具系统锥柄与刀具之间的结构有两种形式：一种是整体式结构，另一种是模块式结构。

① 整体式结构。我国 TSG 工具系统就属于整体式结构的工具系统。它的特点是将锥柄和接杆连成一体，不同品种和规格的工作部分都必须带有与机床相连的柄部。整体式工具系统具有结构简单，使用方便、可靠，更换迅速等优点；缺点是这种刀柄对机床与零件

的变换适应能力较差。为适应零件与机床的变换，用户必须储备各种规格的刀柄，因此刀柄的利用率较低。图 12-4 为整体式结构工具系统。

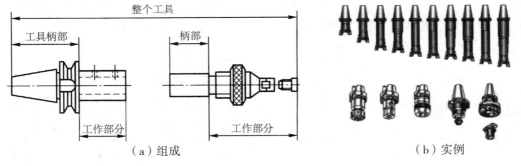

（a）组成　　　　　　　　　　　　　（b）实例

图 12-4　整体式结构工具系统

② 模块式结构。模块式刀具系统是一种较先进的刀具系统，其每把刀柄都可通过各种系列化的模块组装而成。针对不同的加工零件和使用机床，采取不同的组装方案，可获得多种刀柄系列，从而提高刀柄的适应能力和利用率。图 12-5 为模块式结构工具系统。

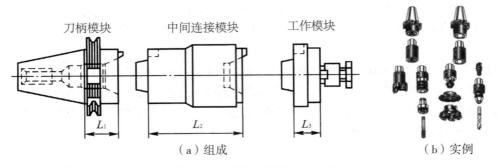

（a）组成　　　　　　　　　　　　　（b）实例

图 12-5　模块式结构工具系统

模块式结构把工具的柄部和工作部分分开，制成系列化的主柄模块、中间模块和工作模块。每类模块中又分为若干小类和规格，然后用不同规格的中间模块组装成不同用途、不同规格的模块式刀具，这样就方便了制造、使用和保管，减少了工具的规格、品种和数量的储备，对加工中心较多的企业有很高的实用价值。目前，模块式工具系统已成为数控加工刀具发展的方向。

国外有许多应用比较成熟和广泛的模块式工具系统。例如瑞士的山特维克公司有比较完善的模块式工具系统，在我国的许多企业得到了很好的应用，国内的 TMG10 和 TMG21 工具系统就属于这一类。

（2）数控铣削加工常见刀柄形式与应用

刀具夹持部分的结构受刀具直径、夹持部分结构、夹紧力与换刀方便性等因素的影响。图 12-6 列举了几种常见形式的刀柄及刀具夹持部分。

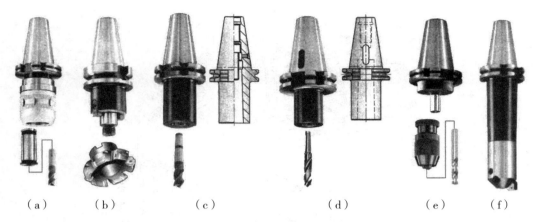

（a）　　　　　（b）　　　　　（c）　　　　　（d）　　　　　（e）　　　　　（f）

图 12-6　常见刀柄及刀具夹持部分的示意图

① 图 12-6a 为强力铣夹头刀柄，适用于装夹 $\phi 20$ mm 以下的直柄立铣刀。其中卡簧的规格有多种，以适应不同直径刀具的装夹。其装夹力较大，适用于较大切削力的场合。

② 图 12-6b 为套式立铣刀刀柄，适用于装夹可转位面铣刀，用于平面铣削，其端面有两个对称的横键，能承受较大的切削力。

③ 图 12-6c 为无扁尾莫氏圆锥孔刀柄，适用于锥柄立铣刀的装夹，利用锥柄中的内六角螺钉拉紧刀具。根据刀柄型号的不同，其装刀部分的莫氏圆锥孔分别有 1 ~ 4 号（JT40型），可装夹的铣刀直径为 6 ~ 56 mm，此种刀柄应用广泛。

④ 图 12-6d 为有扁尾莫氏圆锥孔刀柄，适用于较大直径锥柄钻头的装夹，图中腰子通槽处与钻头扁尾配合传递扭矩，同时兼起拆卸钻头的作用。钻头依靠莫氏锥柄的自锁固定，由于钻头工作时主要是轴向力，所以自锁力足以满足要求。根据刀柄型号的不同，其装刀部分的莫氏圆锥孔分别有 1 ~ 4 号（JT40型），可装夹的锥柄麻花钻头的直径为 3 ~ 50 mm。

⑤ 图 12-6e 为莫氏短圆锥钻夹头刀柄，其前端短圆锥与钻夹头配合，通过钻夹头可装夹小直径的直柄钻头等。

⑥ 图 12-6f 为整体式镗刀刀柄结构，如采用模块式的结构方案，则成本较高。

### 12.1.3　组合夹具

随着产品更新换代速度加快，数控与柔性制造系统应用日益增多，作为与机床相配套的夹具也要求其具有柔性，能及时地适应加工品种和规模变化的需要。实现柔性化的重要方法是组合法，因此组合夹具也就成为夹具柔性化的最好途径。传统的组合夹具也就从原来为普通机床单件小批服务的结构，而走向为数控机床、加工中心等配套的既适应中小批也能适应成批生产的现代组合夹具领域。现代组合夹具的结构主要分为孔系与槽系两种基本形式，两者各有长处。槽系为传统组合夹具的基本形式，生产与装配积累的经验多，可调性好，在近 30 余年中为世界各国广泛应用。图 12-7 所示为槽系组合夹具。

孔系组合夹具的系统元件结构简单，以孔定位，螺钉连接，定位精度高，刚性较好，组装方便，由于便于计算机编程，所以特别适用于柔性自动化加工设备和系统的夹具配置。图 12-8 所示为孔系组合夹具。

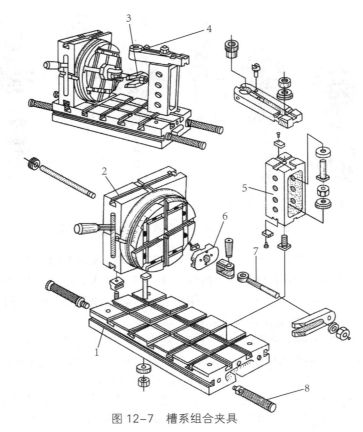

图 12-7　槽系组合夹具

1- 基础件；2- 合件；3- 夹紧件；4- 导向件；5- 支撑件；6- 定位件；7- 紧固件；8- 其他件

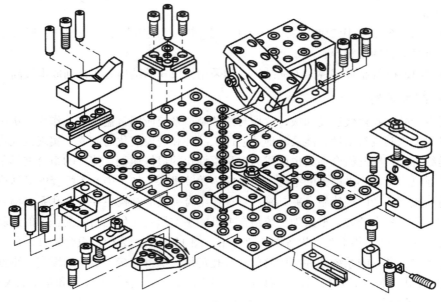

图 12-8　孔系组合夹具

孔系组合夹具为新兴的结构，与槽系组合夹具相比具有以下优点：

① 结构刚性比槽系好。

② 孔比槽易加工，制造工艺性好。

③ 安装方便，组装中靠高精度的销孔定位，比需费时测量的槽系操作简单。

④ 计算机辅助组装设计是提高组合夹具应用的重要方法，实践证明在这方面孔系优于槽系。

### 12.1.4　数控铣床坐标系

（1）数控铣床坐标系的方向

数控铣床坐标系遵循右手笛卡儿直角坐标系原则，规定直线运动的坐标轴用 $X$、$Y$、$Z$ 表示，围绕 $X$、$Y$、$Z$ 旋转的圆周进给坐标轴分别用 $A$、$B$、$C$ 表示。

① 机床坐标轴的方向。由于数控铣床有立式和卧式之分，所以机床坐标轴的方向也因其布局的不同而不同。立式升降台铣床的坐标方向为：$Z$ 轴垂直（与主轴轴线重合），向上为正方向；面对机床立柱的左右移动方向为 $X$ 轴，将刀具向右移动（工作台向左移动）定义为正方向；根据右手笛卡儿坐标系的原则，$Y$ 轴应同时与 $Z$ 轴和 $X$ 轴垂直，且正方向指向床身立柱。立式数控铣床坐标方向如图 12-9 所示。

卧式升降台铣床的坐标方向为：$Z$ 轴水平，且向里为正方向（面对工作台的平行移动方向）；工作台的平行向左移动方向为 $X$ 轴正方向；$Y$ 轴垂直向上。卧式数控铣床坐标方向如图 12-10 所示。

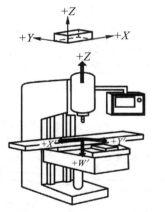

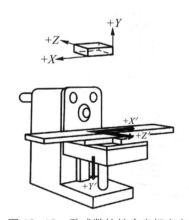

图 12-9　立式数控铣床坐标方向　　图 12-10　卧式数控铣床坐标方向

② 旋转运动方向。旋转运动 $A$、$B$、$C$ 相应地表示其轴线平行于 $X$、$Y$、$Z$ 轴的旋转运动，其正方向按照右旋螺纹旋转的方向。数控铣床旋转运动方向如图 12-11 和图 12-12 所示。

③ 主轴正旋转方向与 $C$ 轴正方向的关系。主轴正旋转方向：从主轴尾端向前端（装刀具或工件端）看，顺时针方向旋转为主轴正旋转方向。对于钻、镗、铣加工中心机床，主轴的正旋转方向为右旋螺纹进入工件的方向，与 $C$ 轴正方向相反。

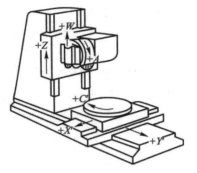

图 12-11　立式数控铣床旋转方向

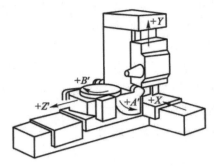

图 12-12　卧式数控铣床旋转方向

（2）数控铣床机床坐标系与工件坐标系

机床坐标系是机床上固有的坐标系，是用来确定工件坐标系的基本坐标系，是确定刀具（刀架）或工件（工作台）位置的参考系，并建立在机床原点上。

机床坐标系原点是在机床上设置的一个固定点，在机床装配、调试时确定下来，是机床制造商设置在机床上的一个物理位置，其作用是使机床与控制系统同步，是数控机床进行加工运动的基准参考点，据此可以建立机床坐标系。一般取在机床运动方向的最远点。在数控铣床上，机床原点一般取在 $X$、$Y$、$Z$ 坐标的正方向极限位置上，如图 12-13 和图 12-14 所示。

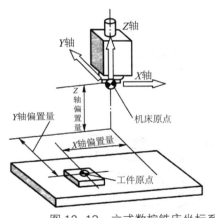

图 12-13　立式数控铣床坐标系

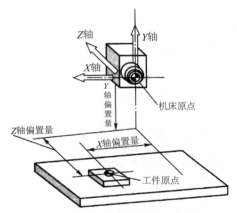

图 12-14　卧式数控铣床坐标系

机床参考点也是机床上的一个固定点，不同于机床原点，机床参考点相对于机床原点的坐标是已知值，即可根据机床参考点在机床坐标系中的坐标值间接确定机床原点的位置。通过回零操作（回参考点）可以使机床坐标系建立。

工件坐标系是编程人员在编程时设定的坐标系，也称为编程坐标系。工件坐标系坐标轴的确定原则与机床坐标系坐标轴的确定原则一致。

工件坐标系原点也称为工件原点或编程原点，由编程人员根据编程计算、机床调整、对刀、在毛坯上位置确定等具体情况的需要而定义在工件上的几何基准点，一般为零件图上最重要的设计基准点。

工件原点的选择原则主要有：原点尽量与设计基准一致，尽量选在尺寸精度高、表面粗糙度低的工件表面，最好在工件的对称中心上，要便于测量和检测。

## 12.2 数控铣削编程基础

### 12.2.1 FANUC 系统数控铣床常用功能指令表

以 FANUC 数控系统为例，介绍数控铣削编程。表 12-1 为以 FANUC 为系统数控铣床常用准备功能指令，00 组指令为非模态指令，其他指令均为模态指令。FANUC 数控铣床常用辅助功能指令可参考表 10-2。

表 12-1 FANUC 系统数控铣床常用准备功能指令

| 代码 | 组别 | 功 能 | 代码 | 组别 | 功 能 |
|---|---|---|---|---|---|
| G00 | | 快速定位 | G73 | | 深孔钻削循环 |
| G01 | 01 | 直线插补 | G74 | | 左螺纹加工循环 |
| G02 | | 顺时针圆弧插补 | G76 | | 精细钻孔循环 |
| G03 | | 逆时针圆弧插补 | G80 | | 固定循环取消 |
| G04 | 00 | 暂停 | G81 | | 钻孔循环、镗孔循环 |
| G17 | | XY 平面选择 | G82 | | 钻孔循环、镗阶梯孔循环 |
| G18 | 02 | ZX 平面选择 | G83 | 09 | 深孔钻削循环 |
| G19 | | YZ 平面选择 | G84 | | 右螺纹加工循环 |
| G28 | 00 | 自动返回至参考点 | G85 | | 镗孔循环 |
| G40 | | 刀具半径补偿取消 | G86 | | 镗孔循环 |
| G41 | 07 | 刀具半径左补偿 | G87 | | 反镗孔循环 |
| G42 | | 刀具半径右补偿 | G88 | | 镗孔循环 |
| G43 | | 刀具长度正补偿 | G89 | | 镗孔循环 |
| G44 | 08 | 刀具长度负补偿 | G90 | 03 | 绝对值坐标编程 |
| G49 | | 刀具长度补偿取消 | G91 | | 增量值坐标编程 |
| G50 | 11 | 比例缩放取消 | G92 | 00 | 设定工件坐标系 |
| G51 | | 比例缩放有效 | G94 | 05 | 每分钟进给 |
| G54 ~ G59 | 14 | 设定工件坐标系 | G95 | | 每转进给 |
| G68　G68 | 16 | 坐标旋转方式开 | G98 | 10 | 固定循环返回起始面 |
| G69 | | 坐标旋转方式关 | G99 | | 固定循环返回安全面 |

### 12.2.2 功能指令简介

（1）尺寸系统指令

① 坐标平面选择（G17、G18、G19）

功能：在编程和计算长度补偿和刀具长度补偿时必须先确定一个平面，即确定一个两坐标的坐标平面，在此平面中可以进行刀具半径补偿。另外，根据不同的刀具类型（铣刀、钻头、镗刀等）进行相应的刀具长度补偿，如图 12-15 所示。对于数控铣床和加工中心，通常都是在 *XOY* 平面内进行轮廓加工。该组指令为模态指令，一般系统初始状态为 G17 状态，故 G17 可省略。

指令格式：$\begin{cases} \text{G17} \\ \text{G18} \\ \text{G19} \end{cases}$

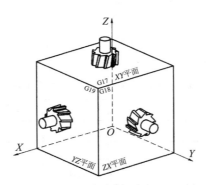

图 12-15　平面选择指令示意图

G17 用来选择 *XOY* 平面；G18 用来选择 *XOZ* 平面；G19 用来选择 *YOZ* 平面。

移动指令与平面选择无关，如 G17 Z ＿ ，Z 轴不在 *XOY* 平面上，但这条指令可使机床在 Z 轴方向上产生移动。该组指令为模态指令，在数控铣床上，数控系统初始状态一般默认为 G17 状态。若要在其他平面上加工，则应使用坐标平面选择指令。

② 工件坐标系设定（G92，G54 ~ G59）

工件坐标系设定指令是规定工件坐标系原点的指令，工件坐标系原点又称编程零点。数控编程时，必须先建立工件坐标系，用以确定刀具刀位点在坐标系中的坐标值。工件坐标系可用下述两种方法设定：用 G92 指令和其后的数据来设定工件坐标系；或事先用操作面板设定坐标轴的偏置，再用 G54 ~ G59 指令来选择。

（a）用 G92 指令设定工件坐标系

功能：G92 指令是规定工件坐标系原点（程序零点）的指令。

指令格式：G92 X ＿ Y ＿ Z ＿ ；

其中，X ＿ Y ＿ Z ＿ 是指主轴上刀具的基准点在新坐标系中的坐标值，因而是绝对值指令。以后被指令的绝对值指令就是在这个坐标系中的位置。G92 指令用于设定起刀点即程序开始运动的起点与工件坐标系原点的相对距离，来建立工件坐标系。执行 G92 指令后，也就确定了起刀点与工件坐标系原点的相对距离。

如图 12-16 所示，G92 设定工件坐标系程序如下：

G92 X30.0 Y40.0 Z20.0；

G92 指令只是设定坐标系，机床（刀具或工作台）并未产生任何运动。G92 指令执行前的刀具位置必须放在程序所要求的位置上，如果刀具放在不同的位置，则所设定出的工件坐标系原点位置也会不同。

如图 12-17 所示，工件坐标系原点在 $O_\mathrm{p}$，刀具起刀点在 *A* 点，则设定工件坐标系

$X_pO_pY_p$ 的程序段如下：

G92 X20.0 Y20.0；

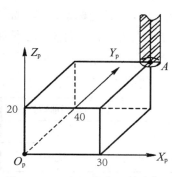

图 12-16 G92 设定工件坐标系

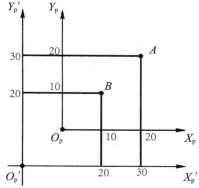

图 12-17 G92 设定工件坐标系说明

当刀具起刀点在 B 点，要建立图示的工件坐标系时，则设定该工件坐标系的程序段为：G92 X10.0 Y10.0。这时，若仍用程序段 G92 X20.0 Y20.0 来设置坐标系，则所设定的工件坐标系为 $X_p'O_p'Y_p'$，由此 G92 设定工件坐标系时，所设定的工件坐标系原点与当前刀具所在位置有关。

（b）用 G54 ~ G59 指令设定工件坐标系

指令格式：G54；G55；G56；G57；G58；G59；

指令 G54 ~ G59 是采用工件坐标系原点在机床坐标系内的坐标值来设定工件坐标系的位置。

G54 ~ G59 使用说明：如图 12-18 所示，工件坐标系原点 $O_p$ 在机床坐标系中坐标值为 X-60.0、Y-60.0、Z-10.0，将此数值寄存在 G54 的存储器中，刀具快速移动到图示位置，则执行以下指令：

N10 G54；

N20 G90 G00 X0 Y0 Z20.0；

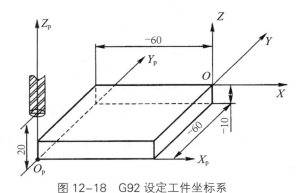

图 12-18 G92 设定工件坐标系

以上程序执行后，所有坐标系指定的尺寸都是设定的工件坐标系中的位置。

G54 ~ G59 一经设定，工件坐标系原点在机床坐标系中的位置是不变的，它与刀具的当前位置无关，除非更改，在系统断电后并不破坏，再次开机回参考点后仍有效。

若在工作台上同时加工多个相同零件或不同零件，由于它们都有各自的尺寸基准，因此，在编程过程中，有时为了避免尺寸换算，可以建立 6 个工件坐标系，其坐标系原点设在便于编程的某一固定点上。当加工某个零件时，只要选择相应的工件坐标系编制加工程序。表 12-2 列出了 G92 与 G54 ~ G59 工件坐标系的区别。

表 12-2　G92 与 G54 ~ G59 工件坐标系的区别

| 指令 | 格式 | 设置方式 | 与刀具当前位置关系 | 数目 |
|---|---|---|---|---|
| G92 | G92 X _ Y _ Z _ ; | 在程序中设置 | 有关 | 1 |
| G54 ~ G59 | G54；G55；G56；G57；G58；G59 | 在机床参数页面中设置 | 无关 | 6 |

需要注意的是：（Ⅰ）使用 G54 ~ G59 时，不能用 G92 设定坐标系。G54 ~ G59 和 G92 不能混用。（Ⅱ）使用 G92 的程序结束后，若机床没有回到 G92 设定的起刀点，就再次启动此程序，刀具当前所在位置就成为新的工件坐标系下的起刀点，这样易发生事故。

③ 绝对值指令（G90）和增量值指令（G91）

功能：可以用绝对值和增量值两种方法指令各轴的移动量。绝对值指令是编程各轴移动的终点位置的坐标值。增量值指令是直接编程各轴的移动量。绝对值指令用 G90 编程，增量值指令用 G91 编程。

指令格式：$\begin{cases} G90 \\ G91 \end{cases}$

编程举例：如图 12-19 所示，移动指令可以编程为：

G90 G00 X10.0 Y20.0；绝对值编程。

G91 G00 X-20.0 Y15.0；增量值编程。

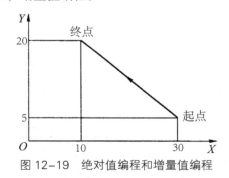

图 12-19　绝对值编程和增量值编程

注意：有些数控系统没有绝对和增量尺寸指令，当采用绝对尺寸编程时，尺寸字用 X、Y、Z 表示；用增量尺寸编程时，尺寸字用 U、V、W 表示。

（2）坐标轴运动指令

① 快速点定位指令 G00

功能：轴快速移动 G00 用于快速定位刀具，没有对工件进行加工。可以在几个轴上同时进行快速移动，由此产生一个线性轨迹，移动速度是机床设定的空行程速度，与程序段中的进给速度无关，如图 12-20 所示。

指令格式：G00 X＿Y＿Z＿；

其中，X＿Y＿Z＿是终点坐标。

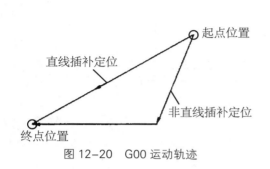

图 12-20 G00 运动轨迹

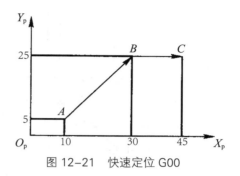

图 12-21 快速定位 G00

说明：

（a）G00 一直有效，直到被 G 功能组中其他指令（G01、G02、G03）取代为止。

（b）G00 运动速度及轨迹（直线插补定位和非直线插补定位）由数控系统决定。运动轨迹在一个坐标平面内是先按比例沿 45° 斜线移动，再移动剩下的一个坐标方向上的直线距离。如果是要求移动一个空间距离，则先同时移动三个坐标，即空间位置的移动一般是先走一段空间的直线，再走一条平面斜线，最后沿剩下的一个坐标方向移动到达终点。可见，G00 指令的运动轨迹一般不是一条直线，而是三条或两条直线段的组合。忽略这一点就容易发生碰撞，这是相当危险的。如图 12-21 所示，刀具从 $A$ 点到 $C$ 点快速定位，程序如下：

G90 G00 X45.0 Y25.0；或 G91 G00 X35.0 Y20.0；

则刀具的移动路线为一折线，即刀具从始点 $A$ 先沿斜线移动至 $B$ 点，然后再沿 $X$ 轴移动至终点 $C$。

所以在未知 G00 轨迹的情况下，应尽量不用三坐标编程，避免刀具损伤工件。

② 直线插补指令 G01

功能：直线插补指令 G01 用于刀具相对于工件以 F 指令进给速度，从当前点向终点进行直线移动。刀具沿 $X$、$Y$、$Z$ 方向执行单轴移动，或在各坐标平面内执行任意斜率的直线移动；也可执行三轴联动，刀具沿指定空间直线移动。F 代码是进给速度指令代码，在没有新的 F 指令以前一直有效，不必在每个程序段中都写入 F 指令。

格式：G01 X＿Y＿Z＿F＿；

编程举例：刀具从 $P_1$ 点出发，沿 $P_2 \rightarrow P_3 \rightarrow P_4 \rightarrow P_5 \rightarrow P_6 \rightarrow P_1$ 走刀，零件轮廓与刀心轨迹如图 12-22 所示。

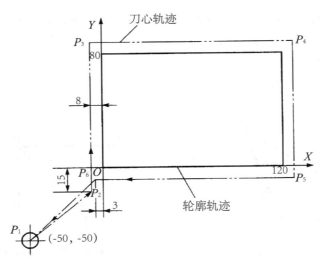

图 12-22　直线轮廓加工举例

（a）用绝对值编程

N30 G90 G00 X−3.0 Y−15.0；$P_2$ 点

N40 G01 Y88.0 F50；$P_3$ 点

N50 X128.0；$P_4$ 点

N60 Y−3.0；$P_5$ 点

N70 X−3.0；$P_6$ 点

N80 G00 X−50.0 Y−50.0；$P_1$ 点

（b）用增量值编程

N30 G91 G00 X42.0 Y35.0；$P_2$ 点

N40 G01 Y103.0 F50；$P_3$ 点

N50 X136.0；$P_4$ 点

N60 Y−96.0；$P_5$ 点

N70 X−131.0；$P_6$ 点

N80 G00 X−47.0 Y−42.0；$P_1$ 点

注意：编程两个坐标轴，如果只给出一个坐标轴尺寸，则第二个坐标轴自动地以最后编程的尺寸赋值。

进给速度 F 是数控机床切削用量中的重要参数，主要根据零件的加工精度和表面粗糙度要求以及刀具、工件的材料性质选取。最大进给速度受机床刚度和进给系统的性能限制。斜线进给速度是斜线上各轴进给速度的矢量和，圆弧进给速度是圆弧上各点的切线方向速度。

在轮廓加工中，由于速度惯性或工艺系统变形，在拐角处会造成"超程"或"欠程"现象，即在拐角前其中一个坐标轴的进给速度要减小而产生"欠程"，而另一坐标轴要加速，则在拐角后产生"超程"。因此，轮廓加工中，在接近拐角处应当降低进给量，以避免发生"超程"或"欠程"现象。有的数控机床具有自动处理拐角处"超程"或"欠程"现象的功能。

③ 进给速度指令（G94、G95）

功能：进给速度是指为保持连续切削刀具相对工件移动的速度，单位为 mm/min。当进给速度与主轴转速有关时，单位为 mm/r，称为进给量。进给速度是用地址字母 F 和字母 F 后面的数字来表示的，数字表示进给速度或进给量的大小。

指令格式：$\begin{cases} G94 \\ G95 \end{cases} F\_;$

其中：G94 为每分钟进给，F 的单位为 mm/min；G95 为每转进给，F 的单位为 mm/r。G94、G95 为模态功能，可相互注销，G94 为默认值。

说明：实际进给速度与操作面板倍率开关所处的位置有关，处于 100% 位置时，进给速度与程序中的速度相等。

④ 圆弧插补（G02、G03）

（a）G02、G03 判断

圆弧插补指令 G02 是指刀具相对于工件在指定的坐标平面（G17、G18、G19）内，以 F 指令的进给速度从始点向终点进行顺时针圆弧插补；圆弧插补指令 G03 则是逆时针圆弧插补。

圆弧顺、逆时针方向的判断：沿着不在圆弧平面内的坐标轴由正方向向负方向看去，顺时针方向为 G02，逆时针方向为 G03，如图 12-23 所示。

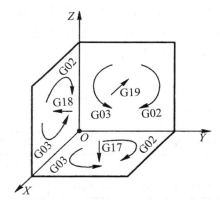

图 12-23　圆弧顺、逆时针方向的判断

（b）G02、G03 格式

在 $XOY$ 平面内格式：

指令格式：G17 $\begin{cases} G02 \\ G03 \end{cases}$ X _ Y _ $\begin{cases} I\_J\_ \\ R\_ \end{cases}$ F _ ;

其中，X、Y 为圆弧终点坐标。I、J 分别为圆弧圆心相对圆弧起点在 X、Y 轴方向的坐标增量；R 为圆弧半径，当圆弧圆心角 ≤ 180° 时，R 为正值，圆弧圆心角 > 180° 时，R 为负值；F 为沿圆弧的速度，即圆弧切线方向的速度。

X、Y 是圆弧终点坐标值，对应于 G90 指令的是用绝对值表示的，对应于 G91 指令是用增量值表示的。增量值是从圆弧的始点到终点的距离值。

其他 G18、G19 平面虽然形式不同，但原则一样，这时特别要注意判别 G02、G03 时朝着不在补偿平面内的坐标轴由正方向向负方向看。

G02、G03 使用说明：圆弧中心用地址 I、J、K 指定，如图 12-24 所示。它们是圆心相对于圆弧起点，分别在 X、Y、Z 轴方向的坐标增量，是带正负号的增量值，圆心坐标值大于圆弧起点坐标值为正值，圆心坐标值小于圆弧起点坐标值为负值。当 I、J、K 为零时可以省略；在同一程序段中，如 I、J、K 与 R 同时出现时，R 有效，I、J、K 无效。

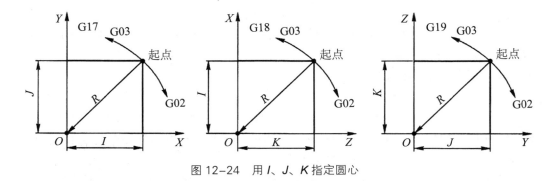

图 12-24　用 I、J、K 指定圆心

圆弧中心也可用半径指定，在 G02、G03 指令的程序段中，可直接指定圆弧半径，指定半径的尺寸字地址一般是 R。在相同半径的条件下，从圆弧起点到终点有两个圆弧的可能性，即圆弧所对应的圆心角小于 180°，用 + R 表示；圆弧所对应的圆心角大于 180°，用 -R 表示；对于 180° 的圆弧，正负号均可。图 12-25 所示的圆弧程序段见表 12-3。

表 12-3　圆弧插补程序

| 圆弧角度 | 圆弧方向 | 增量方式 | 绝对方式 |
|---|---|---|---|
| ≤ 180° | 顺圆 | G91 G02 X20.0 Y20.0 R20.0 F100; | G90 G02 X50.0 Y40.0 R20.0 F100; |
| | 逆圆 | G91 G03 X20.0 Y20.0 R20.0 F100; | G90 G03 X50.0 Y40.0 R20.0 F100; |
| ≥ 180° | 顺圆 | G91 G02 X20.0 Y20.0 R−20.0 F100; | G90 G02 X50.0 Y40.0 R−20.0 F100; |
| | 逆圆 | G91 G03 X20.0 Y20.0 R−20.0 F100; | G90 G03 X50.0 Y40.0 R−20.0 F100; |

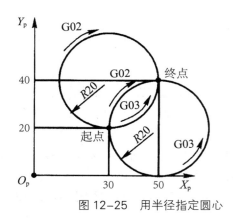

图 12-25　用半径指定圆心

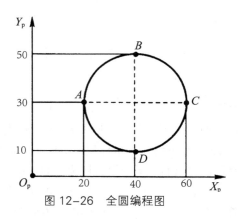

图 12-26　全圆编程图

如图 12-26 所示，分别以 A、B、C、D 作为始点，编写整圆的加工程序。当 X、Y、Z 同时省略表示终点和始点是同一位置，用 I、J、K 指令圆心时表示 360° 的整圆弧，使用 R 时表示 0° 的圆，所以整圆应使用圆心参数法编程。

编写整圆程序段：

圆弧起始点为 *A*：G02（或 G03）I 20.0 F100；

圆弧起始点为 *B*：G02（或 G03）J−20.0 F100；

圆弧起始点为 *C*：G02（或 G03）I−20.0 F100；

圆弧起始点为 *D*：G02（或 G03）J 20.0 F100。

⑤ 暂停指令 G04

功能：在两个程序段之间产生一段时间的暂停。

指令格式：G04 P _ ；或 G04 X _ ；

其中，P 参数后面的数值为暂停时间，单位为 ms，该值后面不用加小数点。例如，G04 P5000 表示程序暂停 5 s；X 参数后面的数值为暂停时间，单位为 s，该值为整数时后面也需要加小数点。例如 G04 X5.0 表示程序暂停 5 s。

（3）运动指令

主轴功能 S 控制主轴转速，其后的数值表示主轴速度，单位为 r/min。S 是模态指令，S 功能只有在主轴转速可调节时有效。主轴的旋转指令则由 M03 或 M04 实现。

① 恒定表面速度控制指令 G96

指令格式：G96 S _ ；

其中，S 为切削速度。

② 恒定表面速度控制取消指令 G97

指令格式：G97 S _ ；

其中，S 为主轴每分钟的转速。

## 12.3　数控铣床刀具补偿

### 12.3.1　刀具长度补偿

（1）刀具长度补偿的目的

刀具长度补偿功能用于在 Z 轴方向的刀具补偿，它可使刀具在 Z 轴方向的实际位移量大于或小于编程给定位移量。有了刀具长度补偿功能，当加工过程中刀具因磨损、重磨、换新刀而使其长度发生变化时，可不必修改程序中的坐标值，只要修改存放在寄存器中刀具长度补偿值即可。同时，若加工一个零件需用几把刀，各刀的长度不同，编程时不必考虑刀具长短对坐标值的影响，只要把其中一把刀设为标准刀，其余各刀相对标准刀设置长度补偿值即可。

（2）刀具长度补偿的格式

格式：G01/G00 G43 Z _ H _ ；

G01/G00 G44 Z _ H _ ；

⋮

G01/G00 G49；

其中，G43 为刀具长度正补偿；G44 为刀具长度负补偿；G49 为取消刀具长度补偿；Z 为程序中的指令值；H 为偏置号，后面一般用 2 位数字表示代号。H 代码中放入刀具的长度补偿值作为偏置量。这个号码与刀具半径补偿共用。在实际使用中，也可不用 G49 指令取消刀具长度补偿，而是调用 H00 号刀具补偿，可得到同样的效果。

（3）刀具长度补偿的使用

无论是采用绝对方式还是增量方式编程，对于存放在 H 中的数值，在 G43 时是加到 Z 轴坐标值中；在 G44 时是从原 Z 轴坐标中减去，从而形成新的 Z 轴坐标。

如图 12-27 所示，执行 G43 时：$Z_{实际值} = Z_{指令值} + Hxx$；

执行 G44 时：$Z_{实际值} = Z_{指令值} - Hxx$。

当偏置量是正值时，G43 指令是在正方向移动一个偏置量，G44 是在负方向上移动一个偏置量；当偏置量是负值时，则与上述反方向移动。

如图 12-28 所示，H01 = 160 mm，当程序段为 G90 G00 G44 Z30.0 H01，执行时，指令为 A 点，实际到达 B 点。G43、G44 是模态 G 代码，在遇到同组其他 G 代码之前均有效。

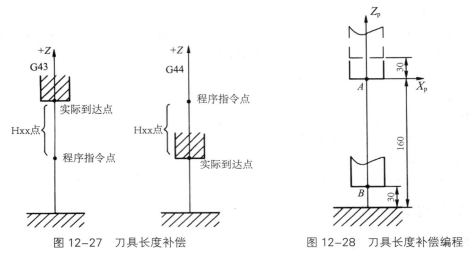

图 12-27　刀具长度补偿　　　　图 12-28　刀具长度补偿编程

### 12.3.2　刀具半径补偿

（1）刀具半径补偿的目的

在数控铣床进行轮廓加工时，因为铣刀具有一定的半径，所以刀具中心（刀心）轨迹和工件轮廓不重合，如图 12-29 所示。如不考虑刀具半径，直接按照工件轮廓编程是比较方便的，而加工出的零件尺寸比图样要求小了一圈（外轮廓加工时）或大了一圈（内轮廓加工时），为此必须使刀具沿工件轮廓的法向偏移一个刀具半径，这就是所谓的刀具半径补偿。

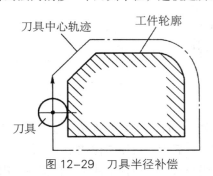

图 12-29　刀具半径补偿

如果数控机床不具备刀具半径补偿功能，编程前需要根据工件轮廓及刀具半径值来计算刀具中心轨迹，即程序执行的不是工件轮廓轨迹，而是刀具中心轨迹。计算刀具中心轨迹有时非常复杂，而且当刀具磨损、重新刃磨或更换刀具时，还要根据刀具半径的变化重新计算刀具中心轨迹，工作量很大。

近年数控铣床均具备了刀具半径补偿功能，这时只需按工件轮廓轨迹进行编程，然后将刀具半径值储存在数控系统中。执行程序时，系统会自动计算出刀具中心轨迹，进行刀具半径补偿，从而加工出符合要求的工件形状。当刀具半径发生变化时，也无需更改加工程序，使编程工作大大简化。

（2）刀具半径补偿的格式

格式：$G17 \begin{cases} G00 \\ G01 \end{cases} \begin{cases} G41 \\ G42 \end{cases} X\_Y\_D\_（F\_）;$

$\qquad\qquad\vdots$

$\qquad\quad \begin{cases} G00 \\ G01 \end{cases} G40\ X\_Y\_（F\_）;$

其中，G41 为左偏刀具半径补偿，是指朝着不在补偿平面内的坐标轴由正方向向负方向看去，沿着刀具运动方向向前看（假设工件不动），刀具位于工件左侧的刀具半径补偿。这时相当于顺铣，如图 12-30a 所示。

G42 为右偏刀具半径补偿，是指朝着不在补偿平面内的坐标轴由正方向向负方向看去，沿着刀具运动方向向前看（假设工件不动），刀具位于工件右侧的刀具半径补偿。这时相当于逆铣，如图 12-30b 所示。

G40 为刀具半径补偿取消，使用该指令后，使 G41、G42 指令无效。

G17 为 XOY 平面内指定，其他 G18、G19 平面虽然形式不同，但原则一样。这时特别要注意判别 G41、G42 时，朝着不在补偿平面内的坐标轴由正方向向负方向看。

X、Y 为建立与撤销刀具半径补偿直线段的终点坐标值；D 为刀具半径补偿寄存器的地址字，在对应刀具补偿号码的寄存器中存有刀具半径补偿值，刀具半径补偿寄存器内存入的是负值，表示与实际补偿方向相反。

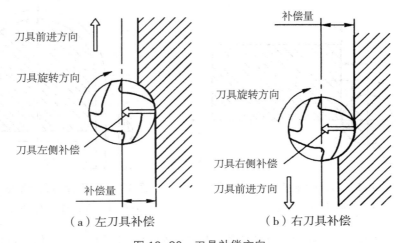

（a）左刀具补偿　　　　　（b）右刀具补偿

图 12-30　刀具补偿方向

（3）刀具半径补偿的应用

数控机床上因为具有进给传动间隙补偿的功能，所以在不考虑进给传动间隙影响的前提下，从刀具寿命、加工精度、表面粗糙度而言，一般顺铣效果较好，因而 G41 指令使用较多。图 12-31 所示为在 $XOY$ 平面时内侧切削和外侧切削时刀具半径补偿的使用。

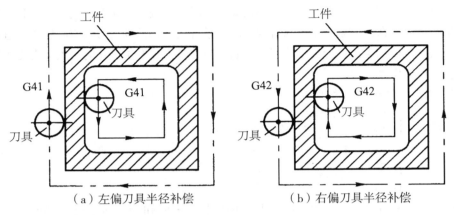

（a）左偏刀具半径补偿　　　　　　　（b）右偏刀具半径补偿

图 12-31　左、右偏刀具半径补偿

刀具半径补偿在数控铣床上的应用相当广泛，主要在于以下几个方面：

① 用轮廓尺寸编程。刀具半径补偿可以避免计算刀具中心轨迹，直接用工件轮廓尺寸编程。

② 适应刀具半径变化。刀具因磨损、重磨、换新刀而引起半径改变后，不必修改程序，只要输入新的补偿偏置量，其大小等于改变后的刀具半径。如图 12-32 所示，1 为未磨损刀具，2 为磨损后刀具，两者直径不同，只需将偏置量由 $r_1$ 改为 $r_2$，即可适用同一程序。

③ 简化粗精加工。用同一程序、同一尺寸的刀具，利用刀具补偿值，可进行粗精加工。如图 12-33 所示，刀具半径 $r$，精加工余量 $\triangle$。粗加工时，输入偏置量等于 $r + \triangle$，则加工出点画线轮廓；使用同一刀具，但输入偏置量等于 $r$，则加工出实线轮廓。

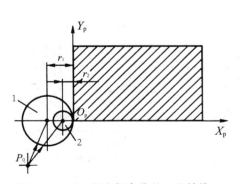

图 12-32　刀具直径变化的刀具补偿

1- 未磨损刀具；2- 磨损后刀具

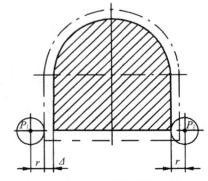

图 12-33　利用刀具补偿进行粗精加工

$P_1$- 粗加工刀心位置；$P_2$- 精加工刀心位置

④ 控制轮廓精度。利用刀具补偿值控制工件轮廓尺寸精度。由于偏置量也就是刀具

半径的输入值具有小数点后 3 位（0.001）的精度，故可控制工件轮廓尺寸精度。如图 12-34 所示，单面加工，若实测得到尺寸 $L$ 偏大了值 $\triangle$（实际轮廓），将原来的偏置量 $r$ 改为 $r-\triangle$，即可获得尺寸 $L$（点画线轮廓）。图中，$P_1$ 为原来刀具中心位置，$P_2$ 为修改刀具补偿值后的刀具中心位置。

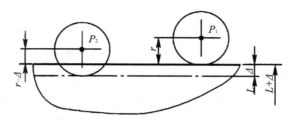

图 12-34　用刀具补偿控制尺寸精度

（4）刀具半径补偿的过程

用刀具半径补偿方法编制图 12-35 所示加工程序（忽略 $Z$ 方向的移动）。半径补偿程序如表 12-4 所示。

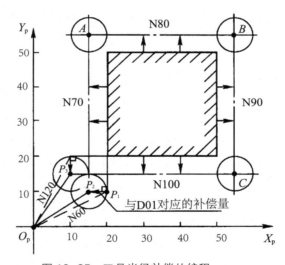

图 12-35　刀具半径补偿的编程

表 12-4　刀具半径补偿加工参考程序（忽略 $Z$ 方向的移动）

| 程序内容 | 程序说明 |
| --- | --- |
| O0006； | 程序名 |
| N10 G54； | 设定工件坐标系 |
| N20 G90； | |
| N30 G17； | |
| N40 M03 S1000； | |

（续表）

| N50 G00 X0 Y0； | 刀具中心移至工件坐标系原点 |
|---|---|
| N60 G41 X20.0 Y10.0 D01； | 左刀具补偿建立，补偿量由刀具 D01 补偿指定 |
| N70 G01 Y50.0 F100； | 刀具半径补偿进行状态 |
| N80 X50.0； | |
| N90 Y20.0； | |
| N100 X10.0； | |
| N110 G40； | 给出撤销刀具半径补偿指令，但未执行 |
| N120 G00 X0 Y0； | 在 G00 移动中执行撤销刀具半径补偿 |
| N130 M05； | |
| N140 M30； | |

（5）刀具半径补偿过程分析

刀具半径补偿过程分为三个部分：刀具半径补偿的建立、刀具半径补偿进行和刀具半径补偿撤销。以本操作为例来介绍刀具半径补偿过程。

① 刀具半径补偿的建立。数控系统启动时，总是处在补偿撤销状态，上述程序中 N60 程序段指定了 G41 后，刀具就进入偏置状态，刀具从无补偿状态 $O_p$ 点，运动到补偿开始点 $P_2$ 点。

当系统运行到 N60 指定了 G41 和 D01 指令的程序段后，运算装置即同时先行读入 N70、N80 两段，在 N60 段的程序终点 $P_1$ 作出一个矢量，该矢量的方向与下一段 N70 的前进方向垂直向左，大小等于刀具补偿值（D01 的值）。也就是说刀具中心在执行 N60 中 G41 的同时，就与 G00 直线移动组合一起完成了该矢量的移动，终点为 $P_2$ 点。由此可见，尽管 N60 程序段的坐标为 $P_1$ 点，而实际上刀具中心移至 $P_2$ 点，左偏一个刀具半径值，这就是 G41 与 D01 的作用。

② 刀具半径补偿进行状态。G41、G42 都是模态指令，一旦建立便一直维持该状态，直到 G40 撤销刀具半径补偿。N70 开始进入刀具半径补偿状态，直到 N100 程序段，刀具中心运动轨迹始终偏离程序轨迹一个刀具半径的距离。

值得一提的是，B 功能刀具半径补偿只能计算出轮廓终点的刀具中心值，对于轮廓拐角处的转接没有考虑。而目前应用广泛的 C 功能刀具半径补偿具有自动处理轮廓拐角处的转接功能，一般采用直线或圆弧转接方式进行。如图 12-35 所示，半径补偿后刀具中心线明显比实际轮廓线长，这是由于半径左补偿在向右拐角转接时是伸长型转接所致的。

③ 刀具半径补偿撤销。当刀具偏移轨迹完成后，就必须用 G40 撤销补偿，使刀具中心与编程轨迹重合。当 N110 中指令了 G40 时，刀具中心由 N100 的终点 $P_3$ 点开始，一边取消刀具半径补偿，一边移向 N110 指定的终点 $O_p$ 点，这时刀具中心的坐标与编程坐标一致，无刀具半径的矢量偏移。

（6）注意事项

① 刀具半径补偿建立只能用 G01、G00。G41 或 G42 只能用 G01、G00 来实现，不能

用 G02 和 G03 及指定平面以外的轴移动来实现。

② 刀具半径补偿过程有偏移。在刀具半径补偿进行状态中，G01、G00、G02、G03 都可以使用。它也是每段都先行读入两段，自动按照启动阶段的矢量做法，做出每个沿前进方向左侧（G42 则为右侧），加上刀具半径补偿的矢量路径，如图 12-35 中的点画线所示。

③ 刀具半径补偿撤销只能用 G01、G00。G40 的实现也只能用 G01 或 G00，而不能用 G02 或 G03 及非指定平面内的轴移动来实现。G40 必须与 G41 或 G42 成对使用，两者缺一不可。另外，若刀具半径补偿的偏置号为 0，即程序中指令了 D00，则也会产生取消刀具半径补偿的结果。

（7）过切现象

在数控铣床上使用刀具半径补偿时，必须特别注意其执行过程的原则，否则往往容易引起加工失误甚至报警，使系统停止运行或刀具半径补偿失效等。

在刀具半径补偿中，需要特别注意的是，在刀具半径补偿建立后的刀具半径补偿状态中，如果存在有连续两段以上没有移动指令，或存在非指定平面轴的移动指令段，则有可能产生过切现象。

现仍以上面的操作为例来加以说明，现设加工起点距工件表面 $Z=5$ mm 处，轨迹深度为 $Z = -3$ mm，程序如表 12-5 所示。

表 12-5　刀具半径补偿加工参考程序

| 程序内容 | 程序说明 |
| --- | --- |
| O0007; | 程序名 |
| N10 G54; | 设定工件坐标系 |
| N20 G90; | |
| N30 G17; | |
| N40 M03 S1000; | |
| N50 G00 X0 Y0; | 刀具中心移至工件坐标系原点 |
| N60 G41 X20.0 Y10.0 D01; | 左刀具半径补偿建立，补偿量由刀具半径补偿 D01 指定 |
| N70 Z3.0; | |
| N80 G01 Z-3.0 F100; | 刀具半径补偿进行状态，连续两段 Z 轴移动 |
| N90 Y50.0; | |
| N100 X50.0; | |
| N110 Y20.0; | |
| N120 X10.0; | |
| N130 G40 X0 Y0; | |
| N140 G00 Z50.0; | 撤销刀具半径补偿 |
| N150 M05; | |
| N160 M30; | |

以上程序在运行 N90 时，产生过切现象，如图 12-36 所示。其原因是当从 N60 刀具半径补偿建立，进入刀具半径补偿进行状态后，系统只能读入 N70、N80 两段，但由于 Z

轴是非刀具半径补偿平面的轴，而且又读不到 N90 以后程序段，也就做不出偏移矢量，刀具确定不了前进的方向，此时刀具中心未加上刀具半径补偿值而直接移动到了无补偿的 $P_1$ 点。当执行完 N70、N80 后，再执行 N90 段时，刀具中心从 $P_1$ 点移至交点 $A$，于是发生过切。

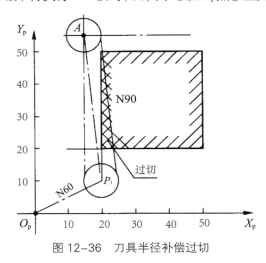

图 12-36  刀具半径补偿过切

为避免过切，可将表 12-5 的程序改成表 12-6 程序。

表 12-6  刀具半径补偿加工参考程序（改进版）

| 程序内容 | 程序说明 |
| --- | --- |
| O0008； | 程序名 |
| N10 G54； | 设定工件坐标系 |
| N20 G90； | |
| N30 G17； | |
| N40 M03 S1000； | |
| N50 G00 X0 Y0； | 刀具中心移至工件坐标系原点 |
| N60 Z3.0； | |
| N70 G01 Z−3.0 F100； | |
| N80 G41 X20.0 Y10.0 D01； | 左刀具半径补偿建立，补偿量由刀具半径补偿 D01 指定 |
| N90 Y50.0； | |
| N100 X50.0； | |
| N110 Y20.0； | |
| N120 X10.0； | |
| N130 G40 X0 Y0； | |
| N140 G00 Z50.0； | 撤销刀具半径补偿 |
| N150 M05； | |
| N160 M30； | |

注意：刀具半径补偿建立与撤销轨迹的长度距离必须大于刀具半径补偿值，否则系统会产生刀具半径补偿无法建立的情况，有时会产生报警。

## 12.4　数控铣床对刀

工件坐标系的建立过程就是确定工件坐标系在机床坐标系中的位置，这个过程俗称为"对刀"。

要准确地确定工件坐标系在机床坐标系中的位置就必须明确工件坐标系原点在机床坐标系中的坐标值。我们知道，机床开机时的坐标值是不确定的，但返回坐标参考点后显示器显示的就是通称的机床坐标系（实际上是第一坐标参考点的位置，一般设置为全0）。对刀时确定的工件坐标系的坐标值正是利用了这个参考点，将刀具手动移动到工件上的对刀点，通过这个对刀点的坐标值和工件上的相关尺寸计算出机床坐标系原点的坐标值，这个值就是工件坐标系原点相对于机床坐标系原点的偏移值。将这个坐标偏移值输入到数控系统的 G54 ~ G59 工件坐标系存储器中，便确定了工件坐标系。程序执行指令 G54 ~ G59 后，就会建立起这个对刀确定的工件坐标系。

### 12.4.1　综合坐标

如图 12-37 所示综合坐标显示界面，机械坐标、绝对坐标和相对坐标的区别如下。

（1）机械坐标即是以机床原点为参照而确定的坐标值，为机械本身位置的坐标。此坐标的原点（机械原点），一般位于机床的左下方（$X$ 轴、$Y$ 轴）。机床原点是厂家假定的客观点，是绝对坐标和相对坐标的前提。每次开机后作原点复位时，最好先找出"综合坐标显示桌面"来看机械坐标值，参考现在机械本身的位置，以免作原点复位时"过行程"。

（2）绝对坐标为我们所写程序的坐标。此坐标的原点一般皆在工件的中心，在自动执行中绝对坐标所显示的 $X$、$Y$、$Z$ 值即为刀尖所在程序里的位置，所以绝对坐标亦称为编程坐标。

（3）相对坐标为增量的坐标。相对坐标可显示是一点相对于另一点的坐标。此坐标可以随时改变，可以随时清零，并没有固定在某一个位置。

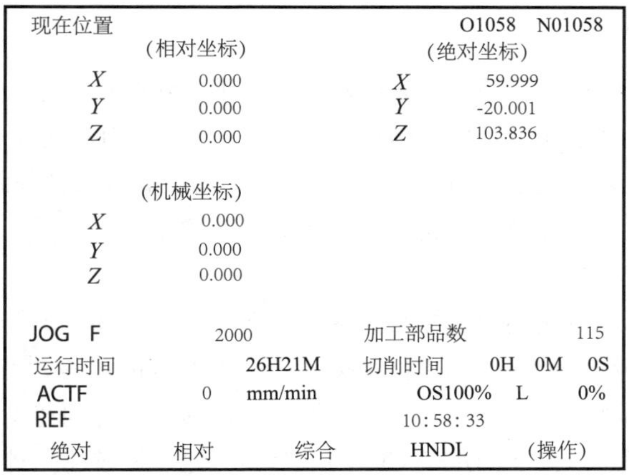

```
现在位置                                    O1058    N01058
           （相对坐标）                （绝对坐标）
     X          0.000          X          59.999
     Y          0.000          Y         -20.001
     Z          0.000          Z         103.836

           （机械坐标）
     X          0.000
     Y          0.000
     Z          0.000


JOG  F            2000         加工部品数              115
运行时间          26H21M       切削时间      0H   0M   0S
ACTF        0    mm/min        OS100%   L      0%
REF                            10:58:33
     绝对       相对       综合       HNDL      （操作）
```

图 12-37　综合坐标显示界面

### 12.4.2 寻边器对刀

通过上面分析可知，对刀过程中如何确定对刀点的坐标值是关键之一。寻边器便是一种模拟刀具进行对刀的一种专用工具，其有机械式和光电式等形式，如图 12-38a、12-38b 所示。对刀时，先将寻边器装在机床主轴上，然后移动刀具与工件对刀点接触，通过发光显示或百分表的指示表示，这时通过显示器显示值便可知机床主轴当前的位置坐标，如图 12-38c 所示。这种寻边器一般仅是确定了 X、Y 坐标值。若要确定 Z 坐标，还可以用高度定位器进行确定，如图 12-38d 所示。

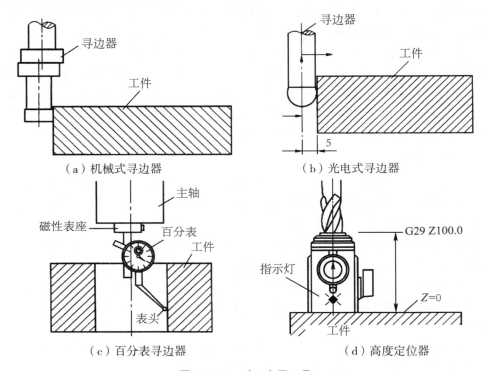

（a）机械式寻边器　　　　（b）光电式寻边器

（c）百分表寻边器　　　　（d）高度定位器

图 12-38　对刀专用工具

### 12.4.3 试切法对刀

另外，实际加工中还广泛采用试切法对刀，这种方法简单实用。其原理与寻边器对刀相同，只是这里采用的是实际的刀具通过试切的方法判断刀具与工件的位置关系。如图 12-39 所示，假设刀具直径为 $d$，工件尺寸为 $L \times W \times H$。通过刀具分别试切毛坯的前侧面、左侧面和上表面，欲将工件坐标系建立在毛坯上表面的左下角。

（1）建立工件坐标系

直接或通过计算的方法间接使主轴回转中心与工件零点重合，记录此时的机械坐标 X 值和 Y 值，将其输入程序所对应的工件坐标系中；工件坐标系的 Z 坐标设为零。

① 设置工件坐标系（G54 ~ G59），如图 12-40 所示。相对坐标→操作→起源→全轴→EXEC（坐标轴清零）→按下 [ OFS/SET ] 功能键→[ 坐标系 ] 软键→将光标移到 G54 处（如果定义的工件原点为 G55，就移到 G55 处）。

② 在 MDI 方式下，输入 M03 S600，按［循环启动］功能键（铣刀正转）。

③ 使用"手轮"模式，实际操作移动刀具 2 铣削毛坯前侧面旁，如图 12-41 所示，试切毛坯前侧面，发现有切屑，停止 $Y$ 向进给，向 $Z$ 轴正方向抬起刀具至毛坯上表面的上方，向 $Y$ 轴正方向移动 $d/2$（刀具半径）距离，在屏幕 G54 处输入 X0→按［测量］软键（$X$ 轴对刀完毕）。

④ 使用"手轮"模式，实际操作移动刀具 1 铣削毛坯左侧面旁，如图 12-41 所示，试切毛坯左侧面，发现有切屑，停止 $X$ 向进给，向 $Z$ 轴正方向抬起刀具至毛坯上表面的上方，向 $X$ 正方向移动 $d/2$ 距离，在屏幕 G54 处输入 Y0→按［测量］软键（$Y$ 轴对刀完毕）。

⑤ 使用"手轮"模式，实际操作移动刀具 3 铣削毛坯上表面的上方，如图 12-41 所示，试切毛坯上表面，发现有切屑，停止 $Z$ 向进给，在屏幕 G54 处输入 Z0→按［输入］软键（$Z$ 轴对刀完毕）。

⑥ 如图 12-39 所示，工件坐标系设置在毛坯上表面的左下角。

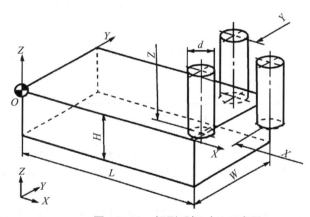

图 12-39　矩形毛坯对刀示意图

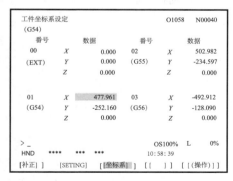

图 12-40　工件坐标系设定界面

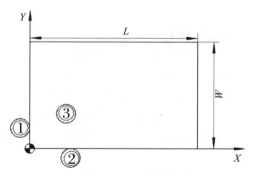

图 12-41　试切法对刀

需要注意以下几点：

（a）主轴中心（轴线）即为刀具中心。

（b）无论直径大小，其刀具中心不会变，即为主轴中心，所以 $X$、$Y$ 方向对一次刀即可。

（c）刀具长度均不相同，所以每把刀的 $Z$ 向均需对刀。

（d）一般来说，装刀与对刀同步进行，即装完一把对一把，第一把刀 X、Y、Z 方向都需对，以后的刀只需对 Z 向即可。所以把 G54 的 Z 轴设为 0，每把刀的 H 值为机械坐标 Z 值。加工中心的对刀也是按此种方法进行。

（2）输入刀具长度补正和半径补正

刀具补正设定界面如图 12-42 所示。使用"手轮"模式，使刀尖接触工件 Z0 表面，记录此时的机械坐标 Z 值，将此值作为该把刀具的长度补偿值输入该把刀具所对应的刀具长度补偿代码中；同理，依次输入其他刀具的长度补正值；再将有刀具半径补正的刀具半径补正值输入该把刀具所对应的刀具半径补正代码中。

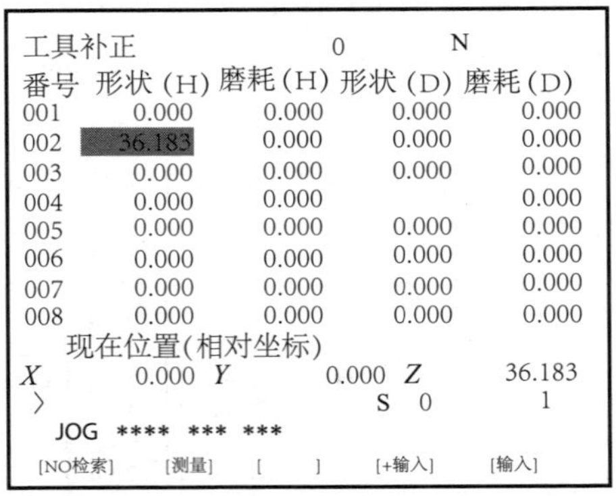

| 工具补正 | | 0 | N | |
|---|---|---|---|---|
| 番号 | 形状(H) | 磨耗(H) | 形状(D) | 磨耗(D) |
| 001 | 0.000 | 0.000 | 0.000 | 0.000 |
| 002 | 36.183 | 0.000 | 0.000 | 0.000 |
| 003 | 0.000 | 0.000 | 0.000 | 0.000 |
| 004 | 0.000 | 0.000 | 0.000 | 0.000 |
| 005 | 0.000 | 0.000 | 0.000 | 0.000 |
| 006 | 0.000 | 0.000 | 0.000 | 0.000 |
| 007 | 0.000 | 0.000 | 0.000 | 0.000 |
| 008 | 0.000 | 0.000 | 0.000 | 0.000 |

现在位置(相对坐标)

$X$　0.000　$Y$　0.000　$Z$　36.183

＞　　　　　　　　　　　　S　0　　　　1

JOG ＊＊＊＊ ＊＊＊ ＊＊＊

[NO检索]　[测量]　[ 　]　[+输入]　[输入]

图 12-42　刀具补正设定界面

刀具补正的设定：按［OFS/SET］功能键→按［刀偏］软键→按［PAGE］键（翻页键）显示需要的补正号→移动光标至所要设定的补正号→用数字键输入补正量→按［INPUT］键输入。

注意：对于不使用半径补偿（G41、G42）的刀具，如钻头、丝锥等可以不输入 D 参数；使用半径补偿（G41、G42）的刀具必须输入 D 参数，否则将引起"过切"。

**【复习题】**

（1）简述数控铣床工具系统。

（2）简述组合夹具。

（3）数控铣床刀具长度补偿的目的是什么？

（4）数控铣床刀具半径补偿的目的是什么？

（5）简述数控铣床对刀过程。

# 第十三章　加工中心及柔性制造

## 13.1　加工中心

加工中心（MC）是一种高效、高精度数控机床，设置有刀具库，具备自动换刀功能，工件在一次装夹中可完成多道工序的加工。加工中心所具有的这些功能决定了其程序编制的复杂性。

加工中心是在镗铣类数控机床的基础上发展起来的一种功能较全面、加工精度更高的加工装备。它可以把铣削、镗削、钻削、螺纹加工等功能集中在一台设备上，通常一次能够完成多个加工要素的加工。加工中心配置有容量几十甚至上百把刀具的刀库，刀库中放置有加工过程中使用的刀具和测量工具，通过 PLC 程序控制，在加工中实现刀具的自动更换和加工要素的自动测量。

加工中心能控制的轴数可以达到十几个，联动轴数多的可以实现五轴或六轴联动。此外，它的辅助功能也十分强大，有各种固定循环、刀具半径自动补偿、刀具长度自动补偿、刀具破损自动报警、刀具寿命管理、过载自动保护、螺距误差自动补偿、丝杠间隙补偿、故障自诊断、工件在线检测和加工自动补偿。加工中心的控制器一般都有 DNC 功能，高档的还支持自动化协议，具有网络互连功能。

加工中心是一种高性能加工设备，与数控铣床相比，加工中心的工序更为集中，加工精度更高。其生产效率比普通机床高 5 ~ 10 倍，特别适宜加工形状复杂、精度要求高的单件或中小批量多品种产品。但是工序高度集中也带来一些新问题，例如粗加工完成后直接进入精加工阶段，中间没有应力释放期和温度消降期，应力和温度会引起零件最终加工后变形，使零件丧失精度。这些加工特点要求加工中心的工艺制订也要有别于其他机床。加工中心选用的刀具、工件的安装及主要附件、程序编写和对刀等可参考数控铣床。

### 13.1.1　加工中心分类

（1）镗铣加工中心

镗铣加工中心是机械加工行业应用最多的一类数控设备，有立式和卧式两种，如图 13-1 和图 13-2 所示。其工艺范围主要是铣削、钻削、镗削。镗铣加工中心数控系统控制的轴数多为 3 个，高性能的数控系统可以达到 5 个或更多。我们所说的加工中心一般都指镗铣加工中心。

（2）车削加工中心

车削加工中心是以车床为基本体，并进一步增加铣、钻、镗，以及副主轴的功能，使车件需要二次、三次加工的工序在车削加工中心上一次完成。车削加工中心是一种复合式的车削加工机械，可大大减少加工时间，不需要重新装夹，以达到提高加工精度的要求，如图 13-3 所示。

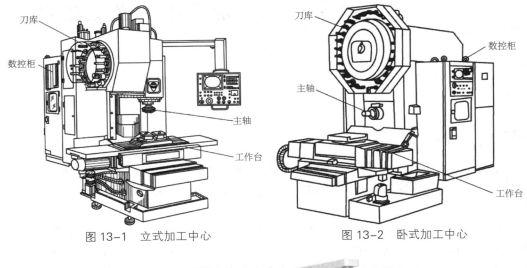

图 13-1　立式加工中心　　　　　　　图 13-2　卧式加工中心

图 13-3　车削加工中心

### 13.1.2　换刀系统

　　加工中心与数控铣床相比，工艺范围更广，集中多工序、多工步加工的加工中心使用的刀具更多。加工中心具有自动换刀装置，能够方便地自动选用不同刀具，实现换刀过程自动化。

　　加工中心的自动换刀装置结构一般由刀库、机械手组成。自动换刀装置应当具备换刀时间短、刀具重复定位精度高、足够的刀具储备量、占地面积小、安全可靠等特性。当数控系统发出换刀指令后，由刀具交换装置（如换刀机械手）从刀库中取出相应的刀具装入主轴孔内，然后再把主轴上的刀具送回刀库中，完成整个换刀动作。

　　（1）刀库形式

　　刀库的功能是储存加工工序所需的各种刀具，并按程序 T 指令，把将要用的刀具准确地送到换（取）刀位置，并接受从主轴送来的已用刀具。刀库的储存量一般为 8 ~ 64 把，多的可达 100 ~ 200 把。加工中心刀库的形式很多，结构也各不相同，最常用的有鼓盘式刀库、链式刀库。除此之外，还有格子盒式、直线式、多盘式等刀库。

① 鼓盘式刀库。鼓盘式刀库的形式如图 13-4 所示。鼓盘式刀库结构紧凑、简单，一般存放刀具不超过 32 把，在诸多种刀库中，鼓盘式刀库在小型加工中心上应用得最为普遍。其特点是：鼓盘式刀库置于立式加工中心的主轴侧面，可用单臂或双臂机械手在主轴和刀库间直接进行刀具交换，换刀结构简单，换刀时间短；但刀具单环排列，空间利用率低，如若要增大刀库容量，则刀库外径必须设计得比较大，势必造成刀库转动惯量也大，不利于自动控制。

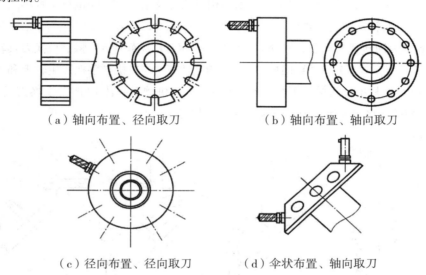

（a）轴向布置、径向取刀　　　　（b）轴向布置、轴向取刀

（c）径向布置、径向取刀　　　（d）伞状布置、轴向取刀

图 13-4　鼓盘式刀库

② 链式刀库。如图 13-5 所示，链式刀库适用于刀库容量较大的场合。链式刀库的特点是：结构紧凑，占用空间更小，链环根据机床的总体布局要求配置成适当形式，以利于换刀机构的工作。图 13-5a 为单环链式，通常为轴向取刀，选刀时间短，刀库的运动惯量不像鼓盘式刀库那样大。可采用多环链式刀库增大刀库容量，如图 13-5b 所示。还可通过增加链轮的数目，使链条折叠回绕，以提高空间利用率，如图 13-5c 所示。

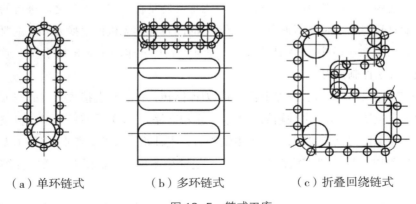

（a）单环链式　　　（b）多环链式　　　（c）折叠回绕链式

图 13-5　链式刀库

（2）刀具换刀装置和交换方式

由于刀库结构、机械手类型、选刀方式的不同，加工中心的换刀方式也各不相同，较为常见的有机械手换刀和刀库－主轴换刀两种方式。

① 机械手换刀

采用机械手进行刀具交换的方式应用最广泛，这是因为机械手换刀灵活，而且可以减少换刀时间。机械手的结构根据刀库与主轴的相对位置及结构的不同也有多种形式，如单臂式、双臂式、回转式和轨道式等。

图 13-6 中为回转式机械手，其换刀过程如下：（a）刀库回转，将欲更换刀具转到换刀所需的预定位置；（b）主轴箱回换刀点，主轴准停；（c）机械手抓取主轴上和刀库上的刀具；（d）活塞杆推动机械手下行，卸下刀具；（e）机械手回转180°，交换刀具位置；（f）活塞杆缩回，将更换后的刀具分别装入主轴与刀库。

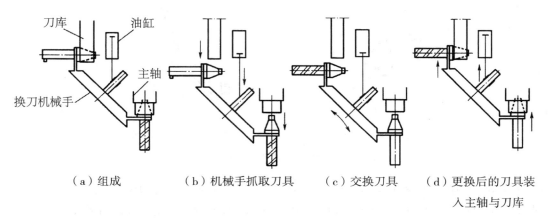

（a）组成　　　　（b）机械手抓取刀具　　（c）交换刀具　　（d）更换后的刀具装入主轴与刀库

图 13-6　机械手换刀示意图

② 刀库－主轴换刀

刀库与主轴同方向无机械手换刀方式的特点是：刀库整体前后移动于主轴上直接换刀，省去机械手，结构紧凑；但刀库运动较多，且刀库旋转是在工步与工步之间进行的，即旋转所需的辅助时间与加工时间不重合，因而换刀时间较长。无机械手换刀方式主要用于小型加工中心，刀具数量较少（30 把以内），而且刀具尺寸也小。无机械手换刀通常利用刀套编码识别方法控制换刀。

如图 13-7 所示，其换刀过程如下：（a）刀库回转，将刀盘上接收刀具的空刀座转到换刀所需的预定位置；（b）主轴箱回换刀点，主轴准停；（c）活塞杆推出，将空刀座送至主轴下方，并卡住刀柄定位槽；（d）主轴松刀，主轴箱上移至参考点；（e）刀库再次分度回转，将预选刀具转到主轴正下方；（f）主轴箱下移，主轴抓刀，活塞杆缩回，刀盘复位。

换刀前，必须在第二原点复归（回到换刀点），才能进行换刀操作。指令格式：G91 G30 X0 Y0 Z0。回归后，第二原点指示灯亮。

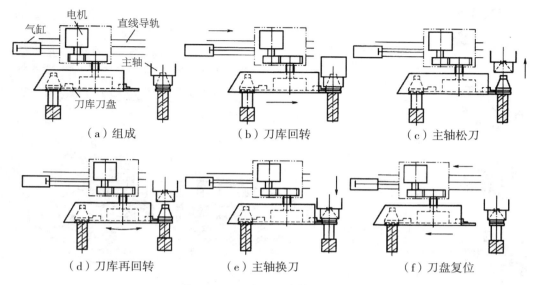

（a）组成　　　　　（b）刀库回转　　　　　（c）主轴松刀

（d）刀库再回转　　　（e）主轴换刀　　　　　（f）刀盘复位

图 13-7　刀库 – 主轴换刀示意图

## 13.2　柔性制造

柔性制造（FM）可视为普通数控机床以及加工中心的扩展，如图 13-8 所示。

### 13.2.1　柔性制造单元

柔性制造单元（FMC）是在数控加工中心的基础上，与一个工件托盘循环存储站相连，配备自动上下料装置或机器人、自动测量和监控装置所组成。它能高度自动化地完成工件与刀具的运输、装卸、测量、过程监控等，实现零件加工的自动化，常用于箱体类复杂零件的加工。与加工中心相比，它具有更好的柔性（可变性）和更高的生产效率。FMC 是多品种、小批量生产中机械加工自动化的理想设备，特别适用于中、小型企业。

### 13.2.2　柔性制造系统

柔性制造系统（FMS）是指以多台数控机床、加工中心及辅助设备为基础，通过柔性的自动化输送和存储系统实现有机的结合，由计算机对系统的软、硬件资源实施集中的管理和控制，从而形成一个物料流和信息流密切结合的高效自动化制造系统，如图 13-9 所示。

### 13.2.3　柔性制造和传统制造的比较

如表 13-1 所示，传统制造中，人直接参与到加工执行过程中，即由人进行加工、控制和检验。而在柔性制造中，许多这样的工作已由计算机取代，在连接成局域网的全部加工装置中，计算机使高速信息流成为可能，人在这里的主要任务是监视。

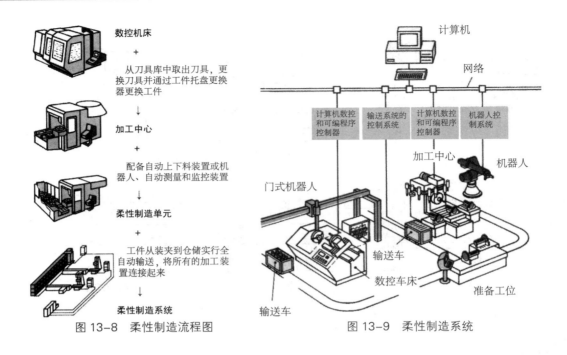

图 13-8　柔性制造流程图

图 13-9　柔性制造系统

数控机床
+
从刀具库中取出刀具，更换刀具并通过工件托盘更换器更换工件
↓
加工中心
+
配备自动上下料装置或机器人、自动测量和监控装置
↓
柔性制造单元
+
工件从装夹到仓储实行全自动输送，将所有的加工装置连接起来
↓
柔性制造系统

表 13-1　柔性制造和传统制造的比较

| 柔性制造 | | 传统制造 |
|---|---|---|
| | 信息传递 | |
| 贯通的信息流：连接成数据网络，全企业范围内计算机支持的加工装置和信息存储装置 | 主计算机 | 口头或书面发布或传达信息，必要时进行中央信息处理 |
| | 控制 | |
| 使用计算机：加工过程的计算机集成式控制和监视可对控制进行编程 | | 由技术人员进行加工控制，机床上实施机械控制 |
| | 加工方案 | |
| 柔性加工设备：通过组合不同的加工机床和装配单元从而具备强适应能力，柔性自动化更换工件和刀具 | | 单台机床、专用机床、加工中心、流水线加工、脉冲控制输送线的刚性自动化 |

（续表）

| 加工流程 | | | 仅在大批量相同零件生产时才能自动化，许多工序由人完成，加工高度分工 |
|---|---|---|---|
| 自动化加工流程：无须人工介入，可按选定工序加工不同工件，加工分工很少 | | | |
| 物流 | | | 人工进行运输和更换工件以及刀具 |
| 柔性物流：工件、刀具和夹具等运输搬运和仓储的集成系统 | | | |
| 过程质量监控 | | | 由人工监视机床或设备以及刀具和工件质量 |
| 过程自动优化：传感器控制加工过程检测和机床设备检测，计算机支持的工件质量控制 | | | |

## 【复习题】

（1）比较数控铣床和加工中心的区别。

（2）简述加工中心的换刀系统。

（3）简述柔性制造系统。

# 第十四章　刨削和磨削

## 14.1　刨削

刨削是指在刨床上用刨刀加工零件的切削过程。除牛头刨床刨削外，在龙门刨床、插床和拉床等机床上的加工也属于刨削加工。刨削主要用于加工平面（如水平面、直面、斜面）、沟槽（如直槽、V 型槽、T 型槽、燕尾槽）以及一些成形面等，如图 14-1 所示。

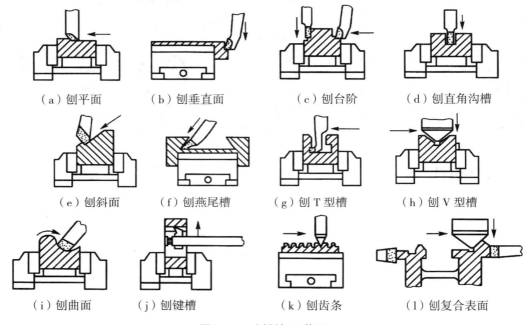

（a）刨平面　　（b）刨垂直面　　（c）刨台阶　　（d）刨直角沟槽

（e）刨斜面　　（f）刨燕尾槽　　（g）刨 T 型槽　　（h）刨 V 型槽

（i）刨曲面　　（j）刨键槽　　（k）刨齿条　　（1）刨复合表面

图 14-1　刨削加工范围

刨刀是单刃刀具，刨削加工的主运动是刀具往复的直线运动，工件的移动是进给运动。在刨削加工过程中，只有前运动才进行切削（工作行程），返回运动不切削（空行程）。刨削加工还需要克服惯性力，切削过程有冲击现象，限制了切削速度的提高，加工效率较低，加工精度也不高。但因刨床的结构简单，刨刀的制造和刃磨容易，生产准备时间短，价格低廉，适应性强，使用方便，因此刨削仍然在机械加工中得到广泛使用，特别是在窄长的零件加工中较为常用。刨削加工的典型零件如图 14-2 所示。

刨削加工的尺寸精度一般为 IT9 ~ IT8，表面粗糙度 $Ra$ 值一般为 6.3 ~ 3.2 μm，适合于单件、小批量生产。刨削时，因切削速度低，一般不需要加切削液。

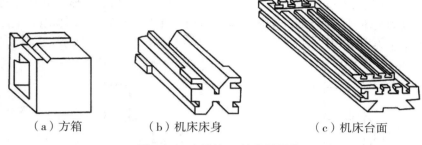

（a）方箱　　　　　　（b）机床床身　　　　　　（c）机床台面

图 14-2　刨削加工的典型零件

### 14.1.1　牛头刨床

牛头刨床是应用最广的刨削加工设备，适用于刨削长度不超过 1 000 mm 的中、小型工件。下面以 B6065 型牛头刨床为例进行介绍。B6065 型牛头刨床的外形如图 14-3 所示。在型号 B6065 中，"B"表示刨床类，"60"表示牛头刨床组、系代号，"65"为主参数代号，表示最大刨削长度为 650 mm。牛头刨床主要由床身、滑枕、刀架、横梁和工作台等部分组成。

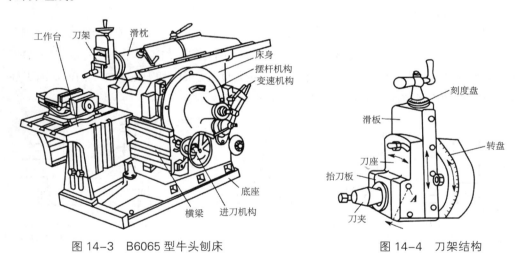

图 14-3　B6065 型牛头刨床　　　　　　图 14-4　刀架结构

### 14.1.2　刨刀

刀架用于夹持刨刀，其结构如图 14-4 所示。转动刀架手柄，滑板便可带着刨刀沿转盘上的导轨上下移动。松开转盘上的螺母，将转盘转过一定的角度，可使刀架作斜向进给。抬刀板可绕刀座上的轴 A 自由上抬，以使刨刀在返回时随抬刀板抬起，减少刨刀与工件之间的摩擦。

（1）刨刀的几何参数及其特点

刨刀的几何参数与车刀相似。但由于刨削加工的不连续性，刨刀切入工件时会受到较大的冲击力，所以一般刨刀刀体的横截面均较车刀大 1.25 ~ 1.50 倍。刨刀的前角比车刀前角稍小，以增加刀具的强度。刨刀往往做成弯头，这是刨刀的一个显著特点。如图

14-5a 所示，弯头刨刀在受到较大的切削力时，刀杆所产生的弯曲变形是绕 $O$ 点向后上方弹起的，因此刀尖不易啃入工件。如图 14-5b 所示，直头刨刀受到变形易啃入工件，将会损坏刀刃及加工表面。

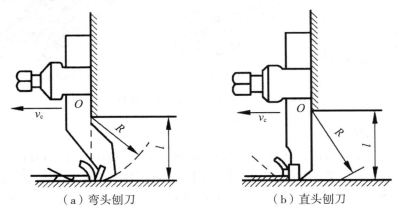

（a）弯头刨刀　　　　　　　　（b）直头刨刀

图 14-5　弯头刨刀和直头刨刀的比较

（2）刨刀的种类及其应用

刨刀的种类很多，按加工形式和用途不同，有各种不同的刨刀，常用的有：平面刨刀、偏刀、角度偏刀、切刀、弯头刀及成形刀等。平面刨刀用来加工水平表面；偏刀用来加工垂直表面或斜面；角度偏刀用来加工相互呈一定角度的表面；切刀用来加工槽或切断工件；成形刀用来加成形表面。常见刨刀及应用如图 14-6 所示。

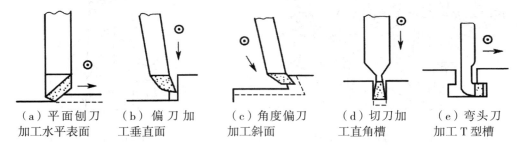

（a）平面刨刀　（b）偏刀加　（c）角度偏刀　（d）切刀加　（e）弯头刀
加工水平表面　工垂直面　加工斜面　工直角槽　加工 T 型槽

图 14-6　常见刨刀及应用

（3）刨刀的选择

选择刨刀一般应按加工要求、工件材料和形状等来确定。例如要加工铸铁件时通常采用钨钴类硬质合金的弯头刨刀，粗刨平面时一般采用尖头刨刀，如图 14-7a 所示。尖头刨刀的刀尖部分应先磨出 $r$ =1～3 mm 的圆弧，然后用油石研磨，这样可以延长刨刀的使用寿命。当加工平面时，表面有粗糙度 $Ra$ 值小于 3.2 μm 以下的技术要求时，粗刨后还要精刨，精刨时常采用圆头刨刀或宽头平刨刀，如图 14-7b、c 所示。精刨时的进给量不能太大，一般为 0.1～0.2 mm。

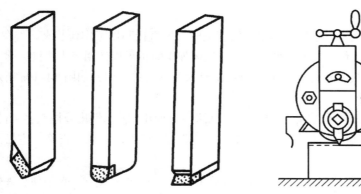

（a）尖头刨刀　（b）圆头刨刀　（c）宽头平刨刀

图 14-7　平面刨刀　　　　图 14-8　刨刀的安装

（4）刨刀的安装

刨刀一般安装在刀夹内，如图 14-8 所示。安装时应注意以下事项：

① 刨平面时，刀架和刀座都应处在中间垂直位置。

② 刨刀在刀架上不能伸出太长，以免它在加工中发生振动和折断。直头刨刀的伸出长度一般不宜超过刀杆厚度（$h$）的 1.5 ~ 2.0 倍；弯头刨刀伸出长度可以稍大一些，一般稍大于弯曲部分的长度，如图 14-9 所示。

③ 在装刀或卸刀时，一只手扶住刨刀，另外一只手由上而下或倾斜向下地用力扳转螺钉，将刀具压紧或松开。用力方向不得由下而上，以免抬刀板翘起而碰伤或夹伤手指。

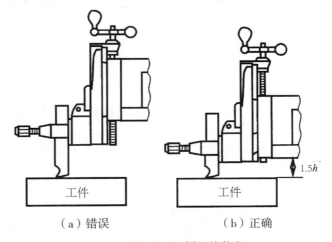

（a）错误　　　　　　　（b）正确

图 14-9　刨刀的装夹

## 14.1.3　工件的装夹

在牛头刨床上，工件装夹的方法主要有机用平口钳装夹、工作台装夹和专用夹具装夹等，应根据工件的形状、尺寸和生产批量等选择。

（1）机用平口钳装夹

机用平口钳上的工件装夹可参见第十一章铣削中的第 11.3 节铣床的主要附件。

（2）工作台装夹

当工件尺寸较大或不便于用机用平口钳装夹时，可直接利用工作台装夹，如图 14-10 所示。牛头刨床利用工作台装夹工件的方法在铣床加工时也可以使用。牛头刨床除了可以用工作台的上台面装夹工件外，还可以用工作台的侧面装夹工件，如图 14-10a 所示。装夹时的注意事项如下：

① 工件底面应与工作台贴实。如果工件底面不平，使用铜皮、铁皮或楔铁将工件垫实。

② 在工件夹紧前后，都应检查工件的安装位置是否正确，如果不正确，应松开工件重新进行装夹。

③ 工件的夹紧位置和夹紧力要适当，避免工件因夹紧而导致变形或移动。夹紧时，应分几次逐渐拧紧各螺母，以免工件变形。为了使工件在刨削时不被移动，可以在工件前端安装挡铁，如图 14-10b 所示。

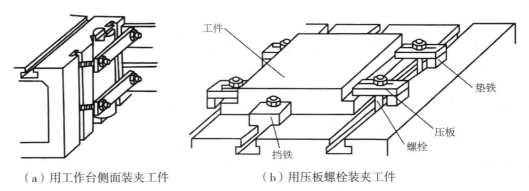

（a）用工作台侧面装夹工件　　　　（b）用压板螺栓装夹工件

图 14-10　工作台上装夹工件

### 14.1.4　刨削基本工艺

（1）刨削运动和刨削用量

① 刨削运动。牛头刨床上刨刀的往复直线运动为主运动，工作台带动工件的横向移动为进给运动，如图 6-1d 所示。

② 刨削用量。刨削用量是指刨削速度、进给量和背吃刀量（刨削深度），如图 14-11 所示。

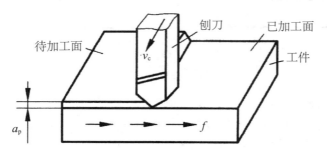

图 14-11　牛头刨床的刨削要素

（a）刨削速度 $v_c$。刨削速度指工件和刀具沿主运动方向的平均速度，可用下式表示：

$$v_c = \frac{2Ln_r}{1\,000 \times 60} \ (\text{m/s}) \qquad （14-1）$$

式中：$L$——往复运动的行程长度，mm；

$n_r$——主运动每分钟的往复次数，次 /min。

（b）进给量 $f$。进给量指刨刀每往复一次后，工件沿进给运动方向所移动的距离，单位为 mm/dst，dst 为双行程。

（c）背吃刀量 $a_p$。背吃刀量指刨刀切削工件的深度，即工件已加工表面与待加工表面之间的垂直距离，单位为 mm。

（2）刨水平面

刨水平面时，将刀架转盘对准零线，并使刀架和刀座均处于中间垂直位置，以便于准确控制刨削深度，可参考图 14-8。在牛头刨床上加工时，一般切削速度 $v_c$ 为 0.2 ~ 0.5 m/s，进给量 $f$ 为 0.33 ~ 1.00 mm/dst，背吃刀量 $a_p$ 为 0.5 ~ 2.0 mm。当工件表面质量要求较高时，粗刨后还要进行精刨。精刨的进给量和背吃刀量应比粗刨小，切削速度可高一些。为了获得良好的表面质量，在刨刀返回时，可用手抬起刀座上的抬刀板，使刀尖不与工件摩擦。刨削时，一般不需要加注切削液。

（3）刨垂直面和斜面

刨垂直面和斜面均采用偏刀，如图 14-12 和图 14-13 所示。安装偏刀时，刨刀伸出的长度应大于整个垂直面或斜面的高度。刨垂直面时，刀架转盘应对准零线；刨斜面时，刀架转盘要扳转相应的角度。此外，刀座还要偏转一定的角度，使刀座上部转离加工面，以便使刨刀返回行程中抬刀时，刀尖离开已加工表面。

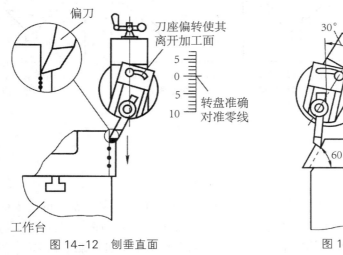

图 14-12　刨垂直面

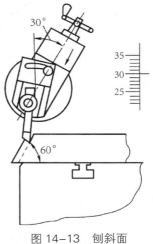

图 14-13　刨斜面

（4）刨 T 型槽

刨 T 型槽时，要先用切槽刀刨出直槽，然后再用左、右弯切刀刨出凹槽，最后用 45° 刨刀倒角，如图 14-14 所示。

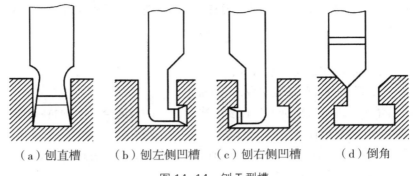

（a）刨直槽　　　（b）刨左侧凹槽　　（c）刨右侧凹槽　　（d）倒角

图 14-14　刨 T 型槽

（5）刨燕尾槽、V 型槽

　　燕尾槽、V 型槽的刨削方法是刨直槽和刨斜面的综合，但需要用左、右偏刀。刨燕尾槽的过程如图 14-15 所示，刨 V 型槽的过程如图 14-16 所示。

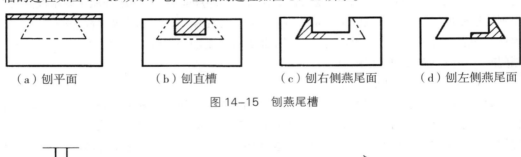

（a）刨平面　　　（b）刨直槽　　　（c）刨右侧燕尾面　　（d）刨左侧燕尾面

图 14-15　刨燕尾槽

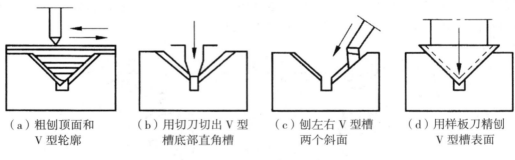

（a）粗刨顶面和　　　（b）用切刀切出 V 型　　　（c）刨左右 V 型槽　　　（d）用样板刀精刨
　　V 型轮廓　　　　　　槽底部直角槽　　　　　　两个斜面　　　　　　　V 型槽表面

图 14-16　刨 V 型槽

## 14.2　磨削

　　在磨床上通过砂轮与工件之间的相对运动而对工件表面进行切削加工的过程称为磨削。磨削加工是零件的精密加工方法之一，作为零件加工的最后工序。常见的磨削加工方式有外圆磨削、内圆磨削、平面磨削、无心磨削和成形面磨削（如磨螺纹、齿轮、花键）等，如图 14-17 所示。

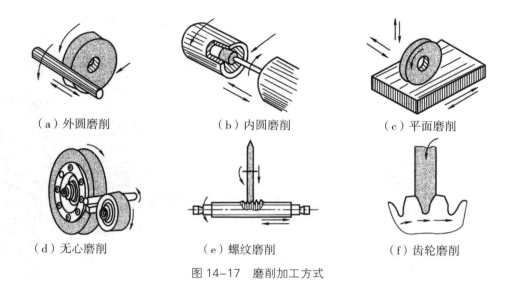

（a）外圆磨削　　　　　　（b）内圆磨削　　　　　　（c）平面磨削

（d）无心磨削　　　　　（e）螺纹磨削　　　　　　（f）齿轮磨削

图 14-17　磨削加工方式

在磨削过程中，由于磨削速度很高，会产生大量的切削热，在砂轮与工件的接触处，瞬间温度可达 1 000 ℃。同时，剧热的磨屑在空气中容易发生氧化作用，产生火花。在这样的高温下，工件材料的性能将发生改变而影响产品的质量。因此，在磨削时经常使用大量的切削液，从而减少摩擦，加快散热，降低磨削温度，及时冲走磨屑，保证工件表面质量。

磨削用的砂轮是由许多细小而又极硬的磨粒用结合剂黏结而成的。由于磨粒的硬度很高，磨削不但可用来加工碳钢和铸铁等常用金属材料，还可以加工一般刀具难以加工的硬度较大的材料，如淬火钢、硬质合金等。但硬度低而塑性好的有色金属材料，却不适合磨削加工。磨削属于零件的精加工，经磨削加工的零件，尺寸公差等级一般可达 IT6 ~ IT5，高精度磨削可超过 IT5；表面粗糙度 $Ra$ 值一般可达 0.8 ~ 0.2 μm，精磨后的 $Ra$ 值更小。

## 14.2.1　磨床的分类

用磨料磨具（砂轮、砂带、油石和研磨料等）为工具进行切削加工的机床称为磨床。凡是车床、钻床、铣床、齿轮和螺纹加工机床等加工的零件表面，都能够在相应的磨床上进行磨削精加工。此外，还可以刃磨刀具和进行切断等，工艺范围十分广泛，所以磨床的类型和品种比其他机床多。按用途不同可分为外圆磨床、内圆磨床、平面磨床、无心磨床、工具磨床、螺纹及其他各种专用磨床等。现介绍三种常用的磨床，即外圆磨床、内圆磨床和平面磨床。

（1）外圆磨床

外圆磨床分为普通外圆磨床和万能外圆磨床。在普通外圆磨床上可以磨削工件的外圆柱面和外圆锥面；在万能外圆磨床上不仅能磨外圆柱面和外圆锥面，还能磨削内圆柱面、内圆锥面及端面等。

以 M1420 型万能外圆磨床为例，在型号 M1420 中："M"表示磨床类；"1"是组别代号，表示外圆磨床；"4"是系别代号，表示万能外圆磨床；"20"表示最大磨削直径的 1/10，即最大磨削直径为 200 mm。M1420 型万能外圆磨床主要由床身、砂轮架、头架、尾架、工作台、内圆磨头等部分组成，如图 14-18 所示。

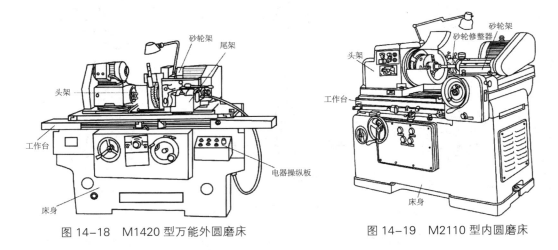

图 14-18　M1420 型万能外圆磨床　　　　　　图 14-19　M2110 型内圆磨床

（2）内圆磨床

内圆磨床主要用于磨削内圆柱面、内圆锥面及端面等。以 M2110 型内圆磨床为例，在型号 M2110 中："M"表示磨床类；"21"表示内圆磨床；"10"表示最大磨削孔径的 1/10，即磨削最大孔径为 100 mm。M2110 型内圆磨床主要由床身、工作台、头架、砂轮架、砂轮修整器等部件组成，如图 14-19 所示。

砂轮架安装在床身上，由单独电机驱动砂轮高速旋转，提供主运动；此外，砂轮架还可横向移动，使砂轮实现横向进给运动。工件头架安装在工作台上，带动工件旋转作圆周进给运动；头架可在水平面内扳转一定角度，以便磨削内锥面。工作台沿床身纵向导轨作往复直线移动，从而带动工件作纵向进给运动。

（3）平面磨床

平面磨床主要用于磨削平面。以 M7120A 型平面磨床为例，在型号 M7120A 中："M"表示磨床类；"7"是组别代号，表示平面磨床；"1"是系别代号，表示卧轴矩台平面磨床；"20"表示最大磨削宽度的 1/10，即最大磨削宽度为 200 mm；"A"表示重大改进顺序号，即第一次重大改进。M7120A 型平面磨床主要由床身、工作台、立柱、磨头、砂轮修整器等部分组成，如图 14-20 所示。

磨头上装有砂轮，由单独电机驱动，有 1 500 r/min 和 3 000 r/min 两种转速，启动时低速，工作时改用高速。此外，磨头还可随拖板沿主柱的垂直导轨作垂直移动或进给，手动进给时可用手轮或微动手柄，空行程调整时可用机动快速升降。

矩形工作台在床身水平纵向导轨上，由液压传动实现工作台的往复移动，从而带动工件纵向进给。工作台也可用手动移动，工作台上装有电磁吸盘，用以安装工件。

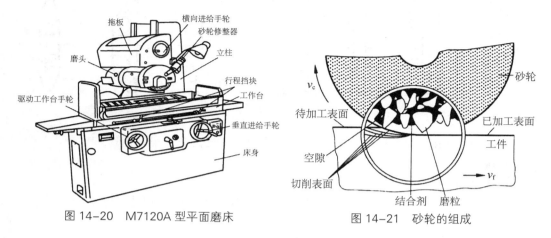

图 14-20　M7120A 型平面磨床　　　　图 14-21　砂轮的组成

## 14.2.2　砂轮

砂轮是磨削的切削工具，它是由磨粒和结合剂构成的多孔构件。磨粒、结合剂和空隙是构成砂轮的三要素。将砂轮表面放大，如图 14-21 所示，可以看到砂轮表面上杂乱地布满很多尖棱形多角的颗粒——磨粒，也称磨料。这些锋利的小磨粒就像铣刀的刀刃一样，磨削就是依靠这些小颗粒，在砂轮的高速旋转下，切入工件表面。空隙起到容纳磨屑和散热的作用。

（1）砂轮的特性和种类

砂轮的特性对磨削的加工精度、表面粗糙度和生产率有很大的影响。砂轮的特性包括磨料、粒度、结合剂、形状和尺寸等。

磨料直接担负切削工作，必须锋利和坚韧。常见的砂轮磨料有两大类：一类是刚玉类，主要成分是 $Al_2O_3$，其韧性好，适合磨削钢料及一般刀具等，常用代号有 A（棕刚玉）、WA（白刚玉）等；另一类是碳化硅类，其硬度比刚玉类高，磨粒锋利，导热性好，适合磨削铸铁、青铜等脆性材料及硬质合金刀具等，常用代号有 C（黑碳化硅）、GC（绿碳化硅）等。

粒度用来表示磨粒的大小，粒度号的数字越大，代表颗粒越小。粗颗粒用于粗加工及磨削软材料，细颗粒用于精加工。

结合剂的作用是将磨粒黏结在一起，使之成为具有一定强度和形状、尺寸的砂轮。常用的结合剂有：陶瓷结合剂，用代号 V 表示；树脂结合剂，用代号 B 表示；橡胶结合剂，用代号 R 表示。

砂轮的硬度是指砂轮表面的磨粒在外力作用下脱离的难易程度，它与磨粒本身的硬度是两个完全不同的概念。磨粒容易脱离称为软，反之称为硬，磨粒黏结得越牢，砂轮的硬度越高。磨削硬材料时用软砂轮，反之用硬砂轮。一般磨削选用硬度在 K ~ R 之间的砂轮。

砂轮的组织是指砂轮中磨料、结合剂和空隙三者间的体积比例关系。磨料所占的体积越大，砂轮的组织越紧密。砂轮的组织由 0 ~ 14 共 15 个号组成，号数越小，表示组织越紧密。

根据机床的类型和磨削加工的需要，砂轮可制成各种标准形状和尺寸，常用的几种砂轮形状如图 14-22 所示。

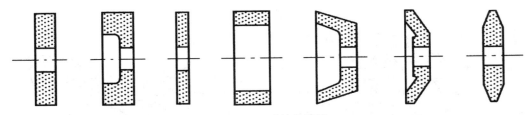

图 14-22　砂轮的形状

为了便于选用砂轮，通常将砂轮的特性代号印在砂轮的非工作表面上，如：

P400×50×203WA46K5V35

其含义如下：P——砂轮的形状为平形；

　　　　　　400×50×203——分别表示砂轮的外径、厚度和内径；

　　　　　　WA——砂轮的磨料为白刚玉；

　　　　　　46——砂轮的粒度为 46 号；

　　　　　　K——砂轮的硬度为 K 级；

　　　　　　5——砂轮的组织为 5 号；

　　　　　　V——砂轮的结合剂为陶瓷；

　　　　　　35——砂轮允许的最高磨削速度为 35 m/ s。

（2）砂轮的检查、安装、平衡和修整

① 检查。砂轮在高速运转下工作，安装前必须经过外观查看和敲击的响声来检查砂轮是否有裂纹，以防高速运转时砂轮破裂。

② 安装。安装砂轮时，应将砂轮松紧合适地套在砂轮主轴上，并在砂轮和法兰盘之间垫上 1 ~ 2 mm 厚的弹性垫圈（皮革或橡胶制成），如图 14-23 所示。

③ 平衡。为使砂轮平稳地工作，使用前必须经过平衡。其步骤是：将砂轮装在心轴上，放在平衡架轨道的刀口上，如果不平衡，则重的部分总是转到下面，这时可移动法兰盘端面环槽内的平衡铁进行平衡。这样反复进行，直到砂轮可以在刀口上任意位置都能静止，这说明砂轮各部分质量均匀，这种平衡称为静平衡。一般直径大于 125 mm 的砂轮都要进行静平衡，如图 14-24 所示。

④ 修整。砂轮工作一段时间后，磨粒逐渐变钝，砂轮工作表面的空隙被堵塞。这时砂轮必须进行修整，使已磨钝的磨粒脱落，露出锋利的磨粒，以恢复砂轮的切削能力和外形精度。砂轮用金刚石修整器进行修整。修整时要用大量的冷却液，以避免金刚石因温度剧升而破裂，如图 14-25 所示。

### 14.2.3　典型磨削方式

（1）磨削运动和磨削用量

① 磨削运动。磨削的主运动是砂轮的高速旋转运动。进给运动可分为三种情况：一是工件运动，在磨外圆时指工件的旋转运动，在磨平面时指工作台带动工件所作的直线往复运动；二是轴向进给运动，在磨外圆时指工作台带动工件沿其轴向所作的直线往复运动，在磨平面时指砂轮沿其轴向的移动；三是径向进给运动，指工作台每单（或双）行程内工件相对砂轮的径向移动量。磨削外圆和平面时的运动状态如图 14-26 所示。

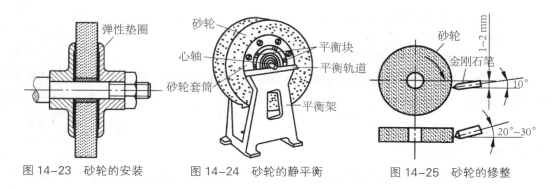

图 14-23　砂轮的安装　　　图 14-24　砂轮的静平衡　　　图 14-25　砂轮的修整

② 磨削用量。磨削用量是指磨削速度 $v_c$、工件运动速度 $v_w$、轴向进给量 $f_a$、径向进给量 $f_r$，四者之间的关系如图 14-26 所示。

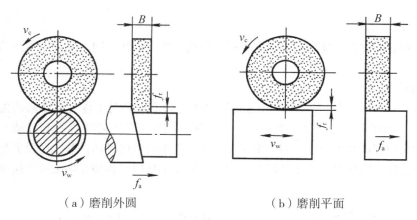

（a）磨削外圆　　　　　　　　　（b）磨削平面

图 14-26　磨削运动

（a）磨削速度 $v_c$。砂轮的圆周线速度，可由下式计算：

$$v_c = \frac{\pi d_s n_s}{60 \times 1\,000}\,(\text{m/s}) \tag{14-2}$$

式中：$d_s$——砂轮直径，mm；

　　　$n_s$——砂轮每分钟转速，r/min。

（b）工件运动速度 $v_w$。磨削时工件转动的圆周线速度或工件的移动速度，可由下式计算：

外圆磨削时

$$v_w = \frac{\pi d_w n_w}{60 \times 1\,000}\,(\text{m/s}) \tag{14-3}$$

平面磨削时

$$v_c = \frac{2L n_t}{60 \times 1\,000}\,(\text{m/s}) \tag{14-4}$$

式中：$d_w$——工件磨削外圆直径，mm；

$n_w$ ——工件每分钟转速，r/min；

$L$ ——工件行程长度，mm；

$n_t$ ——工作台每分钟往复次数，次/min。

（c）轴向进给量 $f_a$ 。轴向进给量指沿砂轮轴线方向的进给量。外圆磨削时，工件每转一转的 $f_a$ 为

$$f_a = (0.2 \sim 0.8)B(\text{mm/r}) \tag{14-5}$$

式中：$B$ ——砂轮宽度，mm。

（d）径向进给量 $f_r$ 。径向进给量指工作台每单（或双）行程内工件相对砂轮的径向移动量（又称为磨削深度 $a_p$ ）。一般情况下，有

$$f_r = (0.005 \sim 0.04)(\text{mm/st}) \tag{14-6}$$

式中：st——单行程。

（2）外圆磨削

磨削外圆表面需在万能外圆磨床上进行。根据工件的形状不同，应采用不同的安装方式。

① 工件的安装

（a）顶尖安装。顶尖安装通常用于磨削轴类零件。安装时工件支承在两顶尖之间，安装方法与车削所用的方法基本相同。但磨削所用的顶尖都不随工件一起转动（固定顶尖），这样可以提高加工精度，避免由于顶尖转动带来的径向跳动误差。尾顶尖是靠弹簧推力顶紧工件的，这样可以自动控制松紧程度，避免工件因受热伸长带来的弯曲变形，如图 14-27 所示。

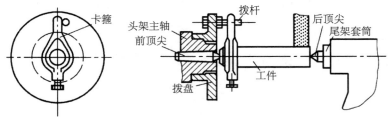

图 14-27　顶尖安装

磨削前，工件的中心孔均要进行修研，以提高其几何形状精度和减小表面粗糙度，保证定位准确。修研一般用四棱硬质合金顶尖，如图 14-28 所示。在车床或钻床上对中心孔进行挤研，研亮即可。

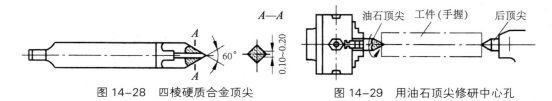

图 14-28　四棱硬质合金顶尖　　　　图 14-29　用油石顶尖修研中心孔

当中心孔较大、修研精度要求较高时，必须选用油石顶尖或铸铁顶尖做前顶尖，普通顶尖做后顶尖。修研时，头架旋转，用手握住工件不让其旋转，如图 14-29 所示，研好一端再研另一端。

（b）卡盘安装。卡盘安装通常用来磨削短工件的外圆，安装方法与车床上基本相同。无中心孔的圆柱形工件大多采用三爪卡盘安装，如图 14-30a 所示；不对称工件则可采用四爪卡盘安装，并用百分表找正，如图 14-30b 所示；形状不规则的工件可采用花盘安装。

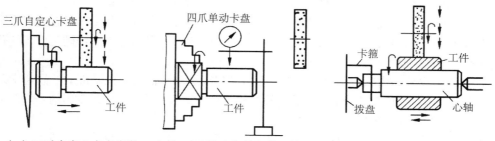

（a）三爪自定心卡盘安装　　（b）四爪单动卡盘安装及其找正　　（c）锥度心轴安装

图 14-30　外圆磨床上用卡盘和心轴安装工件

（c）心轴安装。心轴安装常用来磨削以内孔定位的盘套类空心零件。心轴的种类与车床上使用的基本相同，但磨削用的心轴精度要求更高些。心轴必须和卡箍、拨盘等转动装置一起配合使用，其安装方法与顶尖安装相同，如图 14-30c 所示。

② 磨削方法

外圆磨削中最常用的磨削方法有纵磨法和横磨法。

纵磨磨削时砂轮高速旋转，工件作低速旋转的同时，还随工作台作直线往复运动，如图 14-31a 所示。在每次往复运动到终点时，砂轮按给定的进刀量作径向进给。纵磨的每次磨削深度都很小，当工件磨削到接近尺寸要求时（一般留 0.005 ~ 0.010 mm），进行几次无横向进给的光磨行程，直到火花消失为止，以提高工件的加工质量。

纵磨法的加工特点是：可用同一砂轮磨削不同长度的工件外圆表面，磨削质量好，但生产率低。此法适用于磨削细长的轴类零件，在生产中应用较广，特别是在单件、小批量生产以及精磨时采用。

横磨法又称径向磨法或切入磨削法。横磨磨削时用宽度大于待磨工件表面长度的砂轮进行磨削，工件只转动，不作轴向往复运动；砂轮在高速旋转的同时，缓慢地向工件作横向进给，直到磨削至所需尺寸为止，如图 14-31b 所示。

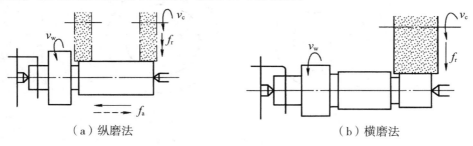

（a）纵磨法　　　　　　　　　　　　　（b）横磨法

图 14-31　外圆磨削方法

横磨法的加工特点是生产率高，但由于磨削力大，易使工件变形和表面发热，影响加工质量。因此，横磨法常用于磨削加工刚性好、精度要求不高且磨削长度较短的外圆表面及两端都有台阶的轴颈。

（3）内圆磨削

内圆磨削通常在内圆磨床和万能外圆磨床上进行。与外圆磨削相比，内圆磨削用的砂轮受到工件孔径和长度的限制，砂轮直径较小，悬伸长度较长，刚性差，磨削时散热、排屑不易，磨削用量小，故其加工精度和生产率均不如外圆磨削那样理想。

作为孔的精加工，成批生产中常用铰孔，大量生产中常用拉孔。但由于磨孔具有万能性，不需要成套的刀具，故在小批量及单件生产中应用较多。特别是对于淬硬工件，磨孔仍是孔精加工的主要方法。

① 工件的安装。内圆磨削时，工件大多数是以外圆和端面为定位基准的，故通常采用三爪自定心卡盘、四爪单动卡盘、花盘及弯板等夹具安装工件。其中最常用的是用四爪单动卡盘通过找正安装工件。

② 磨削方法。内圆磨削也有纵磨法和横磨法两种，其操作方法与外圆磨削相似，如图 14-32 所示。其中纵磨法应用较广。

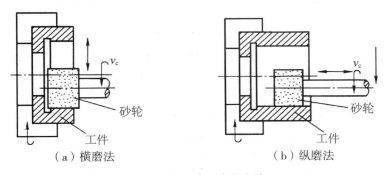

（a）横磨法　　　　　　　（b）纵磨法

图 14-32　内圆磨削方法

磨削加工内孔时砂轮与工件的接触方式有两种：一种是后面接触，主要在内圆磨床上采用这种接触方式，便于操作者观察加工表面的情况，如图 14-33a 所示；另一种是前面接触，主要在万能外圆磨床上采用这种接触方式，以便利用机床上的自动进给机构，如图 14-33b 所示。

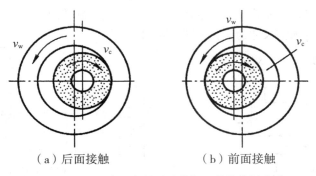

（a）后面接触　　　　　　（b）前面接触

图 14-33　内圆磨削时砂轮与工件的接触方式

（4）圆锥面磨削

圆锥面磨削常用转动工作台法和转动头架法。

① 转动工作台法。将上工作台相对下工作台扳转一个工件圆锥半角，下工作台在机床导轨上作往复运动进行圆锥面磨削。这种方法既可以磨削外圆锥面，又可以磨削内圆锥面，常用于磨削锥度较小、锥面较长的工件，如图 14-34 所示。

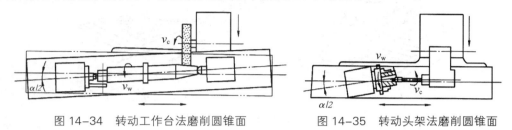

图 14-34　转动工作台法磨削圆锥面　　　　图 14-35　转动头架法磨削圆锥面

② 转动头架法。将头架相对工作台转动一个工件圆锥半角，工作台在机床导轨上作往复运动磨削圆锥面。这种方法既可磨削外圆锥面，又可以磨削内圆锥面，但多适用于磨削锥度较大，锥面较短的工件，如图 14-35 所示。

（5）平面磨削

磨削平面通常在平面磨床上进行。常见的平面磨床有卧轴矩台、卧轴圆台、主轴圆台、三轴圆台四种。

① 工件的安装

（a）电磁吸盘工作台安装法。这种方法主要用于中小型钢、铸铁等磁性材料工件的平面磨削，电磁吸盘工作台的工作原理如图 14-36a 所示。

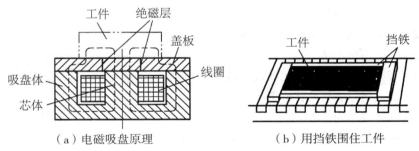

（a）电磁吸盘原理　　　　　（b）用挡铁围住工件

图 14-36　工件的安装

当磨削键、垫圈、薄壁套等尺寸小而壁较薄的零件时，因零件与工作台磁盘接触面积小，吸力弱，容易被磨削力弹出去而造成事故，故安装这类零件时，应在工件周围或左右两边用挡铁围住，以免工件移动，如图 14-36b 所示。

（b）平口钳及夹具安装法。对于非磁性材料和非金属材料零件，可用平口钳、卡盘或简单夹具来安装。平口钳、卡盘或简单夹具可以吸放在电磁吸盘工作台上，也可以直接安装在普通工作台上。

② 磨削方法

平面磨削常用的方法有周磨法和端磨法两种，如图 14-37 所示。

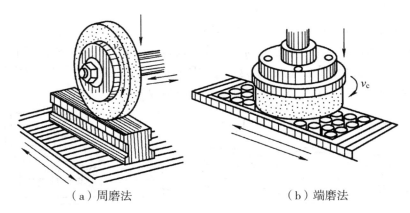

（a）周磨法　　　　　　　　（b）端磨法

图 14-37　平面磨削方法

（a）周磨法。周磨法的特点是利用砂轮的圆周面进行磨削，工件与砂轮的接触面积小，磨削热少，排屑容易，冷却与散热条件好，砂轮磨损均匀，加工精度高，但生产率低，多用于单件、小批量生产，有时大批量生产也可采用。

（b）端磨法。端磨法的特点是利用砂轮的端面在主轴圆形或主轴矩形工作台平面磨床上进行磨削，砂轮轴立式安装，刚性好，可采用较大的磨削用量，且砂轮与工件的接触面积大，生产率明显高于周磨法。但磨削热多，冷却与散热条件差，工件变形大，精度比周磨法低，多用于大批量生产和加工要求不太高的平面，或用作粗磨加工。

【复习题】

（1）简述刨削的加工特点。

（2）牛头刨床的主运动和进给运动分别是什么？

（3）简述刨削用量。

（4）解释 B6065 型牛头刨床编号的含义。

（5）简述刨刀安装的注意事项。

（6）简述磨削的加工特点。

（7）平面磨床的主运动和进给运动分别是什么？

（8）简述磨削用量。

（9）解释 M1420 型万能外圆磨床编号的含义。

（10）平面磨削的方法有哪几种？各有何特点？

（11）外圆磨削的方法有哪几种？各有何特点？

（12）砂轮为什么要进行修整？如何修整？

第三篇　特种加工

常规的切削加工是依靠刀具与工件相互作用从而去除工件上多余材料达到所需加工要求的，切削时要求刀具材料的硬度必须大于工件的硬度。由于加工中存在切削力，因此无论刀具或工件都必须具有一定的刚度和强度，才能保证加工的顺利进行。

特种加工主要是利用电能、光能、声能、热能、化学能等去除材料的加工方法，其种类很多，如电火花加工、激光加工等。本篇共2章。第十五章电火花加工，是一种直接利用电能和热能进行加工的新工艺。在加工的过程中，工具电极和工件并不接触，而是靠工具电极和工件之间不断的脉冲性火花放电，产生局部、瞬时的高温把金属材料逐步蚀除掉。第十六章激光加工，是利用激光束与物质相互作用的特性对材料进行切割、焊接、表面处理、打孔、增材等的加工。

与常规的切削加工方法比较，特种加工的工具与被加工零件基本不接触，它是直接利用电能、光能、化学能等能量形式去除工件的多余部分，加工出合格零件。在加工过程中没有明显的机械力，加工时不受工件强度和硬度的制约，故可加工超硬脆材料和精密微细零件，甚至工具材料的硬度可低于工件材料的硬度。同时加工不产生宏观切削力，不产生强烈的弹性、塑性变形，故可获得很高的表面质量，其残余应力、加工硬化、热影响程度等也远比一般切削加工小。实践表明，越是用常规切削方法难以完成的加工，特种加工则越能显示其优越性和经济性。特种加工已经成为现代机械制造中不可缺少的加工方法，随着科学技术的发展，在未来的机械制造中，特种加工的应用范围将更加广泛。

特种加工实训应从加工原理与应用上，使学生了解电火花加工、激光加工与切削加工以及各种材料成形方法的区别，在加工零件时要综合考虑材料特性、加工精度、经济成本等因素，选用合适的加工工艺。

# 第十五章　电火花加工

电火花加工又称放电加工（Electrical Discharge Machining，EDM），是一种直接利用电能和热能进行加工的新工艺。电火花加工与金属切削加工的原理完全不同，在加工的过程中，工具电极和工件并不接触，而是靠工具电极和工件之间不断的脉冲性火花放电，产生局部、瞬时的高温把金属材料逐步蚀除掉。由于放电过程中可见到火花，所以称为电火花加工。

切削加工与电火花加工的主要区别如表 15–1 所示。

表 15–1　切削加工与电火花加工的比较

| 比较项目 | 切削加工 | 电火花加工 |
|---|---|---|
| 材料要求 | 要求工具比工件硬 | 工具电极的硬度可以低于工件 |
| 接触方式 | 刀具一定要与工件接触 | 工具与工件不接触 |
| 机械切削力 | 产生 | 不产生 |
| 加工能源 | 机械能 | 电能、热能等 |

按工具电极和工件相对运动的方式和用途的不同，电火花加工工艺大致可分为电火花成形加工、电火花线切割、电火花内孔外圆和成形磨削、电火花同步共轭回转加工、电火花高速小孔加工、电火花表面强化刻字六大类。前五类属于电火花成形、尺寸加工，是用于改变工件形状或尺寸的加工方法；后者属表面加工方法，用于改善或改变零件表面性质。

各类加工方法的主要特点和用途如表 15–2 所示。其中，电火花成形加工及电火花线切割加工应用得最为广泛，约占电火花加工生产的 90%，因此以下主要介绍这两类电火花加工方法。

表 15–2　电火花加工特点和用途

| 工艺方法 | 特　点 | 用　途 |
|---|---|---|
| 电火花成形加工 | （1）工具和工件间只有一个相对的伺服进给系统<br>（2）工具为成形电极，与被加工表面有相同的截面和相应的形状 | （1）穿孔加工：可加工各种冲模、挤压模、粉末冶金模以及各种异形孔和微孔等<br>（2）型腔加工：可加工各类型腔模及各种复杂的型腔零件 |
| 电火花线切割 | （1）工具电极为顺电极丝轴线垂直移动的线状电极<br>（2）工具与工件在两个水平方向同时有相对伺服进给运动 | （1）切割各种冲模和具有直纹面的零件<br>（2）下料、截割和窄缝加工 |

（续表）

| 电火花内孔、外圆和成形磨削 | （1）工具与工件间有相对旋转运动<br>（2）工具与工件间有径向和轴向进给运动 | （1）加工高精度、表面粗糙度值低的小孔<br>（2）加工外圆、小模数滚刀等 |
| --- | --- | --- |
| 电火花同步共轭回转加工 | （1）成形工具与工件均作旋转运动，但两者的角速度相等或成整数倍，相对应接近的放电可有切向相对运动速度<br>（2）工具相对工件可作纵、横向进给运动 | 以同步回转、展成回转、倍角速度回转等不同方式，加工各种复杂型面的零件 |
| 电火花高速小孔加工 | （1）采用细管电极，管内冲入高压水基工作液<br>（2）细管电极旋转<br>（3）穿孔速度很高 | （1）线切割穿丝预孔<br>（2）深径比很大的小孔 |
| 电火花表面强化、刻字 | （1）工具在工件表面上振动，在空气中放电火花<br>（2）工具相对工件移动 | （1）模具、刀具及量具刃口表面的强化<br>（2）电火花刻字、打印记 |

## 15.1 电火花成形加工

电火花成形加工（Sinker EDM）是由成形电极进行仿形加工的方法。它可加工各种型孔的冲模、拉丝模和引伸模；加工各种锻模、压铸模、塑料模、挤压模；还可加工各种小孔、深孔、异形孔、曲线孔及特殊材料和复杂形状的零件等。图 15-1 所示为电火花成形加工的零件。

图 15-1　电火花成形加工的零件

### 15.1.1　电火花成形加工原理

电火花成形加工的原理是基于工具电极和工件（正、负电极）之间脉冲性火花放电的电腐蚀现象来蚀除多余的金属，以达到对零件的尺寸、形状及表面质量预定的加工要求。电火花加工原理如图 15-2 所示，工件 3 和电极 2 置于绝缘工作液 4 中，并分别与直流电源的正、负极连接，脉冲电源 1 由限流电阻 $R$ 和电容 $C$ 构成，可以直接将直流电流转变成脉冲电流。当接上 100 ~ 250 V 的直流电源 $E$ 后，通过限流电阻 $R$ 使电容器 $C$ 充电，于是电容器两端电压由零按指数曲线升高，电极与工件间的电压也同时升高。当电压达到工件与电极间隙的击穿电压时，间隙被击穿而产生火花放电，电容器储存的能量瞬时在电极和工件之间放出，形成脉冲放电。由于放电的时间很短，且发生在放电区的小点上，所以能量高度集中，放电区的电流密度很大，温度很高（可高达 10 000 ℃以上），使金属材料发生熔化和气化。

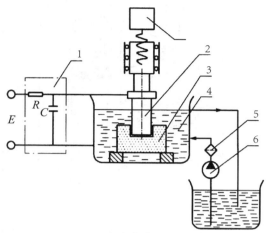

图 15-2　电火花成形加工原理图

1- 脉冲电源；2- 电极；3- 工件；4- 工作液；5- 过滤器；6- 工作液泵；7- 自动进给调节装置

如图 15-3 所示，放电腐蚀的微观过程是相当复杂的，这一过程可大致分为以下四个阶段：①极间介质的电离、击穿，形成放电通道；②介质的热分解，电极材料熔化、汽化；③电极材料的抛出；④极间介质的消电离。

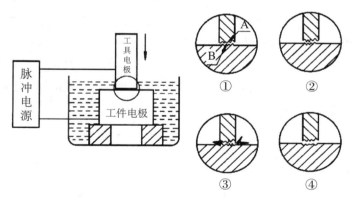

图 15-3　电火花成形加工过程示意图

## 15.1.2　电火花成形加工机床

电火花成形加工机床主要包括主机、电源箱、工作液循环过滤系统及附件等。主机用于支承、固定工具电极及工件，实现电极在加工过程中稳定的伺服进给运动。主机主要由床身、立柱、主轴头、工作台及工作液槽等部分组成。电源箱包括脉冲电源、伺服进给系统和其他电气控制系统。工作液循环过滤系统包括供液泵、过滤器、各种控制阀、管道等。图 15-4 为电火花成形加工机床的总体结构。

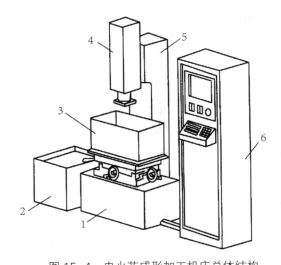

图 15-4 电火花成形加工机床总体结构

1- 床身；2- 工作液箱；3- 工作台及工作液槽；4- 主轴头；5- 立柱；6- 电气控制箱

电火花成形加工机床定名为 D71 系列，如 D7132 型电火花成形加工机床的含义如下：D 为电加工机床（数控电加工机床，则在 D 后加 K）；71 为成形加工机床组、系列；32 为机床工件台宽度的 1/10（320 mm）。

电火花成形加工机床按其大小可分为小型（D7125 以下）、中型（D7125 ~ D7163）和大型（D7163 以上）；按机床结构可分为：固定立柱式电火花成形机床、滑枕式电火花成形机床和龙门式电火花成形机床；按数控分为单轴数控型和三轴数控型；按精度等级分为标准精度型和高精度型；按伺服进给系统的类型分为液压进给、步进电机进给、直流或交流伺服电机进给等。随着模具工业的发展需要，已经批量生产微机三坐标数字控制的电火花成形加工机床，以及带工具电极库能按程序自动更换电火花的加工中心。

### 15.1.3　工具电极和工作液

（1）工具电极

① 对工具电极的要求。导电性能良好、电腐蚀困难、电极损耗小、具有足够的机械强度、加工稳定、效率高、材料来源丰富、价格便宜等。

② 工具电极的种类。常用工具电极材料可分为铜和石墨，一般精密、小电极用铜，而大的电极用石墨。

③ 工具电极的性能特点。铜（紫铜）电极的特点：精加工时电极损耗比石墨小；采用微精加工时，加工表面能达到 $Ra \leqslant 0.1\ \mu m$；用过的电极（指尺寸大的）经改制（如锻打）后还可以再次使用，材料利用率高。石墨电极的特点：密度小，适于制作大型零件或模具加工用工具电极，整体质量小；机械加工性能好，易于成形及修整；电加工性能好，特别是在大脉宽粗加工时，电极损耗比紫铜小。石墨电极最大的弱点是加工时容易发生烧伤；此外，精加工时电极损耗比紫铜大。故在大脉宽、大电流、粗加工时采用石墨电极，而精密加工时大多采用紫铜电极。

（2）工作液

① 对工作液的要求：低黏度，高闪火点，高沸点，绝缘性好，安全，对加工件不污染、不腐蚀，氧化安全性要好，寿命长，价格便宜等。

② 工作液的种类：煤油、皂化液或去离子水等。

③ 工作液使用要点：

（a）在闪火点尽量高的前提下，黏度要低。电极与工件之间不易产生金属或石墨颗粒对工件表面的二次放电，这样一方面能提高表面的光洁度，又能相对防止电极积炭率。

（b）为提高放电的均匀性、稳定性，以及加工精度、加工速度，可采用工作液混粉（硅粉、铬粉等）的工艺方法。

（c）按照工作液的使用寿命定期更换。

（d）严格控制工作液高度。

（e）根据加工要求选择冲液、抽液方式，并合理设置工作液压力。

### 15.1.4　电火花成形加工特点

（1）成形电极放电加工，无宏观切削力，能用于难切削材料的加工。

（2）电极相对工件作简单或复杂的运动，能加工特殊及复杂形状的零件。

（3）易于实现加工过程自动化。

（4）可以改进结构设计，改善结构的工艺性。

（5）加工一般浸在煤油或火花油中进行。

（6）一般只能用于加工金属等导电材料，只有在特定条件下才能加工半导体和非导电体材料。

（7）加工速度一般较慢，效率较低，且对最小角度和半径有限制。

（8）存在电极损耗。

### 15.1.5　电火花成形加工注意事项

（1）使工具电极和工件被加工面之间经常保持一定的放电间隙，这一放电间隙随加工条件而定，通常约为几微米至几百微米。如果间隙过大，极间电压不能击穿极间介质，因而不会产生火花放电；如果间隙过小，很容易形成短路接触，同样也不会产生火花放电。为此，在电火花加工过程中必须具有工具电极的自动进给和调节装置。

（2）使火花放电为瞬时的脉冲性放电，并在放电延续一段时间后，停歇一段时间（放电延续时间一般为 $10^{-7} \sim 10^{-3}$ s），这样才能使放电所产生的热量来不及传导扩散到其余部分，把每一次的放电点分别局限在很小的范围内。否则，像持续电弧放电那样，使放电点表面大量发热、熔化、烧伤，只能用于电焊或切割，而无法作尺寸加工，故电火花加工必须采用脉冲电源。

（3）使火花放电在有一定绝缘性能的液体介质中进行，例如煤油、皂化液或去离子水等加工液，必须具有较高的绝缘强度（$10^3 \sim 10^7$ Ω·cm），以有利于产生脉冲性的火花放电。同时，液体介质还能把电火花加工过程中产生的金属小铁屑、炭黑等电蚀产物从放电间隙中悬浮排除出去，并且对工具电极和工件表面有较好的冷却作用。

（4）电火花加工过程虽没有机械切削力，但在抬刀时，由于抬起的瞬间电极间产生负压的作用，将使主轴头和工作台承受很大的作用力，因此在设计时应充分考虑强度和刚度，特别是数控电火花加工机床。

### 15.1.6　电火花成形加工工艺

（1）工件毛坯准备

电火花加工前应先对工件的外形尺寸进行机械加工，使其达到一定的要求。在此基础上，做好以下准备工作：

① 预加工。一般情况下每边留 0.3 ~ 1.5 mm 的余量，并力求轮廓四周均匀。

② 工件热处理。工件的淬火硬度一般要求为 58HRC ~ 62HRC。

③ 磨光、除锈、去磁。

（2）工件和电极的装夹与校正定位

① 电极的装夹与校正

（a）目的：将电极准确、牢固地装夹在机床主轴的电极夹具上，使电极轴线和机床主轴轴线一致，保证电极与工件的垂直度。

（b）电极装夹方式：对于小电极，可利用电极夹具装夹；对于较大电极，可用主轴下端连接法兰上基面作基准直接装夹；对于石墨电极，可与连接板直接固定后再装夹。

（c）电极校正：主要是检查其垂直度。对侧面有较长直壁面的电极，可采用精密角尺和百分表校正；对于侧面没有直壁面的电极，可按电极（或固定板）的上端面作辅助基准，用百分表检验电极上端面与工作台的平行度。

② 工件的装夹与定位

一般情况下，工件可直接装夹在垫块或工作台上。在定位时，如果工件毛坯留有较大余量，可划线后用目测法大致调整好电极与工件的相互位置，接通脉冲电源弱规准，加工出一个浅印。根据浅印进一步调整工件和电极的相互位置，使周边加工余量尽量一致。加工余量少，需借助量具（块规、百分表等）进行精确定位。

（3）电火花成形加工的工艺方法

电火花成形加工的主要工艺方法有单工具电极直接成形法、单工具电极平动（数控摇动）法、多工具电极更换法和分解工具电极加工法等。

① 单工具电极直接成形法

此方法是采用一个电极用一挡或几挡低损耗规准，沿着 Z 轴方向进行加工型腔或型孔的简单工艺方法。主要用于深度较浅的型腔模具和冲模的加工。如各种纪念章、证章、纪念币的花纹模压型，在模具表面加工商标、厂标、中外文字母以及工艺美术图案、浮雕等。这类浅型腔花纹模具要求花纹清晰，不能采用平动或摇动加工。

② 单工具电极平动法

此方法在型腔模电火花加工中应用最广泛。它是采用一个成形电极完成型腔的粗、中、精加工，先选用低损耗、高生产率的粗规准进行加工，然后利用平动头作平面小圆运动，如图 15-5 所示。按照粗、中、精的顺序逐级改变电规准，与此同时依次加大电极的平动量，以补偿前后两个加工规准之间型腔侧面放电间隙差和表面微观不平高度差，实现型腔侧面仿形修光，完成整个型腔模的加工。

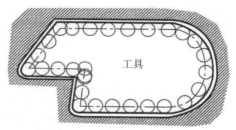

图 15-5　平动头扩大间隙原理

此方法的最大优点是只需一个电极、一次装夹定位，便可达到较高精度的加工，电蚀产物的排除也方便，加工过程稳定。其缺点是难以获得高精度的型腔模，特别是难以加工出清棱、清角的型腔，因为平动时，电极上的每一个点都按给定的平动量作圆周运动，清角半径由平动量决定。此外，电极在粗加工中容易使表面产生龟裂状的积炭层，影响型腔表面粗糙度。为弥补这些缺点，可采用精度较高的重复定位夹具，将粗加工后的电极取下，均匀修光后再重复定位装夹，最后用平动头完成型腔的终加工。

③ 单工具电极数控摇动法

此方法与单工具电极平动法相同，只是数控电火花加工机床的工作台按一定轨迹作微量移动来修光侧面。为区别于夹持在主轴头上的平动头的运动，通常称作摇动。由于摇动轨迹是靠数控系统产生的，所以具有更灵活多样的模式。除圆轨迹外，还有方形、十字形等轨迹，因此有利于复杂形状的侧面修光，更有利于尖角处的"清根"，这是一般平动头所无法做到的。图 15-6 为基本摇动模式，图 15-7 为工作台变半径圆形摇动，主轴上下数控联动，可以修光或加工出锥面、球面。由此可见，数控电火花加工机床更适合单电极法加工。

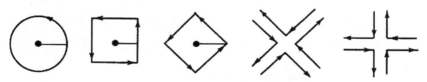

图 15-6　基本摇动模式

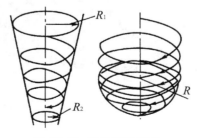

图 15-7　锥变摇动模式

$R_1$- 起始半径；$R_2$- 终了半径；$R$- 球面半径

另外，可以利用数控功能加工出以往普通机床难以或不能加工的零件。如利用简单电极配合侧向（$X$、$Y$ 向）移动、转动、分度等进行多轴控制，可加工复杂曲面、螺旋面、坐标孔、侧向孔、分度槽等，如图 15-8 所示。

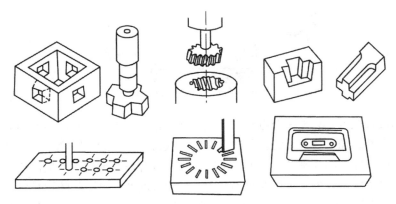

图 15-8　数控联动加工实例

## 15.2　电火花线切割加工

电火花线切割加工（Wire-Cut EDM 或 Traveling-Wire EDM），是指在工具电极（连续移动的电极丝，一般为钼丝或黄铜丝）和工件间施加脉冲电压，使电压击穿间隙产生火花放电的一种加工方式。

电火花线切割机床加工是在电火花成形加工的基础上发展起来的，是一种不用事先制备专用工具电极而采用通用电极的电火花加工方法，以其特有的生命力迅速在全世界得到应用和普及，成为全世界拥有量最多的电加工机床。线切割加工时，利用工作台带动工件相对电极丝沿 $X$、$Y$ 方向移动，使工件按预定的轨迹进行运动而"切割"出所需的复杂零件。

数控电火花线切割加工的用途很广泛，已经逐渐从单一的冲裁模具加工向各类模具及复杂精密模具甚至零件加工方向转移，图 15-9 所示为电火花线切割加工的零件。

图 15-9　电火花线切割加工的零件

### 15.2.1　电火花线切割工作原理

电火花线切割加工不用成形的工具电极，而是利用一个连续地沿其轴线行进的细金属丝作工具电极，并在金属丝与工件间通以脉冲电流，使工件产生电蚀而进行加工。

线切割机床按电极丝移动速度的快慢，分为快速走丝（快走丝，WEDM-HS）和慢速走丝（慢走丝，WEDM-LS）两大类。国内普遍采用快速走丝方式，通常丝速为5~12 m/s。工具电极丝采用钼丝，作高速往返式运动。高速运动的电极丝有利于不断往放电间隙中带入新的工作液，同时也有利于把电蚀产物从间隙中带出去，但精度不如慢走丝方式。丝速在0.01~0.25 m/s为慢速走丝，国外以这种方式居多。工具电极丝选用黄铜丝，一次性使用。

（1）快速走丝电火花线切割加工的原理

快速走丝电火花线切割加工是利用钼丝做电极，电火花线切割时，工具电极丝接脉冲电源的负极，工件接脉冲电源的正极。快速走丝电火花线切割加工的原理如图15-10所示，是利用工具电极丝4与工件2上接通脉冲电源3，电极丝穿过工件上预钻好的小孔，经导向轮5由储丝筒7带动作往复交替移动。工件安装在工作台上，由数控装置按加工要求发出指令，控制两台步进电机带动工作台在水平X、Y两个坐标方向移动而合成任意曲线轨迹，工件被切割成所需的形状。在加工时由喷嘴将工作液以一定的压力喷向加工区，当脉冲电压击穿电极丝和工件之间的放电间隙时，两极之间即产生火花放电而蚀除工件，进行加工。

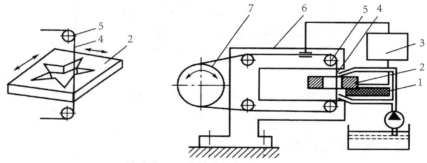

图15-10　快速走丝电火花线切割加工原理示意图

1- 绝缘地板；2- 工件；3- 脉冲电源；4- 工具电极丝；5- 导向轮；6- 支架；7- 储丝筒

为确保脉冲电源发出的一串脉冲在电极丝和工件间产生一个个间断的火花放电，而不是连续的电弧放电，必须保证前后两个电脉冲之间有足够的间歇时间，使放电间隙中的介质充分消除电离状态，恢复放电通道的绝缘性，避免在同一部位发生连续放电而导致电弧发生（一般脉冲间歇是脉冲宽度的1 ~ 6倍）。而要保证电极丝在火花放电时不会烧断，除了变换放电部位外，还要向放电间隙中注入充足的工件液（皂化液或去离子水等），使电极丝得到充分冷却。由于快速移动的电极丝（丝速为5 ~ 12 m/s）能将工作液不断带入、带出放电间隙，既能将放电区域不断变换，又能将放电产生的热量及电蚀产物带走，从而使加工稳定性和加工速度得到大幅度的提高。

为了获得较高的加工表面质量和加工尺寸精度，应当选择适宜的脉冲参数，以确保电极丝和工件的放电是火花放电，而不发生电弧放电。火花放电和电弧放电的主要区别有两点：电弧放电的击穿电压低，而火花放电的击穿电压高，用示波器能很容易观察到这一差异；电弧放电是因放电间隙消电离不充分，多次在同一部位连续稳定放电形成的，放电爆炸力小，颜色发白，蚀除量少，而火花放电是游走性的非稳定放电过程，放电爆炸力大，放电声音清脆，呈蓝色火花，蚀除量多。

（2）慢速走丝电火花线切割加工的原理

慢速走丝电火花线切割加工是利用黄铜丝做工具电极丝，靠火花放电对工件进行切割，如图 15-11 所示。在加工中，电极丝一方面相对工件 2 不断作上（下）单向移动；另一方面，安装工件的工作台 7，由数控伺服 X 轴电动机 8、Y 轴电动机驱动 10，在 X、Y 轴实现切割进给，使电极丝沿加工图形的轨迹对工件进行加工。它在电极丝和工件之间加上脉冲电源 1，同时在电极丝和工件之间浇注去离子水工作液，不断产生火花放电，使工件不断被电蚀，可控制完成工件的尺寸加工。经导向轮由储丝筒 6 带动电极丝相对工件 2 作单向移动。

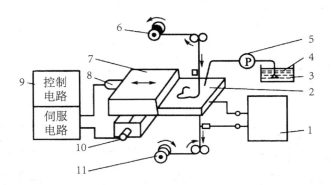

图 15-11　慢速走丝电火花线切割加工原理示意图

1- 脉冲电源；2- 工件；3- 工作液箱；4- 去离子水；5- 泵；6- 储丝筒；
7- 工作台；8-X 轴电动机；9- 数控装置；10-Y 轴电动机；11- 收丝筒

### 15.2.2　电火花线切割机床

（1）快速走丝电火花线切割机床

快速走丝电火花线切割机床由床身、坐标工作台、走丝机构、工作液循环系统、数字程序控制系统和脉冲电源 6 部分组成，如图 15-12 所示。

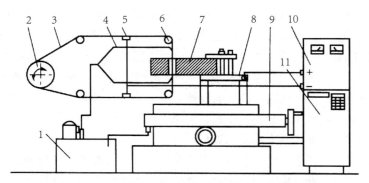

图 15-12　快速走丝电火花线切割机床的基本组成

1- 工作液箱；2- 储丝筒；3- 工具电极丝；4- 供液管；5- 进液块；6- 导轮；
7- 工件；8- 夹具；9- 坐标工作台；10- 脉冲电源；11- 控制器

快速走丝电火花线切割加工机床是我国工程技术人员经过多年试验研究发明的，我国以 DK77XX 来命名快速走丝电火花线切割机床规格。如 DK7725 型快速走丝电火花线切割机床的含义如下：D 为电加工机床（数控电加工机床，则在 D 后加 K)；第一个"7" 表示组别代号（电火花加工机床）；第二个"7"表示型号代号（7 为快速走丝，6 为慢速走丝）；25 为基本参数代号（机床工件台横向行程为 250 mm）。

（2）快、慢速走丝电火花线切割机床的区别

快速走丝电火花线切割机床业已成为我国特有的线切割机床品种和加工模式，应用广泛；慢速走丝电火花线切割机床是国外生产和使用的主流机种，属于精密加工设备，代表着线切割机床的发展方向。表 15-3 列出了快、慢速走丝机床的主要区别。

表 15-3　快、慢速走丝电火花线切割机床的主要区别

| 比较项目 | 快速走丝电火花线切割机床 | 慢速走丝电火花线切割机床 |
|---|---|---|
| 走丝速度 / ( m · s$^{-1}$ ) | 常用值 5~12 | 常用值 0.01~0.25 |
| 电极丝工作状态 | 往复供丝，反复使用 | 单向运行，一次性使用 |
| 电极丝材料 | 钼、钨钼合金 | 黄铜或镀锌黄铜 |
| 工作液 | 线切割乳化液或水基工作液 | 去离子水 |
| 切割速度 / ( mm$^2$ · min$^{-1}$ ) | 20~160 | 20~240 |
| 加工精度 /mm | 0.01 | 0.005 |
| 表面粗糙度 $Ra$ / μm | 3.2~1.6 | 1.6~0.1 |
| 机床价格 | 便宜 | 昂贵 |

（3）中走丝机床

"中走丝机床"描述的重点并不是走丝速度，仅仅是参照了以前的名词，形象化地把这种在高速走丝基础上发展起来的、具有多次切割功能、加工效果向低速走丝靠拢的机床称为中走丝机床。从严格意义上讲，其仍然属于高速走丝线切割加工机床的范畴。

中走丝机床加工技术具有以下特点：

① 实现多次切割。中走丝机床与高速走丝线切割机床的显著区别是可实现多次切割工艺。多次切割工艺的目的，是为了提高表面质量，满足加工工件的需要，从而扩大适应范围。例如，中走丝机床在三次切割后表面粗糙度达 $Ra \leqslant 1.2$ μm。

② 使用水基型工作液。使用水基型线切割工作液是中走丝机床多次切割工艺得以实现的根本，为电火花线切割加工在表面质量与加工效率方面带来了革命性的提升。具有更好的清洗、排屑性能，切割面上不产生油泥，放电加工稳定，因此可以加快伺服跟踪速度，从而有效地提高了切割效率，同时可获得更加精细的精加工表面效果，在精修切割中优势显著，工件表面更加白、亮。

③ 走丝速度可调。为了获得好的表面效果，精修切割中电极丝不能走丝过快，要平稳。为满足各次切割的不同要求，电极丝运丝速度要求可进行调节，采用交流变频调速是常用的方式。这样就可采用电子逻辑电路代替继电器控制电路，同时也方便了与控制系统接口，便于对运丝速度的控制。采用变频调速后，也减缓了运丝电机的换向冲击，有利于保持电

极丝的稳定。

### 15.2.3　工具电极丝和工作液

（1）工具电极丝

快速走丝的工具电极丝可选用钼丝、钨丝、钨钼合金丝，一般采用钼丝。钨丝耐腐蚀，抗拉强度大，但脆而不耐弯曲，且因价格昂贵，仅在特殊情况下使用。工作时，电极丝可往复供丝，反复使用，电极丝长度为 200 m 左右。钼丝直径规格范围为 0.10 ~ 0.30 mm，常用直径为 0.12 ~ 0.18 mm。

慢速走丝的工具电极丝可选用黄铜丝、包锌丝（黄铜丝外表面镀覆锌元素）。根据切割速度不同，选用不同合金含量的黄铜丝。包锌丝在火花放电时产生汽化性爆炸力，可在切割速度较高时选用。工作时，电极丝单向运行，一次性使用，电极丝长度可达数千米。铜丝直径规格范围为 0.05 ~ 0.30 mm，常用直径为 0.15、0.20、0.25 mm 三种规格。

（2）工作液

快速走丝机床的工作液是线切割乳化液或水基工作液，因此应根据工件的厚度变化来进行合理的配制。工件较厚时，工作液的浓度应降低，以增加工作液的流动性；工件较薄时，工作液的浓度应适当提高。慢速走丝机床的工作液是去离子水，基本上无需考虑工作液的配制。

### 15.2.4　电火花线切割加工的特点

电火花线切割加工是在电火花成形加工的基础上发展起来的，与电火花成形加工相比，既有共性，又有特性。

（1）电极丝材料不必比工件材料硬，可以加工难切削的材料，例如淬火钢、硬质合金，但无法加工非导电材料。

（2）由于加工中电极丝不直接接触工件，故工件几乎不受切削力，适宜加工低刚度工件和细小零件。当零件无法从周边切入时，工件需要钻穿丝孔。

（3）没有特定形状的工具电极，采用直径不等的金属丝作为工具电极，不需要制造成形电极，因此切割所用刀具简单，减少了生产准备工时。

（4）由于电极丝很细，能够方便地加工复杂形状、微细异形孔、窄缝等零件，又由于切缝很窄，零件切除量少，材料损耗少，近似于无损加工，可节省贵重材料，成本低。

（5）直接利用电热能加工，可以方便地对影响加工精度的参数（脉冲宽度、间隔、电流等）进行调整，有利于加工精度的提高，操作方便，便于实现加工过程中的自动化。

（6）由于采用移动的长电极丝进行加工，单位长度电极丝损耗较少，对加工精度影响小。其中，慢速走丝电火花线切割采用单向运丝，即新的电极丝只一次性通过加工区域，因而电极丝的损耗对加工精度几乎没有影响。

（7）工作液多采用水基乳化液，不会引燃起火，容易实现无人操作运行。

（8）利用计算机自动编程软件，能方便地加工出复杂形状的直纹表面。

（9）与一般切削加工相比，线切割加工的效率低，加工成本高，不适合形状简单的大批量零件的加工。

### 15.2.5　电火花线切割加工工艺

电火花线切割加工工艺包含了线切割加工程序的编制、工件加工前的准备、合理电规准的选择、切割路线的确定、工件的正确装夹与校准以及工作液的合理配制几个方面。

（1）加工程序的编制

数控线切割编程的主要内容包括分析零件图样、确定加工工艺过程、进行数字处理、编写程序清单、制作控制介质、进行程序检查、输入程序以及工件试切。

数控电火花线切割加工编程的方法有手工编程和自动编程。手工编程由人工完成零件图样分析、工艺处理、数值计算、书写程序清单直到程序的输入和检验。适用于点位加工或几何形状不太复杂的零件，但非常费时，且编制复杂零件时容易出错。手工编程需要技术人员全面掌握 ISO 代码（G 代码）或 3B 格式及其应用。

电火花线切割自动编程技术是借助于线切割软件来实现复杂图形的程序编制的技术。线切割编程软件有很多种，如 CAXA、YH、HF、FIKUS、ATOP、BAND5、KS 等。实际生产中绝大多数情况采用自动编程的方法，通过电火花线割加工自动编程系统来产生加工程序。

（2）工件加工前的准备

① 储丝筒上丝。以快速走丝电头花线切割机床为例，图 15-13 所示为线切割机床走丝系统。此时，电极丝已经绕在储丝筒上。如果在线切割加工之前，储丝筒尚未上丝，首先应进行上丝操作。所谓上丝，是把丝盘上的丝按照一定方式紧密绕卷在储丝筒上的过程。上丝是加工前的准备工作，也是穿丝的基础。实际加工中，由于加工断丝或者更换不同规格的电极丝等原因，需要给储丝筒重新上丝。

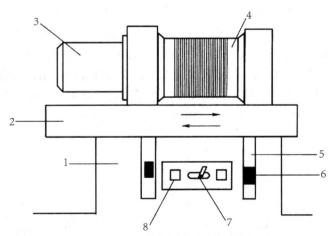

图 15-13　线切割机床走丝系统

1- 床身；2- 拖板；3- 电动机；4- 储丝筒；5- 挡杆；6- 磁铁；7- 限位开关；8- 接近开关

（a）丝盘和储丝筒。出厂的电极丝都是装在丝盘上的，丝盘上面有电极丝材料、规格、长度、执行标准等信息。在选用时，应注意电极丝材料是否符合待切削工件材质。记下电极丝的直径，方便后续编程时设定间隙补偿量。如图 15-13 所示，储丝筒是加工时丝的载体，储丝筒左边有电动机，加工时带动储丝筒旋转。

（b）上丝。上丝就是把丝盘里的电极丝装到储丝筒上。从储丝筒的左边或右边都可以上丝，图 15-14 为上丝示意图。以从左边上丝为例，在上丝前，用手动或机动的方式（注意机动上丝应选择低速挡）将储丝筒移动到上丝的起始位置，将电极丝在丝盘上的自由端经导轮固定在储丝筒的紧固螺钉上。然后转动储丝筒作顺时针旋转，绕丝到丝筒右边合适位置即可。

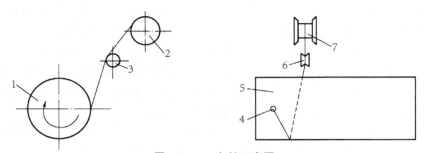

图 15-14　上丝示意图

1、5- 储丝筒；2、7- 丝盘；3、6- 导轮；4- 紧固螺钉

② 穿丝。在上丝完成之后，即可进行穿丝。所谓穿丝，是把电极储丝从储丝筒上引出，按规定路径，经若干导轮、导电块，将丝头拉紧，返回储丝筒，并在储丝筒上用紧固螺钉固定的全过程。

（a）带自动张丝装置的走丝系统。图 15-15 为带自动张丝装置的快速走丝电火花线切割机床的走丝系统示意图。上导轮 1，可以作左右（U 轴）及前后（V 轴）运动，以便于进行锥度的切割，并可随丝架高度的调整而上下移动下导轮 2 的位置通常不能改变；进电块 3 有两个，上下各一个，电极丝与它们都要有良好接触，否则在断丝保护开关处于保护位置时，系统报警，不能完成加工；副导轮 4 有两个，它们控制电极丝在储丝筒上的正常缠绕；滑轨 5 用于张丝滑块的滑动，并对张丝滑块起到导向作用；插销孔 6 在张丝滑块 7 上；张紧轮 8 安装在张丝滑块上；张丝重锤 9 可通过拉紧张丝滑块及张紧轮起到自动张丝作用；储丝筒 10 可作正反向旋转，使电极丝能持续反复加工。

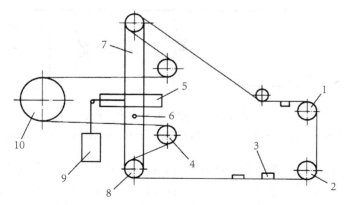

图 15-15　带自动张丝装置的走丝系统示意图

1- 上导轮；2- 下导轮；3- 进电块；4- 副导轮；5- 滑轨；6- 插销孔；7- 张丝滑块；8- 张紧轮；9- 张丝重锤；10- 储丝筒

（b）无自动张丝装置的走丝系统。图 15-16 为无自动张丝装置的快速走丝电火花线切割机床的走丝系统示意图，其结构相对于带自动张丝装置的走丝系统而言要简单得多。上导轮 1 可以作左右（U 轴）及前后（V 轴）运动，以便于进行锥度的切割，并可随丝架高度的调整而上下移动；下导轮 2 位置通常不能改变；进电块 3 上下各一个；断丝保护块 4 在加工中发生断丝时，可以使机床自动停止运行；挡丝器 5 与副导轮一起控制电极丝在储丝筒上的正常缠绕，通常丝应靠在挡丝器内侧；储丝筒 6；副导轮 7。因没有自动张丝装置，在穿丝时通过紧丝轮（图 15-17）手动张紧。电极丝的张紧度需要根据经验来判断是否合适。

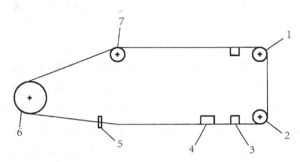

图 15-16　无自动张丝装置的走丝系统示意图
1- 上导轮；2- 下导轮；3- 进电块；4- 断丝保护块；
5- 挡丝器；6- 储丝筒；7- 副导轮

图 15-17　紧丝轮

③校正电极丝的垂直度。在穿丝完成后，由于上、下导轮的安装精度或者长时间加工导致导轮磨损等原因，电极丝并不总是处于竖直状态，而可能存在一定的倾斜，如图 15-18 所示。为了保证加工精度，必须校正电极丝的垂直度。

要使电极丝垂直，实际上要将上、下两个导轮中心调整在一条铅垂线上。实际生产中的线切割机床，在上导轮上方装有分别控制上导轮 X 轴方向移动和 Y 轴方向移动的两台电动机。通过调节上导轮相对下导轮的位移，来保证上、下导轮在一条铅垂线上。

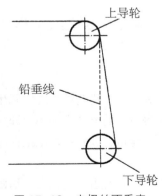

图 15-18　电极丝不垂直

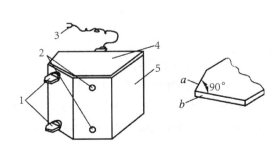

图 15-19　校正器
1- 测量头；2- 显示灯；3- 鳄鱼夹及插座头；4- 盖板；5- 支座

电极丝的找正通常有两种方法：一种是使用专用校正器找正；一种是火花找正。

（a）校正器找正。使用校正器对电极丝进行找正，应在不放电、不走丝的情况下进行。图 15-19 为校正器。该方法的具体操作为：

（Ⅰ）擦干净校正器底面、测试面及工作台面。把校正器放置于台面与桥式夹具的刃口上，使测量头探出工件夹具，且 a、b 面分别与 X、Y 轴平行。

（Ⅱ）把校正器连线上的鳄鱼夹夹在导电块固定螺钉头上。

（Ⅲ）移动工作台，使电极丝接触测量头，看指示灯。如果是 X 方向的上面灯亮，则调整 U 轴电动机正向移动，即往 U 轴正向调整电极丝，反之亦然。直至两个指示灯同时亮，说明电极丝在 X 轴方向已垂直。Y 方向（V 轴调整电极丝）的找正方法与上面相同。为精确校正，可反复调整，直至两显示灯同时闪烁。

（Ⅳ）找正后把 U、V 轴坐标清零。

（b）火花找正。利用简易工具（规则的六面体或圆柱体，火花找正块，如图 15-20 所示），或直接以工件的工作台（或放置其上的夹具工作台）为校正基准。开启机床，使工具电极丝空运行放电，通过移动机床的 X 轴或 Y 轴，使电极丝与工件接触来产生火花，目测电极丝与工具表面的火花上下是否一致。X 轴方向的垂直度通过移动 U 轴来调整，Y 轴方向的垂直度通过移动 V 轴来调整，直至火花上、下一致为止，如图 15-21 所示。在调整过程中，为避免电极丝断丝和蚀伤接触表面，通常使用最小的放电能量。

图 15-20　火花找正块

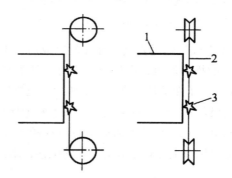

图 15-21　火花校正调整电极丝的垂直度

1- 工具或工件；2- 工具电极丝；3- 火花

（3）电规准的选择

正确选择脉冲电源的加工参数，可以提高加工工艺指标和加工的稳定性。在实际生产中，粗加工时应选用较大的加工电流和大的脉冲能量，以获得较高的材料去除率（即加工生产率）；而精加工时应选用较小的加工电流和小的单个脉冲能量，以减小加工工件的表面粗糙度值。

脉冲宽度与放电量成正比，脉冲宽度大，每一周期内放电时间所占比例就大，切割效率高，加工稳定；脉冲宽度小，放电间隙又较大时，虽然工件切割表面质量很高，但是切割效率很低。

脉冲间隔与放电量成反比，脉冲间隔越大，单个脉冲的放电时间就越少，虽然加工稳定，但是切割效率低，不过对排屑有利。加工电流与放电量成正比，加工电流大，切割效率高，但工件切割表面粗糙度将增大。

（4）加工参数的确定

①.加工补偿的确定

电火花线切割加工是用电极丝作为工具电极来加工的。由于电极丝有一定的半径，加工时电极丝与工件存在着放电间隙，使电极丝中心运动轨迹与工件的加工轮廓偏移一定的距离，即电极丝中心轨迹与工件轮廓之间的法向尺寸差值，称为电极丝偏移量。

为了获得加工零件正确的几何尺寸，必须考虑电极丝的半径和放电间隙。如图 15-22 所示，电极丝半径为 $R$，放电间隙为 $\delta$，则电极丝偏移量 $D$ 为

$$D = R + \delta \qquad (15-1)$$

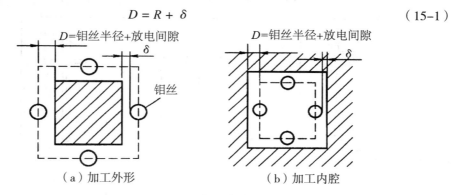

图 15-22　电极丝偏移量

数控高速走丝电火花线切割加工中的放电间隙 $\delta$，根据加工经验：钢件一般在 0.010 mm 左右，硬质合金在 0.005 mm 左右，紫铜在 0.020 mm 左右。

② 切割方向的确定

对于工件外轮廓的加工适宜采用顺时针切割方向，而对于工件上孔的加工则较适宜采用逆时针切割方向。

③ 过渡圆半径的确定

对工件的拐角处以及工件线与线、线与圆或圆与圆的过渡处都应考虑用圆角过渡，这样可提高工件的使用寿命。过渡圆半径的大小应根据工件实际使用情况、工件的形状和材料的厚度加以选择。过渡圆角一般不宜过大，可取 0.1 ~ 0.5 mm。

④ 工件预检查

（a）加工工件必须是可导电材料。

（b）工件加工前应进行热处理，消除工件内部的残余应力。另外，工件需要磨削加工时还应进行去磁处理。

（c）工件在工作台上应合理装夹，避免电极丝切割时割到工作台或超程而损坏机床。工件装夹时还应对工件进行找正，可用百分表或块规进行校正。

（d）穿丝孔位置须合理选择，一般放在容易修磨凸尖的部位。穿丝孔的大小以

3 ~ 10 mm 为宜。

（e）工件的基准面应清洁、无毛刺。经热处理的工件，要清理穿丝孔内及扩孔台阶处的热处理残物及氧化皮。

⑤ 切割路线的确定

在整块坯料上切割工件时，坯料的边角处变形较大（尤其是淬火钢和硬质合金），因此，确定切割路线时应尽量避开坯料的边角处。一般情况下，合理的切割路线应将工件与其夹持部位分离的切割段安排在总的切割程序末端，尽量采用穿孔加工以提高加工精度。这样可保持工件具有一定的刚度，防止加工过程中产生较大的变形。图 15-23 所示的三种切割路线中，图 15-23a 的切割路线不合理，工件远离夹持部位的一侧会产生变形，影响加工质量；图 15-23b 的切割路线比较合理；图 15-23c 的切割路线最合理。

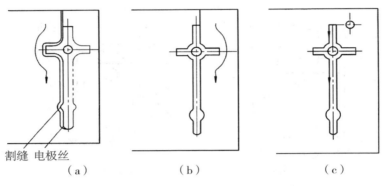

割缝 电极丝
（a） （b） （c）

图 15-23 切割路线的定制

（5）工件的正确装夹与校准

① 工件装夹

工件装夹方式对加工精度的影响很大。电火花线切割加工机床的夹具相对简单，通常采用压板螺钉来固定工件。但是为了能适应各种不同的加工工件形状，衍生出了多种工件装夹的方式。图 15-24 为常见的工件装夹方式。

（a）悬臂支撑方式。如图 15-24a 所示，这种方式具有较强的通用性，且装夹方便，但是工件一端固定，另一端悬空，工件容易变形，切割质量稍差。因此，只有在工件技术要求不高或悬臂部分较小的情况下使用。需要注意的是，在压板压住工件的过程中，应保证 $H$ 略大于 $h$（即支撑部分的高度略高于工件侧高度）。

（b）板式支撑方式。如图 15-24b 所示，通常可以根据加工工件的尺寸变化而定，可以是矩形或圆形孔，增加了 $X$ 方向和 $Y$ 方向的定位基准。它的装夹精度比较高，适用于大批量生产。

（c）桥式支撑方式。如图 15-24c 所示，桥式支撑方式是将工件的两端都固定在夹具上。此装夹方式支撑稳定，平面定位精度高，工件底面与线切割面垂直度好，适用于较大尺寸的零件。

（d）复式支撑方式。如图 15-24d 所示，复式支撑方式是在两条支撑垫铁上安装专用夹具。它装夹比较方便，特别适用于批量生产零件的装夹。

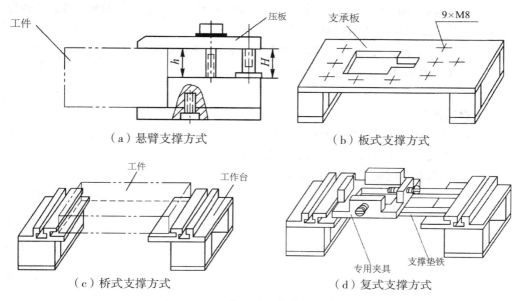

（a）悬臂支撑方式　　　　　　　（b）板式支撑方式

（c）桥式支撑方式　　　　　　　（d）复式支撑方式

图 15-24　常见的工件装夹方式

② 工件校正

工件的找正精度关系到线切割加工零件的位置精度。在实际生产中，根据加工零件的重要性，往往采用百分表找正、划线找正、基准孔或已成型孔找正、按外形找正等方法。百分表校正如图 15-25 所示，划线找正用于零件要求不严的情况，其操作可参考百分表校正。百分表找正步骤如下：

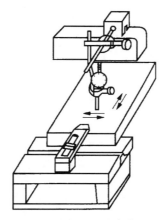

图 15-25　百分表找正

（a）将工件装夹在工作台上。

（b）装夹工件时压板螺钉先不必旋紧，只要保证工件不能移动即可。

（c）将百分表的磁性表座吸附在上丝架上，在连接杆上安装百分表，让百分表的测量杆接触工件的侧面，使百分表上有一定的数值。

（d）转动 $X$ 轴方向的手轮，使工作台移动，观察百分表指针的偏转变化，用铜棒轻轻敲击工件，使百分表的指针偏转最小。

（e）转动 $Y$ 轴方向的手轮，移动工作台，重复步骤（d）。

（f）旋紧压板螺钉，将工件固定。

### 【复习题】

（1）简述电火花成形加工的原理及特点。

（2）简述电火花线切割加工的原理及特点。

（3）比较快、慢速走丝电火花线切割机床加工的区别。

# 第十六章　激光加工

激光加工技术是利用激光束与物质相互作用的特性对材料进行切割、焊接、表面处理、打孔、增材及微加工等的一项加工技术。激光加工技术涉及光、机、电、材料及检测等多门学科，其研究内容一般可分为激光加工系统和激光加工工艺。

## 16.1　激光加工概述

### 16.1.1　激光相关的基本概念

激光是通过光与物质相互作用，即所谓的受激辐射光放大产生的。要理解受激辐射光放大，首先需要了解自发辐射、受激吸收和受激辐射的概念。

（1）自发辐射

在热平衡情况下，绝大多数原子都处于基态。处于基态的原子从外界吸收能量后，会跃迁到能量较高的激发态。处于激发态的原子，在没有任何外界作用下，它倾向于从高能级 $E_2$ 跃迁到低能级 $E_1$，并把相应的能量释放出来。能量释放的方式有两种：一种是以热量的形式释放，称为无辐射跃迁；另一种是通过光辐射形式释放，称为自发辐射跃迁，如图 16-1 所示。

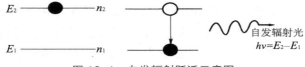

图 16-1　自发辐射跃迁示意图

自发辐射只与原子本身的性质有关，所以是完全随机的。各个原子在自发跃迁过程中彼此无关，因此产生的自发辐射光的相位、偏振态以及传播方向上是杂乱无章的，光能量分布在一个很宽的频带范围内。日常生活中普通照明灯的发光属于此类。

（2）受激吸收

原子受到外来的能量为 $h\nu$（$h$ 为普朗克常量，$\nu$ 为光子频率）的光子作用（激励）下，处于低能级 $E_1$ 的原子由于吸收了该光子的能量而跃迁到高能级 $E_2$，这种过程称为光的受激吸收，如图 16-2 所示。

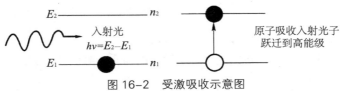

图 16-2　受激吸收示意图

受激跃迁与自发跃迁是本质不同的物理过程。后者只与原子本身的性质有关，而前者不仅与原子的性质有关，还与辐射场密切相关。

（3）受激辐射

受激辐射与受激吸收的过程正好相反。当原子受到外来的能量为 $hv$ 的光子作用时，处在高能级 $E_2$ 上的原子也会在能量为 $hv$ 的光子诱发下，从高能级 $E_2$ 跃迁到低能级 $E_1$，这时原子发射一个与外来光子一模一样的光子，这种过程叫受激辐射，如图 16-3 所示。

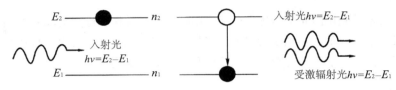

图 16-3　受激辐射示意图

与普通光相比，激光具有相干性、单色性、方向性好的优点，正是利用了受激辐射可以诱发与入射光子一模一样光子的这一特点。

### 16.1.2　激光产生的基本条件

物质在热平衡状态时，高能级上的粒子数总是少于低能级上的粒子数。因此，在通常情况下，受激吸收比受激辐射更频繁地出现。但是如果使高能级的粒子数（$n_2$）大于低能级的粒子数（$n_1$），这样当频率为 $v = (E_2 - E_1)/h$ 的光通过该物质时，就可以实现受激辐射光子数大于受激吸收光子数，从而实现受激辐射光放大。

物质中 $n_2 > n_1$，称为粒子数反转，这种物质也被称为激活介质或激光工作介质。实现粒子数反转的过程称为激励或泵浦过程，这也是受激辐射光放大的必要条件。

由于实际应用的激活介质不可能做得太长，因此通常采用在激活介质（光放大器）两端放置 2 块镀有高反射率膜的反射镜，形成光学谐振腔。这样，激光将在反射镜间的激活介质中往复传播放大。通常所说的激光器就是指由激活介质、激励装置和光学谐振腔三部分组成的装置（参见 16.2.1），如图 16-4 所示。光学谐振腔决定并限制了激光的传播方向。

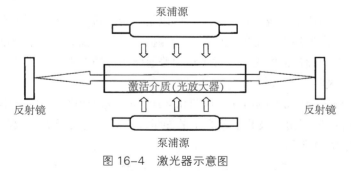

图 16-4　激光器示意图

由上可知，激光产生必须具备以下三个条件：

（1）有能够实现粒子数反转的适合产生激光的物质（激活介质）；

（2）有外界激励装置（泵浦源）；

（3）有实现激光振荡的光学谐振腔。

### 16.1.3　激光束的特性

如前所述，激光是一种受激辐射光，是在一定条件下光电磁场和激光工作物质相互作用，以及光学谐振腔选模作用的结果。

激光束与普通光相比，最突出的特性是方向性、单色性、相干性和高亮度，另外一个特点是瞬时性。

（1）方向性

一般采用光束发散角表征方向性，指激光束在传播方向的发散性。激光的最小光束发散角受衍射效应的限制，衍射极限发散角 $\theta_m$ 取决于激光输出孔径 $D$ 和激光波长 $\lambda$，其表达式为：

$$\theta_m = \lambda / D \tag{16-1}$$

不同类型激光器的方向性差别很大，它与工作物质的类型、均匀性、光腔类型、腔长、泵浦方式以及激光器的工作状态等有关。例如，He–Ne 气体激光器，$\lambda = 0.632\,8\ \mu m$，取 $D=3\ mm$，则衍射极限发散角为 $\theta_m = 2 \times 10^{-4}\ rad$。

（2）单色性

单色性是指光源谱线的宽窄程度，例如，He–Ne 激光器的线宽极限可达 $10^{-4}\ Hz$，单色性非常好。

（3）相干性

相干性是指光在不同时刻、不同空间点上两个光波场的相关程度。相干性又可分为空间（横向）相干性和时间（纵向）相干性。

（4）高亮度

光源的亮度是表征光源定向发光能力强弱的一个重要参量，其定义为

$$B = \frac{\Delta P}{\Delta S \Delta \Omega} \tag{16-2}$$

其量纲为 $W/(cm^2 \cdot sr)$。

对于激光束而言，式中：$\Delta P$ 为激光功率，$\Delta S$ 为激光束截面面积，$\Delta \Omega$ 为光束立体发散角。普通光源由于方向性很差，亮度极低。例如，太阳光的亮度值为 $B = 2 \times 10^3\ cm^2 \cdot sr$。而激光束由于方向性非常好，发散角很小，其亮度是普通光无法比拟的。一般激光器的亮度值可以达到 $B = 10^4 \sim 10^{11}\ cm^2 \cdot sr$。

（5）瞬时性

瞬时性是指激光器通过调 Q、锁模等脉冲压缩技术可以实现激光脉冲持续时间仅为纳秒（ns，$10^{-9}\ s$）、皮秒（ps，$10^{-12}\ s$）甚至飞秒（fs，$10^{-15}\ s$）。

### 16.1.4　激光对材料的作用过程

激光与材料相互作用的物理过程本质上是电磁场（光场）与物质结构的相互作用，即共振相互作用及能量转换过程，是光学、热学和力学等学科的交叉耦合过程。当一束激光照射到金属表面时，随着照射时间的延长，将在金属的表面和内部发生一系列的物理变化

与化学变化过程。这些过程会依据激光材料加工的目的不同而改变，如图 16-5 所示。

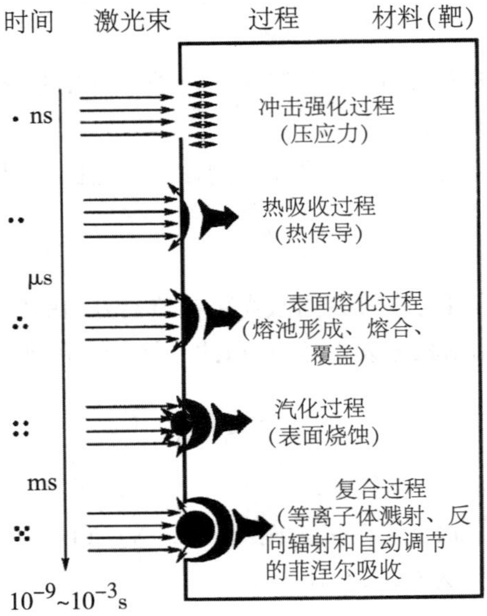

图 16-5 激光束与材料的相互作用

（1）冲击强化过程。当激光脉冲的能量足够高、作用时间短，并具有相应的初始条件时，激光束将在材料的表面产生局部的压应力而形成材料表面强化过程。

（2）热吸收过程。激光束照射金属表面，除了散射或反射而损失部分能量外，大量的光子通过与金属晶格的相互作用使其振动而转换成热能，能量转换的效率（吸收率）与材料的结构、激光的波长及是否偏振等参数有关。

（3）表面熔化过程。随着光能不断向热能转变，材料的表面温度不断升高。当温度超过材料的熔点时，材料表面开始熔化，随着照射时间的延长，热影响区不断向内部扩散，熔池也将向内部发展。

（4）汽化过程。当激光束的强度、密度足够高时，可在材料的表面产生汽化和等离子体辐射。随着激光照射时间的延长，熔池的表面将产生汽化，并开始生成等离子体，形成表面烧蚀。

（5）复合过程。在激光照射材料时，材料表面形成的汽化物和等离子体的溅射以及反向辐射会对入射光产生屏蔽现象，如果照射持续进行并满足一定条件，则屏蔽作用开始减弱并形成自动调节的菲涅尔吸收，即自持调整状态。这些过程是在皮秒至微秒级（$10^{-12}$ ~ $10^{-6}$ s）的时间内完成的，并与入射光的强度和时间特性以及材料的组织结构密切相关。

### 16.1.5 激光加工特点

激光加工与其他加工技术相比，有其独特的特点和优势，主要如下：

（1）激光加工采用非接触式加工，对工件无污染，并且不会对材料造成机械挤压或机械应力。也无刀具磨损和替换、拆装问题，为此可缩短加工时间。激光焊接无需电极和填充材料，再加上深熔焊接产生的纯化效应，使焊缝杂质含量低、纯度高。可以进行高速焊接和高速切割，利用光的无惯性，在高速焊接或切割中可急停和快速启动。

（2）激光光斑小，能量集中，热影响区小，工件的热变形小，后续加工量小。在实际热处理、切割、焊接过程中，加工工件基本上不产生变形。正是激光加工的这一特点，使其被成功地应用于局部热处理和显像管焊接中。

（3）激光束易于聚焦、导向，便于自动化控制。并且通过调节外光路系统改变光束的方向，与数控机床、机器人进行连接，构成各种加工系统，实施对复杂工件进行加工。激光加工不受电磁干扰，可以在大气环境中进行加工。

（4）加工精度高，可进行微细加工，理论上激光聚焦直径可至 1 μm 以下。

（5）可以通过透明介质对密封容器内的工件进行各种加工。

（6）加工范围广，适用各种金属、非金属材料，特别是可以加工高熔点材料、耐热合金以及陶瓷、金刚石等硬脆材料。

激光加工具有许多特点和优势，但目前激光依然是一种较昂贵的能源，设备价格较高，生产成本较高。

## 16.2　激光加工系统

激光加工的设备主要由激光器、光学系统、电源系统、机械系统和冷却系统等组成，如图 16-6 所示。

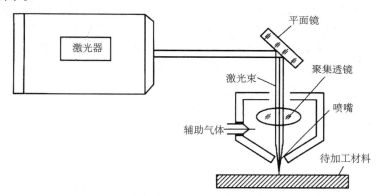

图 16-6　激光加工示意图

### 16.2.1　激光器

（1）激光器的组成

在激光材料加工中，激光器系统是产生激光束（热源）的关键部件之一。激光器虽然多种多样，但都是通过激励和受激辐射而获得激光，因此激光器的基本组成通常由激活介质（即被激励后能产生粒子数反转的工作物质）、激励装置（即能使激活介质发生粒子数反转的能源，泵浦源）和光学谐振腔（即能使光束在其中反复振荡和被多次放大的两块平面反射镜）三部分组成，参见图 16-4。

① 激活介质。激光的产生必须选择合适的工作物质或介质，在这种介质中有亚稳态能级，可以实现粒子数反转，这是获得激光的必要条件。这种激活介质可以是气体、液体，

也可以是固体或半导体等。现有的工作介质近千种，可产生的激光波长包括从真空紫外射线到远红外射线，非常广泛。

② 激励装置。为了在工作介质中实现粒子数反转，必须用一定的方法去激励粒子体系，使处于高能级的粒子数增加。通常用气体放电的办法，利用具有动能的电子去激发介质原子，这种激励方式称为电激励；也可用脉冲光源来照射工作介质，称为光激励；此外，还有热激励、化学激励等。各种激励方式被形象化地称为泵浦或抽运。为了不断得到激光输出，必须不断地"泵浦"以维持处于高能级的粒子数多于低能级的粒子数。

③ 光学谐振腔。有了合适的工作物质和激励源后，可实现粒子数反转，但这样产生的受激辐射的强度很弱，无法实际应用。于是人们就想到了用光学谐振腔进行放大。光在谐振腔中的两个镜子之间被反射回到工作介质中，继续诱发新的受激辐射，光得到迅速增强。光在谐振腔中来回振荡，这个过程持续下去，就会造成连锁反应，雪崩似地获得放大，产生强烈的激光，从部分反射镜一端输出得到稳定的激光。

（2）常见的激光器

根据工作物质物态的不同，激光器分为固体激光器、气体激光器、半导体激光器、光纤激光器和自由电子激光器等。目前应用于工业生产的激光器主要是气体激光器和固体激光器，其中 $CO_2$ 激光器和 Nd:YAG 激光器占据了一半以上的市场份额。

① 固体激光器

工作介质如果是晶体状或者玻璃的激光器，分别称为晶体激光器和玻璃激光器，通常把这两类激光器统称为固体激光器。用于激光热加工的固体激光器主要有三种：红宝石激光器、Nd:YAG 激光器和钕玻璃激光器。激光器中以固体激光器发展最早，Nd:YAG 激光器在三种固体激光器中是应用最多的一种，如图 16-7 所示。Nd:YAG 激光器的输出波长为 1 064 nm，约为 $CO_2$ 激光器的 1/10，因而其与金属的耦合效率高，加工性能良好。例如，一台 800 W 的 Nd:YAG 激光器的有效功率相当于 3 kW 的 $CO_2$ 激光器的有效功率。

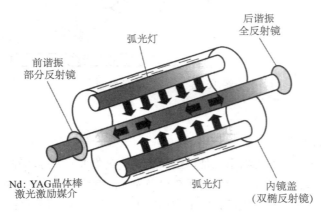

图 16-7 Nd：YAG 激光器

一般固体激光器具有器件小、坚固、使用方便、输出功率大、光束质量好、应用范围较广等特点。多数冷却采用水冷结构。固体激光器连续功率一般可达 1 000 W 以上，脉冲峰值功率可达 $10^9$ W。

② 气体激光器

气体激光器是以气体或蒸气为工作物质的激光器。它是目前种类最多、波长分布区域最宽、应用最广的一类激光器。气体激光器所发射的谱线波长分布区域宽，覆盖了从紫外到远红外整个光谱区，有上万条谱线，目前已向两端扩展到 X 射线波段和毫米波波段。气体激光器输出光束的质量高，其单色性和发散度均优于固体和半导体激光器，是很好的相干光源。目前气体激光器是功率最大的连续输出的激光器，如 $CO_2$ 激光器的连续输出功率量级可达数十万瓦。$CO_2$ 激光器具有光电转化效率高、光束质量好、输出功率大、可脉冲或连续输出、运行成本低等优点，成为激光加工中应用最广泛的激光器。尤其是大功率的激光切割和热处理用激光器，大多采用 $CO_2$ 激光器作为光源。

与其他激光器相比，气体激光器还具有转换效率高、结构简单、造价低廉等优点。气体激光器有电能、热能、化学能、光能、核能等多种激励方式，一般采用水冷结构。气体激光器可实现中高功率加工，广泛应用于工业、农业、国防、医学和其他科研领域。

③ 半导体激光器

半导体激光器是以半导体材料（主要是化合物半导体）作为工作物质，以电流注入作为激励方式的一种小型化激光器。目前半导体激光器已在激光通信、激光存储、激光测距、激光打印、激光打标、激光内雕等领域得到广泛应用，尤其是在激光打标和激光内雕领域，半导体激光器已逐步取代 Nd:YAG 激光器。

半导体激光器具有体积小、重量轻、输入能量低、寿命较长、易于调制、效率高以及价格低廉等优点。一般采用风冷结构。此外半导体激光器采用低电压恒流供电方式，电源故障率低，使用安全，维护成本低。

④ 光纤激光器

光纤激光器的工作物质是掺稀土元素的增益光纤，其本身就是导波介质，耦合效率高，可长达几十米到几百米。光纤芯很细，纤内易形成高功率密度，可方便地与目前的光纤传输系统高效连接。光纤激光器的输出波段可覆盖 400 ~ 3 400 nm 的范围，极高的光束聚焦性能提供了超高的功率密度，使其在有效的工作距离内具有更广的应用范围。光纤激光器主要应用于光谱研究与测量、存储、激光加工（激光标刻、激光机器人、激光微加工等）、激光医疗、军事（光电对抗、激光探测、激光通信等）等领域。

光纤激光器具有的最大优势是轻便，积木式的现代光纤激光概念，极高的性价比。光纤激光器是一种紧凑、风冷、嵌入式的器件，几乎适合所有的生产线，并具有持续多年不需更换部件和维护等特点。由于光纤是柔性物质，可随意弯曲，又有优良的光导性质，它的出现代表了一个新的激光器发展方向。

## 16.2.2　光束传输系统

光束传输系统是将光束从激光器传输到被加工工件上的光学系统，可分为镜组传输、光纤传输、激光导光臂等。由于 $CO_2$ 激光器光束波长的原因，$CO_2$ 激光束必须通过镜组进行传输。固体激光器、光纤激光器一般为光纤传输系统。

（1）镜组传输

如图 16-8 所示，镜组传输在激光系统中占有很重要的位置，激光光路的改变就是靠镜片的反射来实现的。镜片固定在调整架的动架上，调整架由定架和动架组成，通过调整动架实现激光到达指定的路径及反射的位置。

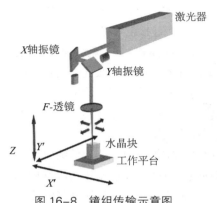

图 16-8　镜组传输示意图

图 16-9　光纤传输

（2）光纤传输

如图 16-9 所示，光纤是光导纤维的简称，是一种由玻璃或塑料制成的纤维，可作为光传导工具。其传输原理是光的全反射。用来传导大功率激光的光纤都是拉制得非常好的特种光纤，不是一般的通信光纤能胜任的，芯越粗越能安全地传导大功率激光。

（3）激光导光臂

如图 16-10 所示，激光加工设备中，为了扩大激光加工头的活动范围，通常会使用多关节激光导光臂。多关节激光导光臂由多段相互分离的导光筒通过导光臂旋转关节实现旋转连接。旋转关节中内置有激光反射镜用于改变激光传输方向，使激光沿轴线方向传输到下一段导光筒中。为了使激光经反射镜反射后能精确地沿轴线方向传输，在激光反射镜的镜座上都会设置镜片角度调节装置。激光反射镜片与导热弹簧相连且导热弹簧与镜座相连接，配合对激光反射镜片的角度进行调节。

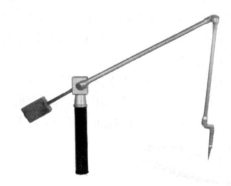

图 16-10　激光导光臂示意图

### 16.2.3　激光聚焦方式

激光的聚焦可以产生高能量，聚焦精确的单色光具有一定的穿透性，将能量汇集到高密度束腰位置。

（1）聚焦镜

如图 16-11 所示，利用凸透镜把平行的激光光束聚成焦点作用在材料上使之熔化切断。激光加工时，聚焦镜基本都是一面平、一面凸，凸的一面朝上。

图 16-11　聚焦镜聚焦示意图

图 16-12　场镜聚焦示意图

（2）场镜

场镜，也称平场聚焦镜、f-theta 聚焦镜，是一种专业的透镜组，作用是将激光束在整个平面内形成均匀大小的聚焦光斑，如图 16-12 所示。简单地讲，就是在一个一定幅面的平面内的任意一点都是其焦点的聚焦镜，而普通的聚焦镜的焦点只有在中心的一个点。

（3）随动聚焦

图 16-13 为激光随动聚焦头。为了弥补手工调节和加工时高度控制不稳定问题，配置了随动电容调高器。激光束照射到加工材料上，解决了加工材料存在的不平整等问题，保证了 $Z$ 轴方向焦点始终在设定的加工位置，高度始终保持一致。

图 16-13　随动聚焦示意图

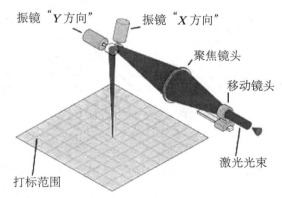

图 16-14　动态聚焦示意图

（4）动态聚焦

图 16-14 为动态聚焦系统，在振镜扫描前就采用一个长焦距的动态聚焦装置。激光器输出的光斑通过动态聚焦镜聚焦，聚焦的焦距大于动态聚焦镜到振镜的距离。也就是说，在光束聚焦的过程中进行扫描。由于在平面扫描过程中，工件平面到聚焦镜的距离不断在

发生变化，所以如果聚焦镜的焦距固定不变的话，是不可能在工件平面上刻出标记的。这就是采用动态聚焦的原因。根据工件平面每一点到聚焦镜的距离，改变聚焦镜的焦距，从而使聚焦后的光点全部聚到工件所在的平面内。采用动态聚焦的振镜扫描方式由于可以将焦距长短变化，是目前大幅面曲面高速扫描的最佳方案。

## 16.3　激光加工典型应用

随着激光加工技术的不断发展，其应用越来越广泛，加工领域、加工形式多种多样，但从本质而言，激光加工是激光束与材料相互作用而引起材料在形状或组织性能方面的改变过程。激光材料加工技术主要分为三个方面：激光连接与去除、激光表面工程、激光增材制造。其中激光增材制造相关内容参见第五章 3D 打印。

### 16.3.1　激光焊接

激光焊接是一种利用经聚焦后具有高能量密度（$10^6 \sim 10^{12}$ W/cm$^2$）的激光束作为热源来加热熔化工件的特种熔化焊方法。它是基于光热效应的熔化焊接，其前提是激光被材料吸收并转化为焊接所需的热能。通常，不同强度的激光作用于材料表面所导致的物理现象不同，如图 16-15 所示，包括表面温度升高、熔化、汽化、形成小孔以及产生光致等离子体等，这些物理现象决定了焊接过程热作用机制，使得激光焊接存在热导焊和深熔焊两种焊接模式。两种模式的转变主要取决于作用在材料上的激光斑点功率密度。这两种模式最基本的区别在于：前者熔池表面保持封闭，而后者熔池则被激光束穿透成小孔。

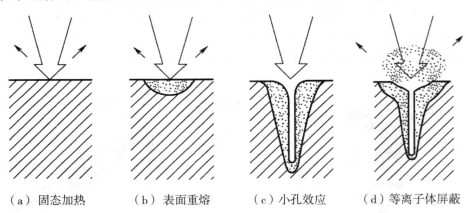

（a）固态加热　　（b）表面重熔　　（c）小孔效应　　（d）等离子体屏蔽

图 16-15　不同强度的激光作用于金属产生的物理过程

激光焊接技术的发展速度很快，从自熔性激光焊接、激光填丝焊接到激光电弧复合焊接以及双光束激光焊等，如图 16-16 所示。近年来，超窄间隙激光焊接技术研究与应用也在快速发展中。激光焊接在航空航天、机械制造及电子和微电子工业方面得到了广泛的应用，应用实例如图 16-17 所示。

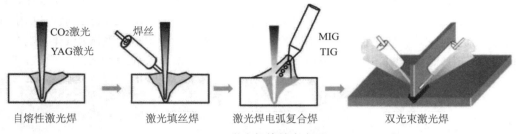

图 16-16 激光焊接技术发展历程

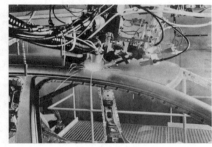

（a）汽车制造 　　　　　　　　　　（b）机械制造

图 16-17 激光焊接应用实例

## 16.3.2 激光切割

　　激光切割是利用经聚焦的高功率密度激光束照射工件，使被照射处的材料迅速熔化、汽化、烧蚀或达到燃点，同时借助与光束同轴的高速气流吹除熔融物质，从而实现割开工件的一种热切割方法。激光切割所需的功率密度与激光焊接大致相同，其切割过程如图 16-18 所示。切割过程发生在切口的终端处一个垂直的表面，称为烧蚀前沿。激光和气流在该处进入切口，激光能量一部分为烧蚀前沿所吸收，另一部分通过切口或经烧蚀前沿向切口空间反射。

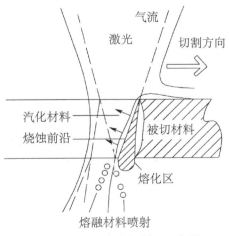

图 16-18 激光切割区示意图

激光可以切割金属材料，如铜板、铁板；也可以切割非金属材料，如半导体硅片、石英、陶瓷、塑料以及木材等；还能透过玻璃真空管切割其内的钨丝，这是任何常规切削方法都不能做到的。从切割各类材料不同的物理形式来看，激光切割大致分为汽化切割、熔化切割、反应熔化切割和控制断裂切割四类。激光切割实例如图 16-19 所示。

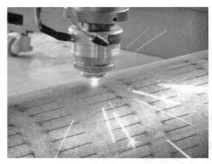

（a）板材切割　　　　　　　　　（b）环形切割

图 16-19　激光切割实例

### 16.3.3　激光打孔

激光打孔一般采用脉冲激光，工作时的功率密度一般为 $10^7 \sim 10^8$ W/cm²，加工方式主要包括单脉冲冲击制孔、多脉冲冲击制孔、旋切制孔和螺旋线切割制孔四种，如图 16-20 所示。一般而言，冲击制孔速度快、效率高，而旋转切割制孔效率相对较低，但加工精度更高、质量更好。

（a）单脉冲冲击制孔　　（b）多脉冲冲击制孔　　（c）旋切制孔　　（d）螺旋线切割制孔

图 16-20　激光打孔的四种主要方法

激光打孔最大的特点在于可以加工常规的机械加工方法无法完成的小孔加工。速度快，效率高，最快能实现 500 孔 / s。可获得大的深径比，超过 100∶1；最大加工深度超过 40 mm，最小孔径达到 5 μm。可加工大倾斜角小孔，最大倾斜角可以达到 85°。

目前激光打孔已应用于燃料喷嘴、飞机机翼、发动机燃烧室、涡轮叶片、化学纤维喷丝板、宝石轴承、印刷电路板、过滤器、金刚石拉丝模、硬质合金等金属和非金属材料小孔、窄缝的微细加工。另外，激光打孔也成功地用于集成电路陶瓷衬套和手术针的小孔加工。图 16-21 所示为激光打孔实例。

（a）方管打孔

（b）喷丝孔

图 16-21　激光打孔实例

### 16.3.4　激光表面改性

激光表面改性技术是采用大功率密度的激光束，以非接触的方式对金属表面进行处理，在材料的表面形成一定厚度的处理层，从而改变材料表面的结构，获得理想的性能。激光材料表面改性可以显著地提高材料的硬度、强度、耐磨性、耐蚀性等一系列性能，从而大大地延长产品的使用寿命和降低成本。

与常规的材料表面处理技术相比，激光表面改性技术有着独特的优势。① 加热快，具有很强的自淬火作用。② 材料变形小，表面光洁，不用后续加工。③ 可以实现形状复杂零件的局部表面处理。④ 激光表面改性通用性强。⑤ 无污染，安全可靠，热源干净。⑥ 操作简单，效率高。

根据激光加热和处理工艺方法的特征，激光表面改性方法的种类很多，图 16-22 列出了典型的几种。

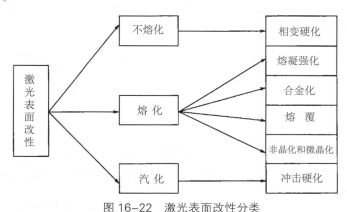
图 16-22　激光表面改性分类

（1）相变硬化。激光束照射材料表面，使材料表面被快速加热至金属相变点以上，利用金属热导率高、传热快的特点迅速急冷，奥氏体转变成细小的马氏体组织，同时在硬化层内残留有相当大的压应力，使材料表面硬化，从而提高材料表面的耐磨性及使用寿命。激光相变硬化较适用于固态具有多形性转变的钢铁类材料。

（2）熔凝强化。利用激光束快速扫描工件表面，使材料表面局部区域熔化，成为过热液相，随后借助于冷态的金属基体的热传导作用，使熔化区域快速凝固，在成核区内的组织还没有来得及进一步长大之前，全部液相已经固化，在熔凝层中形成非常致密的组织，使材料的疲劳强度、耐磨性和耐蚀性得到提高。

（3）合金化。在金属表面涂覆所需合金化涂层，用激光束将材料表层加热到熔点以上，合金元素进入材料的表层，形成（某些）要得到的合金成分，以改进材料表面的化学成分和性能，使之具有与基体不同的化学成分（新的合金结构），达到强化材料表面的目的，同时节省贵重的特殊材料。

（4）熔覆。将粉末状涂覆材料预先涂覆在金属表面，用高功率密度的激光进行加热，使之与基体表面一起熔化后迅速凝固，得到成分与涂层基本一致的熔覆层。

（5）非晶化和微晶化。在大功率密度（$10^7 \sim 10^8$ W/cm$^2$）的激光束快速照射下，基体表面产生一层薄薄的熔化层。由于基体温度低，在熔化层和基体之间产生很高的温度梯度，熔化层的冷却速度高达 $10^6$ ℃/s 以上，在厚度约 10 μm 的表面层内形成类似玻璃状的非晶态组织或微晶组织，即形成一层釉面，使金属表面具有高度的耐磨性和耐蚀性。

（6）冲击硬化。利用高能密度（$\geqslant 10^8$ W/cm$^2$）的激光束在极短时间（$10^{-7} \sim 10^{-6}$ s）照射金属表面，被照射的金属升华汽化而急剧膨胀，产生的应力冲击波可使金属显微组织晶格破碎，形成位错网络，从而提高材料的强度、耐疲劳等性能。

### 16.3.5　激光打标、雕刻

（1）激光打标

激光打标的基本原理是利用高能量的激光束照射在工件表面上，光能瞬间转变成热能，使工件表面迅速产生蒸发、露出深层物质，或由光能导致表层物质的化学物理变化而刻出痕迹，或通过光能烧掉部分物质，从而在工件表面留下永久性标记的一种打标方法。

激光打标可在任何异形表面标刻，工件不会变形也不会产生应力，适用于金属、塑料、玻璃、陶瓷、木材、皮革等各种材料，能标记条形码、数字、字符、图案等；标记清晰、永久、美观，可以作为永久防伪标志。激光打标的标记线宽可小于 12 μm，线的深度可小于 10 μm，可以对毫米级的小型零件进行表面标记。激光打标能方便地利用计算机进行图形和轨迹自动控制，具有标刻速度快、运行成本低、无污染等特点，可显著提高被标刻产品的档次。激光打标加工实例如图 16-23 所示。

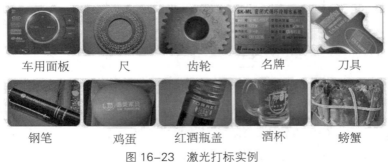

| 车用面板 | 尺 | 齿轮 | 名牌 | 刀具 |

| 钢笔 | 鸡蛋 | 红酒瓶盖 | 酒杯 | 螃蟹 |

图 16-23　激光打标实例

（2）激光雕刻

激光雕刻与激光打标的原理大体相同。激光雕刻技术是利用工件材料在激光照射下瞬间熔化和汽化的物理特性，从工件表面切除部分材料，雕刻所需要的图像、文字的技术。激光雕刻时，设备与材料表面没有接触，材料不受机械运动影响，表面不会变形，不受材料的弹性、韧性影响。激光雕刻适用于软质材料。

点阵雕刻酷似高清晰度的点阵打印。激光头左右摆动，每次雕刻出一条由一系列点组成的线，然后激光头同时上下移动雕刻出多条线，最后构成完整的图像或文字。扫描的图形、文字及矢量化图文都可使用点阵雕刻。激光雕刻技术多应用于木材、亚克力、石材等材料。激光雕刻加工实例如图16-24所示。

图16-24　激光雕刻实例

图16-25　激光内雕实例

（3）激光内雕

激光内雕是指通过计算机制作三维模型，经过计算机运算处理后，生成三维图像；再利用激光技术，通过振镜控制激光偏转，将两束激光从不同的角度射入透明物体（如玻璃、水晶等）内，准确地交汇在一个点上；由于两束激光在交点上发生干涉和抵消，其能量由光能转换为内能，放出大量热量，将该点熔化形成微小的空洞。激光内雕加工实例如图16-25所示。由设备准确地控制两束激光在不同位置交汇，制造出大量微小的空洞，最后这些空洞就形成所需要的图案。激光内雕技术可分为白色激光内雕、单色着色激光内雕、多色着色激光内雕等。

激光是对人造水晶（也称水晶玻璃）进行内雕最有用的工具。采用激光内雕技术，将平面或三维立体的图案"雕刻"在水晶玻璃的内部时，不用担心射入的激光会熔掉同一直线上的材料，因为激光在穿过透明物体时不会产生多余热量，只有在干涉点处才会将光能转化为内能并熔化材料，而透明物体的其余部分则保持原样。

【复习题】

（1）简述激光产生的基本原理。

（2）简述激光器的分类。

（3）举例说明激光加工典型应用。

# 附录一 部分实训实例

## 1.1 焊接成形实训实例

### 1.1.1 不同焊接参数焊接工艺比较

（1）实训目的

了解焊接电流、焊接速度、焊接弧长对焊缝质量（主要指焊缝尺寸及焊波形状）的影响。

（2）实训原理

焊接电流、焊接速度以及焊接弧长选择正确与否对焊缝质量的影响，如图 1-1 所示。

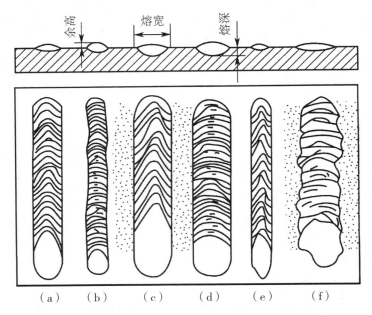

图 1-1　焊接电流和焊接速度对焊缝形状的影响

① 如图 1-1a 所示，正确选择焊接电流、速度及弧长时，焊波均匀并呈椭圆形，焊缝形状规则且各部分尺寸都符合要求。

② 如图 1-1b 所示，焊接电流太小时，引弧困难，电弧不稳定，焊缝的熔宽和熔深减小，余高增加，焊波近似圆形。

③ 如图 1-1c 所示，焊接电流太大时，弧声较强，飞溅增多，焊条易发红，焊波变尖，焊缝的熔宽和熔深增加，焊接薄板时易烧穿。

④ 如图 1-1d 所示，焊接速度太慢时，焊波变圆且焊缝的熔宽、熔深和余高都增加，

焊接薄板时也易烧穿。

⑤ 如图 1-1e 所示,焊接速度太快时,焊波变尖,焊缝的熔宽、熔深和余高都减小,而且焊缝的形状不规则。

⑥ 如图 1-1f 所示,焊接电弧过长时,不仅电弧不稳定,熔滴飞溅,熔深减小,而且容易产生气孔和焊不透。因此,焊接时应尽量采用短弧焊,适宜的电弧长度为不超过焊条直径。

(3)实训步骤

① 用规范的焊接电流、焊接速度和弧长焊一条焊缝。

② 用比规范大或小 20% ~ 30% 的焊接电流各焊一条焊缝。

③ 用比规范快或慢的焊接速度各焊一条焊缝。

④ 用比规范长的焊接电弧焊一条焊缝。

### 1.1.2 焊条与光焊芯焊接工艺比较

(1)实训目的

比较用药皮焊条与光焊芯(无药皮焊条)进行手工电弧焊焊接时,对电弧的稳定、焊缝成形以及焊接接头质量的影响。

(2)实训原理

用药皮焊条焊接时,因药皮有稳定电弧、造气、造渣、保护电弧和焊缝、渗入合金、脱氧、脱硫等作用,不仅焊缝成形好,而且可以保证焊缝对力学性能的要求。

若采用光焊芯(无药皮焊条)焊接时,电弧不稳定,而且焊条金属滴入熔池时,会增加氧化、氮化和吸氢的机会,易形成焊缝夹渣、气孔及裂纹,被烧损的成分得不到补充,焊缝成形差,焊缝质量下降。

(3)实训步骤

① 用药皮焊条(E4303)焊一条焊缝。

② 用无药皮焊条(将 E4303 焊条上的药皮除去,也可用 H08A 焊丝)焊一条焊缝。

## 1.2 车削实训实例

车削加工工艺的拟定一般应考虑以下几个方面:

(1)根据零件图,了解零件的形状、尺寸、材料和数量,以确定毛坯的种类、生产类型。

(2)根据零件的精度、表面粗糙度等技术要求,确定所用车床和安装方法,力求在保证加工质量的前提下,安装次数尽量少。同时,合理地安排加工顺序:先车削工件安装用的定位基准面和重要的表面,再车削一般表面;先粗车,后精车;并兼顾其他工序的加工顺序。

(3)确定各表面的加工方法、切削用量、测量方法及后续工序的加工余量。

### 1.2.1 轴类零件的车削工艺

以轴类零件(台阶轴,如图 1-2 所示)为例,台阶轴的材料为 45,毛坯尺寸为 $\phi 50 \times 150$ mm。

车削台阶轴的加工步骤如图 1-3 所示。

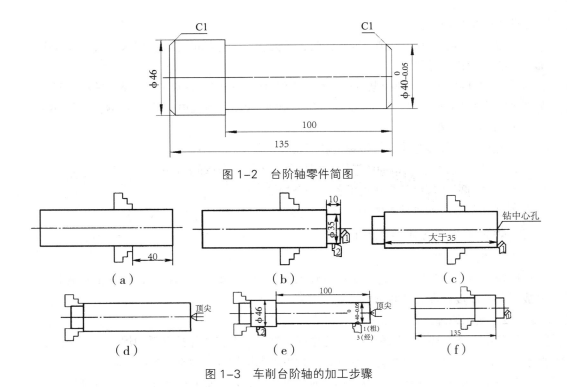

图 1-2 台阶轴零件简图

图 1-3 车削台阶轴的加工步骤

（1）如图 1-3a 所示，用三爪自定心卡盘夹持毛坯外圆，伸出长度约 40 mm，找正并夹紧。

（2）如图 1-3b 所示，用 45° 车刀车端面，车平即可。用 90° 车刀车外圆至 φ35 mm，长 10 mm（装夹部位）。

（3）如图 1-3c 所示，调头装夹毛坯外圆，伸出长度约 40 mm，找正并夹紧。用 45° 车刀车端面，车平即可。钻中心孔（A 或 B 型）。

（4）如图 1-3d 所示，将工件拉出夹持 φ35 mm、长 10 mm 的外圆，另一端用后顶尖支撑顶紧。（为防止切削中工件轴向窜动，故车削出一个台阶作为轴向限位支撑。）

（5）如图 1-3e 所示，用 90° 车刀粗车外圆 φ50 mm 至 φ40.5 mm、长 99.5 mm（校正锥度）。用 90° 车刀粗、精车外圆 φ46 mm 至尺寸要求。用 90° 车刀精车外圆 φ40 mm、长 100 mm 至尺寸要求。用 45° 车刀倒角 1×45°。

（6）如图 1-3f 所示，以 φ46 mm 外圆左端面为基准，调头夹持 φ40 mm 外圆，找正并夹紧。用 45° 车刀车端面，保证总长 135 mm。用 45° 车刀倒角 1×45°。检查质量合格后取下工件。

### 1.2.2 盘套类零件的车削工艺

盘套类零件主要由外圆、孔和端面等组成，除尺寸精度和表面粗糙度要求外，一般须保证外圆与孔的同轴度或径向圆跳动等。为此，可采用先粗车后精车的方法，在精车中应尽可能将有位置精度要求的外圆、孔和端面在一次装夹中加工出来。如果有位置精度要求的表面不能在一次装夹中加工完成，则通常先将孔加工出来，然后以孔定位，将工件装夹于心轴上，加工外圆和端面。盘套类零件的车削实例可查阅相关资料，在此受篇幅限制不再列举。

### 1.3　数控车削实训实例

数控车削加工工艺、工件的安装及所用附件可参见第九章车削。数控车床上电初始化，每个生产厂家在机床上电系统默认的 G 指令不尽相同。初态 G 指令可在机床 MDI 页面查询，如初始 G00 G18 G21 G40 G97 G99。

G00 快速移动定位；

G18 ZX 平面选择；

G21 公制输入；

G40 刀尖半径补偿取消；

G97 恒线速撤销；

G99 每转进给；

如学生不知实训数控车床的初始化 G 指令，可在开始编程时，把自己编程所需的 G 指令全写出。

（1）典型轴类零件

加工如图 1-4 所示零件，毛坯尺寸为 $\phi$ 45 mm 长棒料，材料为 45，要求一次装夹。

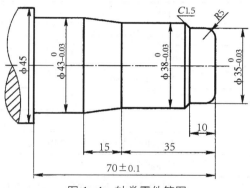

图 1-4　轴类零件简图

（2）工艺分析

① 零件外形复杂，需加工外圆、锥体、凸圆弧及倒角。

② 根据图形形状确定选用刀具：T01 外圆粗车刀，加工余量大，选择 W 型刀片；T02 外圆精车刀，选择 T 型刀片，刀尖圆弧为 0.4 mm。

③ 坐标计算：根据选用的指令，此零件如用 G01、G02 指令编程，粗加工路线复杂，尤其圆弧处的计算和编程烦琐。故适宜用 G71 指令，加工时依图形得出精车外形各坐标点，一次处理编程。

（3）FANUC 数控系统工艺及编程路线

① 1 号刀平端面。

② 1 号刀用 G71 指令粗加工外形。

③ 2 号刀用 G70 指令精加工外形。

（4）FANUC 数控系统参考程序

程序如表 1-1 所示。

表 1-1　轴类零件加工参考程序

| 程序内容 | 程序说明 |
|---|---|
| O0005； | 程序名 |
| N10 G99 T0101 M03 S600； | （粗加工段）换 1 号刀，主轴正转，转速为 600 r/ min |
| N20 G00 X100.0 Z100.0； | 快速移动到中间安全点 |
| N30 G00 X47.0 Z2.0； | 循环起点 |
| N40 G71 U1.5 R0.5； | 外形复合加工，X 向背吃刀量为 1.5 mm，退刀量为 0.5 mm |
| N50 G71 P60 Q160 U0.3 W0. 02 F0.2； | 粗加工程序段 N60 ～ N160，（给精车留下）X 向余量为 0.3 mm，Z 向余量为 0.02 mm |
| N60 G00 X0； | 粗加工第一段 |
| N70 G01 Z0 F0.1； | 平端面 |
| N80 G01 X25.0； | 圆弧起点 |
| N90 G03 X35. 0 Z−5.0； | 加工凸圆 |
| N100 G01 Z−10.0； | 加工 $\phi$ 35 mm 外圆 |
| N110 X38.0Z−11.5； | 倒角 |
| N120 Z−35. 0； | 加工 $\phi$ 38 mm 外圆 |
| N130 X43.0 X−50.0； | 加工锥体 |
| N140 Z−70.0； | 加工 $\phi$ 43 mm 外圆 |
| N150 G00 G40 X47.0； | 退刀 |
| N160 G00 X100.0 Z100.0； | 回换刀点 |
| N170 G99 M03 S800 T0202； | （精加工段）换 2 号外圆精车刀 |
| N180 G00 X47.0 Z2.0； | 循环起点 |
| N190 G70 P60 Q160 F0.1； | 精加工外形（循环 N60 ～ N160 程序段） |
| N200 G00 X100.0 Z100.0； | 回换刀点 |
| N210 M05； | 主轴停 |
| N220 M30； | 程序结束 |

## 1.4　铣削实训实例

　　以限位挡块（如图 1-5 所示）为例。毛坯选用 $\phi$ 60×45 mm 圆棒料，材料为 45。选用机床为 X5032 型立式铣床，选用刀具为 $\phi$ 100 mm 硬质合金镶齿端铣刀，采用机用平口钳装夹。铣削限位挡块加工步骤如图 1-5 所示。

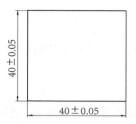
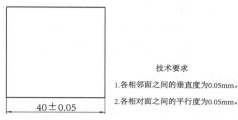

技术要求

1.各相邻面之间的垂直度为0.05mm。

2.各相对面之间的平行度为0.05mm。

图 1-5 限位挡块简图

（1）加工步骤

① 铣削基准面 1。如图 1-6a 所示，将毛坯装夹在平口钳上。对刀后工作台共上升 10 mm，铣削基准面 1，做好标记。

② 铣削面 2。如图 1-6b 所示，以面 1 为精基准装夹工件铣削面 2。

③ 铣削面 3。如图 1-6c 所示，以面 1 为精基准装夹工件铣削面 3。

④ 铣削面 4。如图 1-6d 所示，将面 1 紧靠平行垫铁装夹，铣削面 4。

⑤ 铣削面 5。如图 1-7 所示，用直角尺校正面 2（或面 3）与钳体导轨面垂直。并以面 1 为精基准装夹工件铣削面 5，如图 1-6e 所示。

⑥ 铣削面 6。如图 1-6f 所示，将面 5 靠向平行垫铁，以面 1 为精基准装夹工件铣削面 6。

⑦ 检查合格后卸下工件，锉修毛刺，并使各棱边宽度均匀。

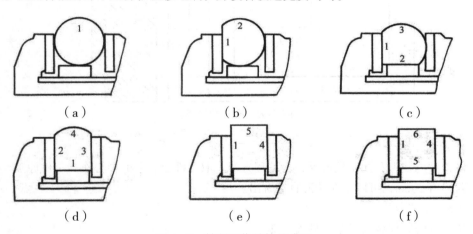

图 1-6 铣削限位挡块的步骤

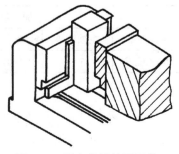

图 1-7 用直角尺校正工件

（2）注意事项

① 铣削面3、面4和面6时，应注意严格控制工件尺寸。

② 每一个平面铣削完毕，都要将毛刺锉去，而且不能伤及工件的被加工表面。

## 1.5 数控铣削实训实例

数控铣床加工工艺、工件的安装及主要附件可参见第十一章铣削。数控铣床上电初始化，每个生产厂家在机床上电系统默认的G指令不尽相同。初态G指令可在机床MDI页面查询，如不知实训数控铣床的初始化G指令，可在开始编程时，把自己编程所需的G指令全写出。一般在开机后手动机械原点复位即可，若要在程序中编入，指令格式如下：G91 G28 X0 Y0 Z0。复位后，机械原点指示灯亮。

（1）典型零件

已知毛坯为80 mm×60 mm×25 mm，材料为45，加工如图1-8所示凸台，编写加工程序。

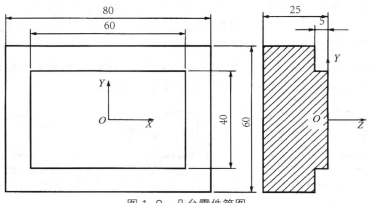

图1-8　凸台零件简图

（2）工艺分析

该工件的装夹和找正较容易，为编程方便，取工件上表面的中心作为工件原点。又由于台阶只有5 mm，可以用立铣刀直接铣出。

（3）工艺卡片

该工件的数控铣削工艺卡见表1-2。

表1-2　数控铣削工艺卡

| 机床：数控铣床 | | 加工数据表 | | | | |
|---|---|---|---|---|---|---|
| 加工内容 | 刀具 | 刀具类型 | 主轴转速 | 进给量 | 半径补偿 | 长度补偿 |
| 外形铣削 | T01 | $\phi$18铣刀 | 500 | 80 | D01（9.0） | 无 |

（4）刀路设计

下刀方式为在工件外面一点下刀，然后沿着外形轮廓走刀，M03主轴正转，G41左刀补，加工效果为顺铣，反之，为逆铣，如图1-9所示。

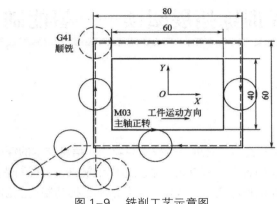

图 1-9 铣削工艺示意图

（5）NC 加工程序

加工程序如表 1-3 所示。

表 1-3 凸台加工参考程序

| 程序内容 | 程序说明 |
| --- | --- |
| O0009； | |
| N10 G90 G54； | 设定加工初始状态 |
| N20 M03 S500； | |
| N30 M08； | 冷却液开 |
| N40 G00 X−70.0 Y−60.0 Z100.0； | 刀具定位到安全平面高度 |
| N50 G01 Z2.0 F150； | |
| N60 Z−5.0 F20； | 刀具加工至切削层高度 |
| N70 G41 X−30.0 D01 F80； | D01 = 9.0 mm，加左刀补 |
| N80 Y20.0； | |
| N90 X30.0； | |
| N100 Y−20.0； | |
| N110 X−50.0； | |
| N120 G40 X−70.0 Y−60.0； | 取消刀补，返回初始位置 |
| N130 G00 Z100.0； | 设定加工结束状态 |
| N140 M05； | |
| N150 M09； | |
| N160 G91 G28 Z0； | 返回机械原点 |
| N170 G28 X0 Y0； | |
| N180 M30； | |

# 附录二 工程训练拓展阅读——智能制造

　　智能制造是一个大概念，是先进制造技术与新一代信息技术的深度融合，贯穿于产品、制造、服务全生命周期的各个环节及相应系统的优化集成，实现制造的数字化、网络化、智能化，不断提升企业的产品质量、效益、服务水平，推动制造业创新、绿色、协调、开放、共享发展。

　　广义而论，车、铣、刨、磨、钳、铸、锻、焊等传统工程训练项目是其有机组成部分，而数控机床、3D 打印、激光加工等现代工程训练项目更是其发展方向。各学校工程训练可根据自身情况，以智能制造某个环节为实训突破口，培育具有新一代智能制造素养的高素质学生。

## 2.1　智能制造的发展

　　数十年来，智能制造在实践演化中形成了许多不同的范式，包括精益生产、柔性制造、并行工程、敏捷制造、数字化制造、计算机集成制造、网络化制造、云制造、智能化制造等，在指导制造业智能转型中发挥了积极作用。

　　智能制造的发展伴随着信息化的进步。全球信息化发展可分为三个阶段：从 20 世纪中叶到 90 年代中期，信息化表现为以计算、通信和控制应用为主要特征的数字化阶段；从 20 世纪 90 年代中期开始，互联网大规模普及应用，信息化进入了以万物互联为主要特征的网络化阶段；当前，在大数据、云计算、移动互联网、工业互联网集群突破、融合应用的基础上，人工智能实现战略性突破，信息化进入了以新一代人工智能技术为主要特征的智能化阶段。

　　综合智能制造相关范式，结合信息化与制造业在不同阶段的融合特征，可以总结、归纳和提升出三种智能制造的基本范式，也就是：数字化制造、数字化网络化制造、数字化网络化智能化制造——新一代智能制造。

### 2.1.1　数字化制造

　　数字化制造是智能制造的第一种基本范式，也可称为第一代智能制造。智能制造的概念最早出现于 20 世纪 80 年代，但是由于当时应用的第一代人工智能技术还难以解决工程实践问题，因而那一代智能制造主体上是数字化制造。

　　20 世纪下半叶以来，随着制造业对于技术进步的强烈需求，以数字化为主要形式的信息技术广泛应用于制造业，推动制造业发生革命性变化。数字化制造是在数字化技术和制造技术融合的背景下，通过对产品信息、工艺信息和资源信息进行数字化描述、分析、决策和控制，快速生产出满足用户要求的产品。

数字化制造的主要特征表现为：

（1）数字技术在产品中得到普遍应用，形成"数字一代"创新产品。

（2）广泛应用数字化设计、建模仿真、数字化装备、信息化管理。

（3）实现生产过程的集成优化。

### 2.1.2　数字化网络化制造

数字化网络化制造是智能制造的第二种基本范式，也可称为"互联网＋制造"或第二代智能制造。

20世纪末互联网技术开始广泛应用，"互联网＋"不断推进互联网和制造业融合发展，网络将人、流程、数据和事物连接起来，通过企业内、企业间的协同和各种社会资源的共享与集成，重塑制造业的价值链，推动制造业从数字化制造向数字化网络化制造转变。

数字化网络化制造的主要特征表现为：

（1）在产品方面，数字技术、网络技术得到普遍应用，产品实现网络连接，设计、研发实现协同与共享。

（2）在制造方面，实现横向集成、纵向集成和端到端集成，打通整个制造系统的数据流、信息流。

（3）在服务方面，企业与用户通过网络平台实现连接和交互，企业生产开始从以产品为中心向以用户为中心转型。

### 2.1.3　数字化网络化智能化制造

近年来，在经济社会发展的强烈需求以及互联网的普及、云计算和大数据的涌现、物联网的发展等信息环境急速变化的共同驱动下，大数据智能、人机混合增强智能、群体智能、跨媒体智能等新一代人工智能技术加速发展，实现了战略性突破。新一代人工智能技术与先进制造技术深度融合，形成了新一代智能制造——数字化网络化智能化制造。

新一代智能制造的主要特征表现在制造系统具备了"学习"能力。通过深度学习、增强学习、迁移学习等技术的应用，制造领域的知识产生、获取、应用和传承效率将发生革命性变化，显著提高创新与服务能力。新一代智能制造是真正意义上的智能制造，将从根本上引领和推进新一轮工业革命，是我国制造业实现"换道超车"的重大机遇。

智能制造的三个基本范式体现了智能制造发展的内在规律：一方面，三个基本范式次第展开，各有自身阶段的特点和要重点解决的问题，体现着先进信息技术与先进制造技术融合发展的阶段性特征；另一方面，三个基本范式在技术上并不是绝然分离的，而是相互交织、迭代升级，体现着智能制造发展的融合性特征。对中国等新兴工业国家而言，应发挥后发优势，采取三个基本范式"并行推进、融合发展"的技术路线。

## 2.2　新一代智能制造的技术机理

### 2.2.1　传统制造和人-物理系统

传统制造系统包含人和物理系统两大部分，是完全通过人对机器的操作控制去完成各种工作任务，如图2-1所示。动力革命极大地提高了物理系统（机器）的生产效率和质量，物理系统代替了人类的大量体力劳动。在传统制造系统中，要求人完成信息感知、分析决策、操作控制以及认知学习等多方面任务，不仅对人的要求高，劳动强度大，而且系统工作效率、质量还不够高，完成复杂工作任务的能力还很有限。如图 2-2 所示为"人 - 物理系统"（HPS）的原理简图。

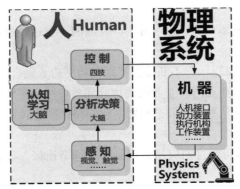 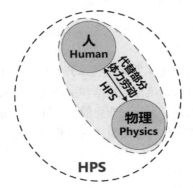

图 2-1　传统制造系统示意图　　　　图 2-2　"人 - 物理系统"原理简图

### 2.2.2　数字化制造、数字化网络化制造和"人 - 信息 - 物理系统"

如图 2-3 所示，与传统制造系统相比，第一代和第二代智能制造系统发生的本质变化是，在人和物理系统之间增加了信息系统。信息系统可以代替人类完成部分脑力劳动，人的相当部分的感知、分析、决策功能向信息系统复制迁移，进而可以通过信息系统来控制物理系统，以代替人类完成更多的体力劳动。

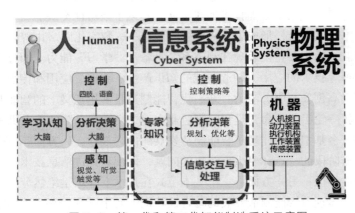

图 2-3　第一代和第二代智能制造系统示意图

第一代和第二代智能制造系统通过集成人、信息系统和物理系统的各自优势，系统的能力尤其是计算分析、精确控制以及感知能力都得到很大提高。一方面，系统的工作效率、质量和稳定性均得到显著提升；另一方面，人的相关制造经验和知识转移到信息系统，能够有效提高人的知识的传承和利用效率。制造系统从传统的"人 - 物理系统"（HPS）演进为"人 - 信息 - 物理系统"（HCPS），如图 2-4 所示。

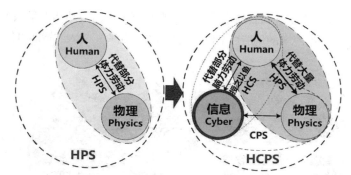

图 2-4　从"人－物理系统"演进为"人－信息－物理系统"原理简图

信息系统（Cyber System）的引入使得制造系统同时增加了"人－信息系统"（HCS）和"信息－物理系统"（CPS）。其中，"信息－物理系统"是非常重要的组成部分。美国在 21 世纪初提出了"信息－物理系统"的理论，德国将其作为"工业 4.0"的核心技术。"信息－物理系统"在工程上的应用是实现信息系统和物理系统的深度融合，"数字孪生体"（Digital Twin）即是其最为基本且关键的技术。由此，制造系统的性能和效率可大大提高。

### 2.2.3　新一代智能制造和新一代"人－信息－物理系统"

新一代智能制造系统最本质的特征是其信息系统增加了认知和学习的功能，信息系统不仅具有强大的感知、计算分析与控制能力，更具有了学习提升、产生知识的能力。如图 2-5 所示。

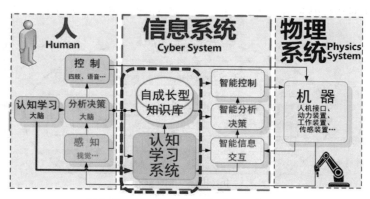

图 2-5　新一代智能制造系统示意图

在这一阶段，新一代人工智能技术将使"人－信息－物理系统"发生质的变化，形成新一代"人－信息－物理系统"，如图 2-6 所示。主要变化在于两点：

（1）人将部分学习型的脑力劳动转移给信息系统，因而信息系统具有了"认知和学习"的能力，人和信息系统的关系发生了根本性的变化，即从"授之以鱼"发展到"授之以渔"。

（2）通过"人在回路"的混合增强智能，人机深度融合将从本质上提高制造系统处理复杂性、不确定性问题的能力，极大提高了制造系统的性能。

新一代"人－信息－物理系统"中，HCS、HPS 和 CPS 都将实现质的飞跃。新一代智能制造进一步突出了人的中心地位，是统筹协调"人""信息系统"和"物理系统"的综合集成大系统。

将使制造业的质量和效率跃升到新的水平，使人类从更多体力劳动和大量脑力劳动中解放出来，使人类可以从事更有意义的创造性工作，人类社会开始真正进入"智能时代"。

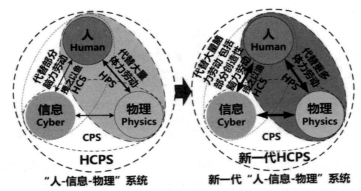

图2-6 "人－信息－物理系统"演进为新一代"人－信息－物理系统"原理简图

总之，制造业从传统制造向新一代智能制造发展的过程是从原来的"人－物理"二元系统向新一代"人－信息－物理系统"三元系统进化的过程。新一代"人－信息－物理系统"揭示了智能制造发展的技术机理，能够有效指导新一代智能制造的理论研究和工程实践。

## 2.3 新一代智能制造的基本组成与系统集成

新一代智能制造是一个大系统，主要由智能产品、智能生产和智能服务三大功能系统，以及工业智联网和智能制造云两大支撑系统集合而成，如图2-7所示。

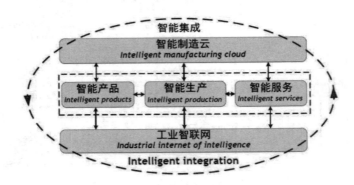

图2-7 新一代智能制造的基本组成与系统集成示意图

其中，智能产品是主体，智能生产是主线，以智能服务为中心的产业模式变革是主题。智能制造云和工业智联网是支撑智能制造的基础。新一代智能制造技术是一种核心使能技术，可广泛应用于离散型制造和流程型制造的产品创新、生产创新、服务创新等制造价值链全过程的创新与优化。

### 2.3.1 智能产品与制造装备

产品和制造装备是智能制造的主体，其中，产品是智能制造的价值载体，制造装备是实施智能制造的前提和基础。

新一代人工智能和新一代智能制造将给产品与制造装备创新带来无限空间，使产品与制造装备产生革命性变化，从"数字一代"整体跃升至"智能一代"。从技术机理看，"智能一代"产品和制造装备也就是具有新一代 HCPS 特征的高度智能化、宜人化、高质量、高性价比的产品与制造装备。

设计是产品创新的最重要环节，智能优化设计、智能协同设计、与用户交互的智能定制、基于群体智能的"众创"等都是智能设计的重要内容。研发具有新一代 HCPS 特征的智能设计系统也是发展新一代智能制造的核心内容之一。

### 2.3.2　智能生产

智能生产是新一代智能制造的主线。智能产线、智能车间、智能工厂是智能生产的主要载体。新一代智能制造将解决复杂系统的精确建模、实时优化决策等关键问题，形成自学习、自感知、自适应、自控制的智能产线、智能车间和智能工厂，实现产品制造的高质、柔性、高效、安全与绿色。

### 2.3.3　智能服务

以智能服务为核心的产业模式变革是新一代智能制造的主题。在智能时代，市场、销售、供应、运营维护等产品全生命周期服务，均因物联网、大数据、人工智能等新技术而赋予其全新的内容。

新一代人工智能技术的应用将催生制造业新模式、新业态：

（1）从大规模流水线生产转向规模化定制生产。

（2）从生产型制造向服务型制造转变，推动服务型制造业与生产性服务业大发展，共同形成大制造新业态。制造业产业模式将实现从以产品为中心向以用户为中心的根本性转变，完成深刻的供给侧结构性改革。

### 2.3.4　智能制造云与工业智联网

智能制造云和工业智联网是支撑新一代智能制造的基础。随着新一代通信技术、网络技术、云技术和人工智能技术的发展和应用，智能制造云和工业智联网将实现质的飞跃。智能制造云和工业智联网将由智能网络体系、智能平台体系和智能安全体系组成，为新一代智能制造生产力和生产方式变革提供发展的空间和可靠的保障。

### 2.3.5　系统集成

新一代智能制造内部和外部均呈现出前所未有的系统"大集成"特征：一方面是制造系统内部的"大集成"。企业内部设计、生产、销售、服务、管理过程等实现动态智能集成，即纵向集成；企业与企业之间基于工业智联网与智能云平台，实现集成、共享、协作和优化，即横向集成。另一方面是制造系统外部的"大集成"。制造业与金融业、上下游产业的深度融合形成服务型制造业和生产性服务业共同发展的新业态。智能制造与智能城市、智能农业、智能医疗等交融集成，共同形成智能生态大系统——智能社会。新一代智能制造系统大集成具有大开放的显著特征，具有集中与分布、统筹与精准、包容与共享的特性，具有广阔的发展前景。

# 主要参考文献

[1] 傅水根. 探索工程实践教育：第 2 辑 [M]. 北京：清华大学出版社，2013.

[2] 孙以安，陈茂贞. 金工实习教学指导 [M]. 上海：上海交通大学出版社，1998.

[3] 邓文英，郭晓鹏，邢忠文. 金属工艺学：上册 [M]. 北京：高等教育出版社，2017.

[4] 邓文英，宋力宏. 金属工艺学：下册 [M]. 北京：高等教育出版社，2016.

[5] 狄平. 金工实习 [M]. 上海：东华大学出版社，2001.

[6] 原一高. 机械制造技术基础训练 [M]. 上海：东华大学出版社，2018.

[7] 张学政，李家枢. 金属工艺学实习教材 [M]. 北京：高等教育出版社，2003.

[8] 朱建军. 制造技术基础工程实习教程 [M]. 北京：机械工业出版社，2012.

[9] 张立红，尹显明. 工程训练教程：机械类及近机械类 [M]. 北京：科学出版社，2017.

[10] 杨明金，邱兵，胡旭，等. 机械制造基础实习 [M]. 北京：科学出版社，2015.

[11] 魏德强，吕汝金，刘建伟. 机械工程训练 [M]. 北京：清华大学出版社，2016.

[12] 高怡斐，梁新帮，邓星临. GB/T 228.1—2010《金属材料 拉伸试验 第 1 部分：室温试验方法》实施指南 [M]. 北京：中国质检出版社，中国标准出版社，2012.

[13] 齐民，于永泗. 机械工程材料 [M]. 辽宁：大连理工大学出版社，2017.

[14]（德）约瑟夫. 迪林格. 机械制造技术基础 [M]. 长沙：湖南科技出版社，2007.

[15] 堵永国. 工程材料学 [M]. 北京：高等教育出版社，2015.

[16]GB/T 231.1—2018，金属材料 布氏硬度试验 第 1 部分：试验方法 [S].2018.

[17]GB/T 229—2007，金属材料 夏比摆锤冲击试验方法 [S].2007.

[18]GB/T 700—2006，碳素结构钢 [S].2006.

[19]GB/T 699—2015，优质碳素结构钢 [S].2015.

[20]GB/T 1299—2014，工模具钢 [S].2014.

[21]GB/T 11352—2009，一般工程用铸造碳钢件 [S].2009.

[22]GB/T 3077—2015，合金结构钢 [S].2015.

[23]GB/T 1591—2018，低合金高强度结构钢 [S].2018.

[24]GB/T 9943—2008，高速工具钢 [S].2008.

[25]GB/T 1220—2007，不锈钢棒 [S].2007.

[26]GB/T 19078—2016，铸造镁合金锭 [S].2016.

[27]GB/T 5153—2016，变形镁及镁合金牌号和化学成分 [S].2016.

[28] 王再友，王泽华. 铸造工艺设计及应用 [M]. 北京：机械工业出版社，2016.

[29] 人力资源和社会保障部教材办公室. 铸工工艺与技能训练 [M]. 北京：中国劳动社会保

障出版社，2014.

[30] 王少刚．工程材料与成形技术基础 [M]．北京：国防工业出版社，2016.

[31] 杜伟，邓想．工程材料与热加工 [M]．北京：化学工业出版社，2017.

[32] 陈文静．材料成型缺陷及失效分析 [M]．成都：西南交通大学出版社，2016.

[33] 彭海滨．冲压零件缺陷分析 [J]．金属加工，2009（19）：48-49.

[34] 宋学平．焊接工艺与技能实训 [M]．北京：化学工业出版社，2018.

[35] 人力资源和社会保障部教材办公室．焊工技能训练 [M]．北京：中国劳动社会保障出版社，2014.

[36] 人力资源和社会保障部教材办公室．焊工工艺学 [M]．北京：中国劳动社会保障出版社，2014.

[37] 张学军，等．3 D打印技术研究现状和关键技术 [J]．材料工程，2016，44（2）：122-128.

[38] 黄忠，韩江．金属3D打印技术的发展现状及制约因素 [J]．山东农业工程学院学报，2018,35（3）：40-43.

[39] 魏青松．增材制造技术原理及应用 [M]．北京：科学出版社，2017.

[40] 丁树模，丁问司．机械工程学 [M]．北京：机械工业出版社，2015.

[41] 王永国．金属加工刀具及其应用 [M]．北京：机械工业出版社，2011.

[42] 郝永兴．机械制造技术基础 [M]．北京：高等教育出版社，2016.

[43] 谭豫之，李伟．机械制造工程学 [M]．北京：机械工业出版社，2016.

[44] 关慧贞．机械制造装备设计 [M]．北京：机械工业出版社，2014.

[45] 吴拓．现代机床夹具组装与使用设计 [M]．北京：化学工业出版社，2009.

[46] 金嘉琦，张幼军．几何量精度设计与测量 [M]．北京：机械工业出版社，2018.

[47] 许耀东，郑卫．现代测量技术实训 [M]．湖北：华中科技大学出版社，2014.

[48] 蒋炜．钳工技能图解 [M]．北京：中国劳动社会保障出版社，2012.

[49] 李伟．装配钳工技术 [M]．北京：中国劳动社会保障出版社，2013.

[50] 中国就业培训技术指导中心．钳工 [M]．北京：中国劳动社会保障出版社，2016.

[51] 钟翔山．图解钳工入门与提高 [M]．北京：化学工业出版社，2015.

[52] 人力资源和社会保障部教材办公室．车工工艺与技能训练 [M]．北京：中国劳动社会保障出版社，2015.

[53] 人力资源和社会保障部教材办公室．铣工工艺与技能训练 [M]．北京：中国劳动社会保障出版社，2014.

[54] 陈为国．数控加工编程技术 [M]．北京：机械工业出版社，2016.

[55] 王彪，李清，蓝海根，等．现代数控加工工艺及操作技术 [M]．北京：国防工业出版社，2016.

[56] 人力资源和社会保障部教材办公室．数控车工 [M]．北京：中国劳动社会保障出版社，2011.

[57] 人力资源和社会保障部教材办公室．数控车工（FANUC 系统）编程与操作实训 [M]．北京：中国劳动社会保障出版社，2014.

[58] 陈为国，陈昊.数控铣削加工编程与操作 [M].沈阳：辽宁科学技术出版社，2011.

[59] 人力资源和社会保障部教材办公室.数控铣工（中级）[M].北京：中国劳动社会保障出版社，2011.

[60] 人力资源和社会保障部教材办公室.加工中心操作工 [M].北京：中国劳动社会保障出版社，2012.

[61] 周晖.数控电火花加工工艺与技巧 [M].北京：化学工业出版社，2008.

[62] 伍瑞阳，梁庆.数控电火花线切割加工实用教程 [M].北京：化学工业出版社，2015.

[63] 林涛，谭成智.电加工编程与操作 [M].北京：机械工业出版社，2013.

[64] 巩水利.先进激光加工技术 [M].北京：航空工业出版社，2016.

[65] 曹凤国.激光加工 [M].北京：化学工业出版社，2015.

[66] 李亚楠.激光培训讲义 [M].北京：正天激光，2018.

[67] ZHOU Ji，LI Peigen.Toward New-Generation Intelligent Manufacturing[J]. Engineering, 2018 (4) :11–20.

[68] 周济.走向新一代智能制造 [J].中国科技产业，2018（6）：20-23.

[69] 周济.智能制造："中国制造2025"的主攻方向 [J].中国机械工程，2015,26（17）：2273-2284.